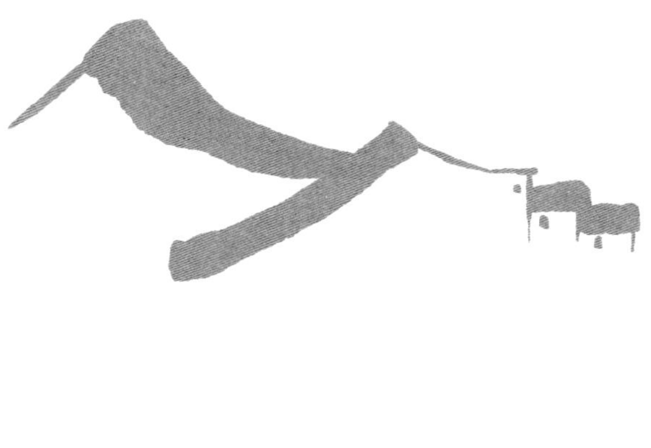

国家出版基金项目
NATIONAL PUBLICATION FOUNDATION

国家社科基金重大项目
“十四五”国家重点图书出版规划项目

中国乡村伦理研究丛书

王露璐 总主编

中国乡村治理伦理

刘昂 著

南京师范大学出版社

图书在版编目(CIP)数据

中国乡村治理伦理 / 刘昂著. —南京：南京师范大学出版社，2023.9
(中国乡村伦理研究丛书/王露璐总主编)
ISBN 978-7-5651-5666-3

Ⅰ.①中… Ⅱ.①刘… Ⅲ.①乡村—群众自治—政治伦理学—研究—中国 Ⅳ.①B82-051

中国国家版本馆 CIP 数据核字(2023)第 006594 号

中国乡村治理伦理
ZHONGGUO XIANGCUN ZHILI LUNLI

总 主 编 王露璐
著　　者 刘　昂
丛书策划 徐　蕾　崔　兰
责任编辑 董蕙敏
出版发行 南京师范大学出版社
地　　址 江苏省南京市玄武区后宰门西村 9 号(邮编:210016)
电　　话 (025)83598919(总编办)　83598412(营销部)　83371351(编辑部)
网　　址 http://press.njnu.edu.cn
电子信箱 nspzbb@njnu.edu.cn
印　　刷 上海雅昌艺术印刷有限公司
开　　本 700 毫米×1000 毫米　1/16
印　　张 16
插　　页 8
字　　数 241 千字
版　　次 2023 年 9 月第 1 版
印　　次 2023 年 9 月第 1 次印刷
书　　号 ISBN 978-7-5651-5666-3
定　　价 96.00 元

出 版 人 张　鹏

总　序

乡村是中国社会的基础，从一定意义上说，20 世纪的中国研究始终贯穿着对中国乡村社会和乡村经济发展的关注。乡村也是中国伦理文化孕育的根基。因此，尽管这一时期学者们对中国乡村的研究大多是从社会学、人类学、经济学角度进行的，但他们在研究的过程中也开始认识到中国乡村社会独特的伦理文化对其经济和社会发展所产生的重大影响。

20 世纪上半叶，一些国外学者和机构在中国不同区域进行了一些农村调查和农民研究，国内一些知识分子也开始意识到，要想改变国家内忧外患的现状，首先必须改变国人的观念，这就需要从占中国绝大多数人口的乡村做起。他们纷纷走向乡村，从农民运动、乡村建设及乡村教育等方面入手，对我国乡村伦理进行理论探究和实践改造。其中具有代表性的是李大钊和毛泽东等进行的农民运动研究和实践、梁漱溟的乡村建设理论和实践、晏阳初的平民教育理论和实践以及费孝通和陶行知等学者的相关研究。20 世纪中期至 80 年代，一批学者相继在国外出版了关于中国乡村研究的成果。20 世纪 90 年代后，尽管西方学术界的乡村研究因乡村的萎缩及"农民的终结"（孟德拉斯语）而呈趋冷之势，但有关中国农村和农民问题的研究仍然是国内学术界的研究热点，一些学者开始尝试从村落文化、社会心理等新的视角来透视乡村社会的发展。

总体上看，乡村研究在整个 20 世纪始终是我国学界的中心课题，社会学、经济学、人类学、历史学等学科对乡村问题给予了大量的学术关注，也吸引了众多国外学者的关注和探讨。比较而言,伦理视角下的乡村研究无论从深度和广度上说都显得相当薄弱,几近阙如。从一定意义上说,在整个20世纪,乡村似乎成了我国伦理学研究中"被遗忘的角落"。以至于从一定程度上说,在众多学科纷纷走进"乡土"的时候,与中国乡村社会本应有着最密切学术关联的伦理学却选择了一条离弃"乡土"的"现代化之路"。

自21世纪起,我国乡村伦理研究进入快速发展的阶段。大体而言,中国乡村伦理研究的进展和成就主要体现在两个方面。一是研究内容不断丰富,研究成果逐渐显现。在不同历史时期,我国乡村伦理的研究有着不同的侧重点。民国时期学者们针对当时中国内忧外患、积贫积弱的国情,将乡村研究的重点放在了农民运动、乡村建设以及乡村教育上。新中国成立后,尤其是改革开放以来,我国乡村面貌焕然一新,农村经济、政治、文化等都发生了巨大变化,与此同时,乡村伦理关系和道德规范也出现很多新的问题。在这一背景下,学者们开始更多地关注乡村经济伦理、政治伦理、文化伦理、法律伦理以及日常道德生活。一些学者还对国外乡村伦理和农村道德建设问题进行了研究。从研究涉及的内容、深度和成果的数量上看,21世纪以来中国乡村伦理都进入了一个快速发展的新时期。二是研究队伍趋于多元,研究方法不断完善。从当前乡村伦理研究队伍来看,研究人员主要包括以下两个部分:一是高等院校及各类科研院所中从事伦理学、经济学、政治学、社会学、历史学等研究的学者;二是从事一线实践的乡村工作者。前者大多拥有比较深厚的理论素养,后者则能够从长期的实际工作中积累大量一手资料。研究队伍的多元必然带动研究方法的不断完善。近年来的乡村伦理研究不再是单单从某一学科切入,跨学科的研究方法越来越受到重视。学者们从自身学科特色出发,在研究过程中融合其他学科的研究方法,从而以更加全面的角度来分析、解决问题。不过,总体来看,有关中国乡村伦理的研究尚处于起步状态,关于中国乡村伦理的研究在研究领域的拓展、理论体系的构建、研究成果的系统化及实证研究的规范性等方面有待进一步发展并取得突破。

自2004年起,我开始聚焦于伦理视角下的中国乡村研究,并在2008年出版了第一部专著《乡土伦理——一种跨学科视野中的"地方性道德知识"探究》

(人民出版社,2008年版)。在该书中,我以苏南这一独特的区域为典型,管窥中国乡村社会独特的伦理关系和道德生活样式。借用费孝通先生对中国社会的"乡土性"概括,我将这种具有"乡土"特色的中国乡村伦理称为"乡土伦理"。在研究和写作过程中,我也日渐感受到中国乡村在市场经济和全球化背景下发生的巨大变化,并在一种强烈的学术兴奋感驱使下确定了自己的后续研究——将视线转向更加广阔的空间,探究转型期的中国乡村伦理问题。2011年,我以"社会转型期的中国乡村伦理问题研究"为选题,申报国家社会科学基金重点项目并获得立项。这一课题的重点放在转型期中国乡村伦理的"问题"及这些问题的解决路径的探究上,立足于对"什么问题""问题何以产生""问题如何解决"的思考和分析,讨论转型期中国乡村伦理关系和道德生活变化中若干值得关注的重点问题,如:乡村伦理共同体的式微与重建、农民行为选择的伦理冲突与化解、乡村分配伦理问题、乡村人际信任问题、乡村道德权威问题、乡村礼治秩序和法治秩序的关系问题、城乡公平问题等。作为课题的结项成果,2016年,我出版了《新乡土伦理——社会转型期的中国乡村伦理问题研究》(人民出版社,2016年版)。在上述问题的研究和写作中,我也萌生了一个更加宏大的研究计划:系统、全面地研究中国乡村伦理的传统特色、历史变迁和现代转型,深入探讨中国乡村伦理的历史传统和当代问题,构建具有中国特色的乡村伦理学理论体系。2015年,我以"中国乡村伦理研究"为题申报国家社科基金重大项目并获得立项。

在项目申报和研究中,我们一以贯之的基本思路是,以"中国乡村伦理"为研究对象,全面考察中国乡村社会的伦理关系、道德原则、道德规范及其在经济发展、社会治理、生态保护及日常生活中的体现,阐释中国乡村社会发展中的伦理变迁及道德在其中的重要作用。在研究思路上,我们以"中国乡村伦理的历史传统与现代建构"为总体问题,通过对中国乡村伦理的系统研究,并以乡村家庭伦理、经济伦理、生态伦理、治理伦理为重点,概括中国乡村伦理的传统特色、历史变迁和现代转型,厘清中国传统乡村伦理与现代乡村伦理的关系,把握中国乡村伦理发展的历史脉络和一般规律。在此基础上,探讨中国乡村伦理的理论和实践特质,构建既传承中国传统乡村伦理又契合当代市场经济发展要求的现代乡村伦理观念和道德规范，重塑能够促进乡村发展并回应农民诉求的乡村伦理秩序。

在课题研究的具体框架和安排上，总课题以史论结合的方式，分析中国乡村伦理发展的基本规律，同时，课题以乡村家庭关系、经济发展、生态保护及乡村治理中的伦理问题为研究重点，并与此相对应，设置了中国乡村家庭伦理、中国乡村经济伦理、中国乡村生态伦理和中国乡村治理伦理四个子课题。四个子课题研究，既是总课题研究中的四个基本方面，又始终贯彻着总课题研究的基本理路。同时，中国乡村社会的家庭关系、经济发展、生态保护和社会治理不可分割且有着密切的内在关系，这也使四个子课题的研究有着内在的逻辑关联。中国传统乡村社会的生产、生活方式，使其家庭伦理、经济伦理、生态伦理和治理伦理呈现出典型的“乡土”特色，并相互间产生密切关系。伴随着转型期乡村工业化、城市化和农民市民化、流动性的加强，传统的乡村生产、生活方式发生了巨大变化，乡村家庭结构、关系、功能的变化，乡村分配模式的改变和农民经济价值观的变化，乡村生态环境与经济发展之间的冲突，乡村秩序维系方式的改变，既是生产、生活方式变化的结果，又相互之间产生密切的关联和紧张，既带来一定的冲突与矛盾，又由此产生推动乡村发展的某种张力。因此，四个子课题在设置上的分离，并不意味着在研究中可以截然分开。相反，无论是在总论的写作还是四个子课题的研究成果中，这种内在逻辑关系都是始终强调并希望得以反映的。

课题立项以后，课题组主要从三个方面开展工作：

一是开展田野调查工作。走进乡村，贴近农民，是本课题获取真实数据和资料并据此了解和分析当前中国乡村伦理状况的基本路径，也是培养青年学者和学生的问题意识和分析能力的重要方法。2017 年 7 月—2018 年 8 月，课题组先后对湖南郴州西岭村、湖北黄冈赵家湾村、甘肃定西辘辘村、江西抚州下聂村、江苏无锡华宏村、山东济宁王杰村、广东湛江林屋村等七个典型村庄先后进行了田野调查，共收回有效问卷 805 份，并与 74 位村民进行了深度访谈。七个村庄位于我国不同区域，具备一定的典型意义。其中，江苏无锡华宏村为 2007 年首访和 2017 年再访，具有个案对比价值。田野调查分为问卷调查的定量研究和深度访谈的定性研究两个部分。问卷调查按照系统抽样方式，根据抽样比例抽取样本，采用面对面问卷访问方式，回收问卷指定专人录入并复核后，使用SPSS统计分析软件进行分析。深度访谈以半结构式的访谈方式进行，所有访谈均现场录音后整理为文字材料。参与课题调研的年轻学者和博士、硕士研究生大部分是第一次走进基层村庄，并从事规范的田野调查工作。课题组成员不仅通过田野工作获取了大量鲜活的数据和案例，更在实践中碰撞出大量的思想火花，提升了学术研究的问题意识和探究能力。正是由于课题田野调查工作的重要性，课题研究中在原有四个子课题的基础上增设了子课题“中国乡村伦理实证研究”。

二是凝聚伦理学、社会学、政治学等多学科的研究力量，吸引一批青年学者(博士、博士生)从事中国乡村伦理研究，形成一支高水平、有层次的中国乡村伦理的研究队伍，打造中国乡村伦理研究的最高学术平台。课题组与教育部人文社会科学百所重点研究基地中国人民大学伦理学与道德建设研究中心合作成立“乡村道德与文化振兴研究所”，整合校内外研究力量建立的“乡村文化振兴研究中心”获批江苏省高校哲学社会科学重点研究基地。总体上看，课题组顺利达到了通过项目研究加强团队建设的目标，形成了高水平、有特色的研究平台和研究队伍。

三是产出了一系列的研究成果。包括《中国乡村伦理的历史传统与现代建构》《中国乡村家庭伦理》《中国乡村经济伦理》《中国乡村生态伦理》《中国乡村治理伦理》《中国乡村道德调查(上、下)》在内的六部七卷本《中国乡村伦理研究丛书》，正是本课题产生的标志性成果。以上六部各有侧重又有内在逻辑关系的研究成果，初步形成较为系统的中国乡村伦理理论体系，并通过系列研究成果的展现弥补当前伦理学领域关于中国乡村伦理研究的不足。此外，在研究过程中，课题组成员公开发表系列论文60余篇，其中多篇被《新华文摘》《中国社会科学文摘》转载，并形成总课题调研报告一份、子课题调研报告四份。

在课题研究中，我们尝试并初步在以下几个方面实现了一定的突破与创新：

一是伦理学的学科视角及研究方法的创新。尽管国内乡村问题的研究成果十分丰富，但是，伦理视角下的乡村研究相对薄弱，在某些领域和具体问题上，伦理学还处于“尚未进入”或“准备进入”的前理论状态。本课题试图从伦理学的学科视角对中国乡村伦理的传统特色、历史变迁、现实问题及现代乡村伦理的构建做出系统、全面的理论阐释和分析。本课题的研究以伦理学作为基本研究视角，同时以跨学科的多维视角透视和基于道德生活史的基本立场，将传统伦理学“自上而下”的、从理论出发的严密逻辑推演和论证与“自下而上”的道德社会学研究方法相结合。该成果对中国乡村伦理的现状、问题及原因的分析将基于对若干典型村庄田野调查的一手资料基础之上，从而使成果具有较高的真实性和可信度。

二是初步形成中国乡村伦理研究的理论体系，打造体现“中国特色”的伦理学研究之“中国话语”。课题研究力图通过对中国乡村伦理全面、系统和深入的研究，全面地概括中国乡村伦理的传统特色、历史变迁和现代转型，深化对中国乡村伦理的传统、发展、嬗变和转型的研究，从而初步形成一个比较全面系统的中国乡村伦理研究体系。因此，从学术思想的理论层面上说，作为课题研究成果的本丛书具有一定的开创性价值，能够打造体现“中国特色”的伦理学研究的“中国话语”。

三是在建构具有中国特色的现代乡村道德规范体系和伦理秩序上提出具有实践操作价值的对策思路。乡村是中国社会的基础，也是中国伦理文化的重要源泉。探究并努力建构具有中国特色的现代乡村道德规范体系和伦理秩序，是实施乡村振兴战略的题中应有之义，也是一项具有国家战略意义的宏伟工程。本丛书在中国乡村伦理的现代建构问题上提出总体思路，并着力在乡村家庭关系、经济发展、生态保护及乡村治理等方面提出具有实践操作性的对策，以更好地体现中国伦理学学科建设面向实践、服务社会的基本路向。

当然，在研究中，我们也遇到了一些困难和问题。一是学术资源梳理和整合工作的繁杂。课题的研究内容时间跨度大，涉及领域和问题多，关于中国乡村研究的文献资料散见于社会学、政治学、民俗学、历史学、经济学、伦理学等学科领域，因此，全面掌握、细致梳理、正确使用和有效整合相关学术资源，一直是课题研究中一个技术操作性的难点。二是田野调查的个案选择和样本配合。中国乡村伦理研究应选择地处不同区域的多个不同规模、类型的村庄开展田野调查,并在此基础上进行比较研究。但是,考虑到实地调查工作在时间、人员、精力等各方面的可行性,课题研究只能选择具有代表性的典型村庄为研究个案。同时,在选择个案后的田野调查实施过程中,也遇到了包括抽样操作、样本配合、访谈语言等技术性困难。三是现代乡村伦理建构的实践操作性。实现中国乡村伦理的现代转型,建构具有中国特色的现代乡村伦理,关键在于在“历史之根”与“现代之源”、“地方性知识”与“普适性价值”两对冲突中找到平衡点。然而,由于中国不同地区乡村在地理位置、生产方式、经济水平、文化传统、基层治理等方面存在的差异性,无论是乡村伦理的“历史之根”与“现代之源”的成功嫁接,还是“地方性知识”与“普适性价值”的有效整合,在实践操作层面都存在着诸多困难。

鉴于此,作为国家社科基金重大项目结项成果的七卷本《中国乡村伦理研究丛书》,与其说是课题的完成,毋宁说是我们在课题研究进行到预定时间时的一个阶段性总结。2020 年 12 月底,课题组向国家哲学社会科学规划办公室提交了结项材料,并于 2021 年 3 月接受会议鉴定,2021 年 5 月顺利结项。结项后,课题组根据专家意见对书稿内容再次进行了修改,并提交南京师范大学出版社申报国家出版基金项目。在此,特别感谢南京师范大学出版社张志刚社长、徐蕾总编辑和崔兰主任在申报国家出版基金过程中付出的心血。坦率地说,没有他们的策划、运作和不断联络、催促,此套七卷本丛书难以成功入选国家出版基金项目,也不会这么快呈现在专家和读者面前。

丛书是重大项目课题组全体成员的集体智慧结晶和成果,衷心感谢子课题负责人和主要成员们。五年来,我们共同分享了田野工作的辛苦与忙碌、研究写作的紧张与焦虑、成果完成的喜悦和快乐,感谢他们宽容我“黄世仁”般的不断催促和逼迫,感谢所有人“杨白劳”似的辛苦与努力。我也要特别感谢田野工作中的所有问卷样本和访谈对象,感谢协助我们完成田野工作的当地联系人和村干部。我记得辘轳村村委会办公室对面山头上那片麦田的风吹麦浪,记得村主任儿媳妇挺着大肚子给我们做的手擀面;我记得 40℃高温的下聂村，记得大伙伴和小伙伴全体“湿身”却依然投入地坚持工作的样子；我记得十年后再访华宏村时的相同与不同，记得小伙伴被熟悉的面孔认出时的激动；我记得王杰村每一户村民门口堆成小山等待着被以几毛钱一斤的价钱收走的蒜头，记得一位受访大爷送了几粒蒜头给我并拉着我的手说：“不值钱，但我挑了几个最好的给你”……每一次田野工作，我都觉得他们给了我们很多，问卷的数据、访谈的资料、思想的火花，以及无数感动的瞬间。有时，我甚至困惑，我们的研究成果又能带给他们什么呢？但无论如何，我会永远记得，我们会一直努力！

王露璐

2022年6月7日于南师茶苑

目　录

导　论

党的二十大报告指出："全面建设社会主义现代化国家，最艰巨最繁重的任务仍然在乡村。"[①]长期以来，农村是我国社会发展的基础，民族要复兴、乡村必振兴。然而，在乡村转型过程中，传统特色与现代价值之间的张力始终存在，为乡村治理带来诸多伦理困境。如何认识这些困境、怎样解决这些问题，成为当前伦理学"走进"乡村治理的突破口。

一、中国乡村治理伦理的学术史考察[②]

自20世纪初开始，有关中国乡村的研究一直是中外研究者关注的重要问题。新中国成立以来，尤其是改革开放40多年来，中国乡村研究的成果日益丰富，但在乡村治理、乡村伦理研究不断充实的同时，关于乡村治理伦理的研究仍相对薄弱。

（一）有关中国乡村治理的研究

乡村研究离不开对乡村治理问题的探讨。改革开放以前，虽然罕有专门

① 习近平：《高举中国特色社会主义伟大旗帜　为全面建设社会主义现代化国家而团结奋斗——在中国共产党第二十次全国代表大会上的报告》，人民出版社2022年版，第30-31页。

② 部分内容参见刘昂、王露璐：《20世纪以来的中国乡村伦理研究：进展、现状与问题》，《伦理学研究》2016年第3期。

针对“乡村治理”的研究，但对中国乡村的“现象分析”以及“实践操作”在一定程度上都蕴含有关乡村治理的思考。改革开放以来，伴随“乡村治理”概念的提出，有关乡村治理的研究更以“井喷”式状态呈现。综合来看，关于中国乡村治理的研究主要包括“乡村治理”的内涵界定、变迁研究、制度研究以及地方性特色的实证研究等内容。

第一，乡村治理的内涵界定。有关乡村治理的研究虽然早已存在，但“乡村治理”作为一个学术概念直到20世纪末才被正式提出并逐渐受到学者关注。不同学者围绕乡村治理的主体以及治理范围对“乡村治理”这一概念进行阐释。郭正林认为，“‘乡村治理’的内涵不仅限定了地域，而且明确了治理主体的构成及其特征”，进而指出“乡村治理，就是性质不同的各种组织，包括乡镇的党委政府、‘七站八所’、扶贫队、工青妇等政府及其附属机构，村里的党支部、村委会、团支部、妇女会、各种协会等村级组织，民间的红白喜事会、慈善救济会、宗亲会等民间群体及组织，通过一定的制度机制共同把乡下的公共事务管理好”①。党国英则对乡村治理的主体做出进一步概括，并指出，“乡村治理是指以乡村政府为基础的国家机构和乡村其他权威机构给乡村社会提供公共品的活动。乡村政府或乡村其他权威机构构成了乡村治理的主体。在乡村治理活动中，治理主体的产生方式、组织机构、治理资源的整合以及它和乡村社会的基本关系，构成了乡村治理机制”②。此外，贺雪峰概括性地指出，“乡村治理是指如何对中国的乡村进行管理，或中国乡村如何可以自主管理，从而实现乡村社会的有序发展”③。张润泽、杨华也将乡村治理界定为一种“综合治理”，认为“它把农村的政治、经济、文化、社会诸元素都统摄进来，以更广泛、更宏大的视野观察农村生活”④。

第二，乡村治理的变迁研究。改革开放以来，尤其是21世纪以来，诸多学者开始对乡村治理进行纵向梳理，试图通过乡村治理的变迁进一步挖掘乡村发展的规律与特征，从而为提升乡村治理水平提供理论与实践基础。俞可平、

---

① 郭正林：《乡村治理及其制度绩效评估：学理性案例分析》，《华中师范大学学报》（人文社会科学版）2004年第4期。

② 党国英：《我国乡村治理改革回顾与展望》，《社会科学战线》2008年第12期。

③ 贺雪峰：《乡村治理研究的三大主题》，《社会科学战线》2005年第1期。

④ 张润泽、杨华：《转型期乡村治理的社会情绪基础：概念、类型及困境》，《湖南师范大学社会科学学报》2006年第4期。

徐秀丽通过对中国近代以来两次乡村治理改革运动的考察，指出中国的乡村治理是一种政府主导的治理模式，治理结构的多元化和治理主体的精英化，是近代至今中国乡村治理的重要特征。① 郭宇轩从政治学的视角梳理了传统乡村权力的变迁，肯定了民主自治对乡村村民政治伦理生活的重要性。② 贺雪峰在充分调研的基础上对我国乡村社会的特征和变化进行了分析，并以此找出乡村治理的社会基础和新的乡村社会关系。③ 项继权对我国农村社区及共同体的变迁和发展进行考察，分析了不同历史时期农村社区或共同体的认同基础及其变化，认为加强农村公共服务，增强人们的社区归属感和认同感，是构建新型社会生活共同体的必由之路。④ 张良对乡村公共规则的变迁进行剖析，认为当前乡村公共规则正趋向混乱，针对性地指出重建乡村公共规则的方法。⑤ 肖唐镖对乡村社会的宗族关系进行了梳理，并阐释了其影响乡村治理的运行机制。⑥ 于建嵘对乡村治理的主体、目标以及价值等三个方面的转变进行了阐释，并认为这些转变的顺利实现将在一定程度上解决乡村治理过程中的价值冲突、认同冲突和利益冲突问题，从而使乡村公共服务能够满足广大农民群众日益多样而复杂的要求，使乡村社会信任关系达到社区共同体的标准，使乡村社会利益矛盾得到有效化解，并最终促使乡村社会实现良好的治理，即达到"善治"的状态。⑦ 蒋永穆等学者对新中国成立 70 年来，乡村治理的历程进行了梳理，认为其大致经历了村社合一、政社合一、乡政村治、三治结合四个阶段。⑧ 燕连福、程诚围绕中国共产党乡村治理历程等问题展开研究，指出中国共产党成立以来，乡村治理基本经历了四个历史时期："政权下乡"革命时期、"政社合一"建设时期、"乡政村治"改革时期和乡村治理现代化推进时期。⑨

---

① 参见俞可平、徐秀丽：《中国农村治理的历史与现状》，《经济社会体制比较》2004 年第 2 期。

② 参见郭轩宇：《中国乡村社会"自治"的变迁》，《光明日报》2012 年 12 月 15 日。

③ 参见贺雪峰：《新乡土中国》（修订版），北京大学出版社 2013 年版。

④ 参见项继权：《中国农村社区及共同体的转型与重建》，《华中师范大学学报》（人文社会科学版）2009 年第 3 期。

⑤ 参见张良：《乡村公共规则的解体与重建》，《浙江社会科学》2016 年第 6 期。

⑥ 参见肖唐镖：《宗族政治——村治权力网络的分析》，商务印书馆 2010 年版。

⑦ 参见于建嵘：《社会变迁进程中乡村社会治理的转变》，《人民论坛》2015 年第 14 期。

⑧ 参见蒋永穆、王丽萍、祝林林：《新中国 70 年乡村治理：变迁、主线及方向》，《求是学刊》2019 年第 5 期。

⑨ 参见燕连福、程诚：《中国共产党百年乡村治理的历程、经验与未来着力点》，《北京工业大学学报》（社会科学版）2021 年第 3 期。

第三，乡村治理的制度研究。随着改革开放的不断深入，乡村基层民主制度建设不断发展，以“村民自治”为代表的一系列基于国家宏观政策和制度的乡村治理研究日益丰富。张扬金和于兰华指出，作为村民自治权力的保障，农村民主监督制度困境重重，其重要原因在于村民的政治知识与政治道德滞后所带来的制度损耗。① 赵晓力从《秋菊打官司》这一经典案例出发，强调法律对农民的尊重与理解，从而构造和谐的乡村法律环境。② 此外，如何看待正式制度在乡村治理过程中的作用？传统习俗是否已经无法约束村民的日常行为？正式制度与传统习俗之间存在何种关系？对于这些问题，学者们也从不同角度进行了分析。徐勇从现代国家建构的角度，分析和解释乡土社会的改造和建设，认为传统乡土社会是自然成长的，而当代乡土社会则是国家建构的。国家建构乡土社会就是根据国家意志将国家制度渗透乡土社会的过程，由此形成“制度下乡”。国家建构、乡土社会和制度建构形成当今中国乡土社会变动的内在逻辑。③ 韩玉胜以“宋明乡约”为例，对其在乡村治理过程中的产生、发展、调整和衰落进行总体回顾与评价，指出“道德教化”对乡约实际价值与内涵的重要作用。④ 王彦东和王维国认为，农村社区的治理意味着人情的“在场”和伦理作用的不可或缺。在农村社区治理的具体实践中，应切实发挥村规民约、风俗习惯、民间信仰等传统伦理的作用，利用村民求荣避辱的道德心理，调动乡村精英与广大村民的积极性，依托道德评议会等乡村民间组织，努力实现乡村善治，努力实现社会稳定、经济发展与村民幸福的互动多赢。⑤ 章荣君从正式制度与非正式制度此消彼长的关系入手，指出二者发挥作用的界域并不完全一致，应该对非正式制度进行适度的筛选，保留其“精华”部分，而正式制度对非正式制度的“精华”则应持相容的态度，实现两者之间的和谐均衡，进而实现乡村社会的“善治”。⑥ 张晓山从完善农村基本经营制度入手，强调只有逐步构建现代农业产业体系、生产体系和经营体系，发展现代农业、促进农村产业

---

① 参见张扬金、于兰华：《农村民主监督制度的损耗与补益——政治知识与政治道德的视角》，《伦理学研究》2014 年第 1 期。

② 参见赵晓力：《要命的地方：〈秋菊打官司〉再解读》，《北大法律评论》2005 年第 1 期。

③ 参见徐勇：《现代国家乡土社会与制度建构》，中国物资出版社 2009 年版。

④ 参见韩玉胜：《“宋明乡约”乡村道德教化展开的历史逻辑》，《伦理学研究》2014 年第 2 期。

⑤ 参见王彦东、王维国：《农村社区治理的伦理路径》，《道德与文明》2015 年第 3 期。

⑥ 参见章荣君：《乡村治理中正式制度与非正式制度的关系解析》，《行政论坛》2015 年第 3 期。

振兴才有深厚的底蕴，乡村治理的物质基础才能夯实，乡村治理体系和治理能力的现代化才能得以实现。①

第四，乡村治理地方性特色的实证研究。“治理的安排必须基于国别和地域传统”②，以村庄为个案的研究始终是中国乡村治理研究中最重要的内容和方法之一。贺雪峰根据在湖北洪湖和湖北荆门的四个村进行老年人协会及农村文化建设的实践指出，农民的文化生活应当得到更多的关注，否则，乡村在传统已失、现代价值尚未建立的情况下必然会被各种其他力量所吸引。③ 周怡立足于田野一手资料，通过社会学中社会类型理论、现代市场转型理论及理性选择理论，诠释了华西村集体主义的文化特质及其可能的发展前景。④ 美籍学者欧爱玲(Ellen Oxfeld)通过对广东梅县客家乡村——月影塘的调查发现，传统的道德体系发生了极大变化，当地人关于道德互惠的观念以及作为它们表现形式和外在内容的道德话语仍在不断进化。⑤ 庄曦、何修豪以安徽歙县峤山村的八份祭簿为研究对象，集中探讨了徽州祭簿与乡民记忆活动之间的关联性问题。研究表明：乡民群体借助祭簿强化了荣耀记忆和伤痛记忆，也选择性地遮蔽和消解了某些史实。祖先、书写者和子孙三大群体间的三元“互动”是乡民记忆得以传承的重要保证。⑥

我们不难看出，有关中国乡村治理的研究具有相对丰硕的成果，但其中大多以政治学、社会学理论为基础，罕有涉及乡村治理中的伦理问题，在乡村治理研究中留有遗憾。

（二）有关中国乡村伦理的研究

伴随伦理学学科的发展，我国乡村伦理研究进入快速发展阶段，产生了日益丰硕的研究成果。具体而言，有关乡村伦理的研究主要涉及以下几个方面：

---

① 参见张晓山：《完善农村基本经营制度 夯实乡村治理基础》，《中国农村经济》2020年第6期。

② B. G. Peters and J. Pierre, “Governing Without Government? Rethink Public Administration”, *Journal of Public Administration Research and Theory*, Vol. 8, No. 2, 1998, pp. 223-243.

③ 参见贺雪峰：《乡村建设重在文化建设》，《小城镇建设》2005年第10期。

④ 参见周怡：《中国第一村：华西村转型经济中的后集体主义》，香港牛津大学出版社2006年版。

⑤ 参见[美]欧爱玲：《饮水思源：一个中国乡村的道德话语》，钟晋兰、曹嘉涵译，社会科学文献出版社2013年版。

⑥ 参见庄曦、何修豪：《徽州祭簿的媒介叙事与乡民记忆建构研究》，《现代传播》(中国传媒大学学报)2020年第3期。

第一，乡村经济伦理与经济学视域下的中国乡村伦理研究。对乡村经济伦理问题的探讨，是伦理学进入中国乡村研究最早的领域。王露璐的《乡土伦理——一种跨学科视野中的“地方性道德知识”探究》，提炼和梳理了苏南乡村经济伦理的历史传统及其近代以来的传承变迁，描述和分析了苏南乡村经济伦理的实存状态及其双重作用，并探究这种作为“地方性道德知识”的苏南乡村经济伦理与苏南长久以来乡村经济发展的区域领先优势之间的内在关联。① 乔法容、张博指出，由农民自愿组织形成的新型农村经济专业合作组织发展壮大，为集体主义道德增添了新元素，农村集体主义道德回归理性且发生了前所未有的新跃升。② 涂平荣从农村经济活动的四大环节入手，描述了当代中国农村存在的主要经济伦理问题并提出应对措施。③ 李志祥认为，我国农民正处于从传统经济理性转向现代经济理性的发展转型期，突出血缘亲情伦理的传统经济理性正在淡化，注意市场科技伦理的现代经济理性正在形成，以血缘地缘弥补现代化缺陷的农民经济理性正在孕育。④ 李明建通过对乡村经济伦理转型的剖析，指出在现代乡村经济伦理建设中，我们应该弘扬优秀传统文化，加强乡村经济治理；开展经济伦理教育，增强经济道德观念；加强乡村诚信建设，树立市场契约意识；推动“礼”“法”共治，重构乡村经济秩序。⑤ 此外，经济学界一些学者在对乡村经济发展进行探讨时，也有部分涉及对乡村伦理问题的研究。

第二，乡村家庭伦理及其价值研究。中国传统乡村社会的生产方式是一种以家庭为基本单位的小农生产方式，使得以血缘为纽带的家庭、家族和宗族得以繁衍和维持，也由此形成了独特的乡村家庭伦理关系。然而，伴随社会的转型，乡村家庭伦理关系发生了改变。如何看待这一变化，如何评价乡村家庭伦理在当前村庄发展中的价值等成为学者们关注的热点问题。李桂梅、郑自立考察了新中国成立以来乡村家庭伦理变迁的轨迹，指出在政治、经济、文化、

---

① 参见王露璐：《乡土伦理——一种跨学科视野中的“地方性道德知识”探究》，人民出版社2008年版。

② 参见乔法容、张博：《当代中国农村集体主义道德的新元素新维度——以制度变迁下的农村农民合作社新型主体为背景》，《伦理学研究》2014年第6期。

③ 参见涂平荣：《当代中国农村经济伦理问题研究》，中国社会科学出版社2015年版。

④ 参见李志祥：《现代化进程中我国农民经济理性的扩张、困境与出路》，《伦理学研究》2017年第3期。

⑤ 参见李明建：《乡村经济伦理的转型与发展》，《道德与文明》2017年第5期。

教育等因素的影响下，乡村家庭伦理观念由“简单化一”向“多元共存”转变，家庭伦理关系由“政治本位”向“经济本位”转变，家庭伦理责任由“严格责任”向“宽容责任”转变，家庭道德调控由“行政调控”向“德法兼控”转变。[①] 与此同时，李桂梅、张翠莲还对改革开放40年来乡村家庭伦理研究的背景、视域和方向进行分析，认为改革开放后乡村家庭伦理研究是在传统乡村家庭伦理改造未完成、新型家庭伦理建设具有局限、当前乡村家庭伦理处于困境的情况下蓬勃兴起的。她们强调，改革开放打破了乡村固有的组织结构和惯习，乡村家庭在走向现代化的过程中承受着巨大压力以致伦理规则的规范力量被严重削弱，乡村家庭伦理面临现代转型的诸多问题。[②] 张建雷对农民家庭现代化进程中的家庭伦理和家庭分工进行研究，指出在当前农民家庭的经济生活实践中，家庭伦理同农民家庭的现代化呈现出了有机的“亲和”关系。[③] 夏当英认为，乡村家庭秩序是与“家”有关的元素之间相对稳定的结合关系和较为持久的互动模式。随着传统家户制度的改变，当前乡村家庭结构呈现血缘依赖与工具理性并存的趋向，而衔接家国关系的“家共同体”不断分解，个体化行动在建立家国连续统中的作用突显，但乡村家庭仍面临不确定的未来。[④]

在此过程中，也有学者以乡村家庭伦理的某一问题展开研究。狄金华、郑丹丹以我国农村家庭资源的代际分配为研究对象，指出农村家庭资源的代际分配并未呈现“伦理沦丧”特征，上位优先型的分配方式仍在家庭资源代际分配中占据重要位置；造成农村家庭对亲代赡养资源供给不及现象的原因并不总是“伦理危机”，而由“伦理转向”所导致的下位优先分配原则可能是上述现象的重要诱因之一。[⑤] 李永萍以农村家庭转型过程中老年人的养老问题为切入点，试图以伦理危机对家庭转型中的养老危机进行定性。她认为，在家庭转型过程中，面对家庭内部资源转移的失控和权力让渡的失范，家庭伦理通过适应家庭发展主义的目标而重构，具体表现为父代本体性价值的扩张、社会性价

① 参见李桂梅、郑自立：《当代中国乡村家庭伦理的变迁》，《伦理学研究》2017年第6期。

② 参见李桂梅、张翠莲：《改革开放40年乡村家庭伦理研究：背景、视域和方向》，《伦理学研究》2018年第5期。

③ 参见张建雷：《家庭伦理、家庭分工与农民家庭的现代化进程》，《伦理学研究》2017年第6期。

④ 参见夏当英：《乡村家庭秩序的伦理逻辑与现代变迁》，《社会科学研究》2020年第3期。

⑤ 参见狄金华、郑丹丹：《伦理沦丧抑或是伦理转向　现代化视域下中国农村家庭资源的代际分配研究》，《社会》2016年第1期。

值的收缩和基础性价值的转换。家庭伦理的重构强化了农民家庭再生产的动力,并反馈到家庭内部资源转移和权力让渡的实践过程当中。同时,这也意味着在家庭转型过程中父代担负并践行着几乎没有止境的伦理责任,父代深深陷入"伦理陷阱",因此,父代的"老化"过程也是其危机状态生成并逐渐锁定的过程。①

第三,城乡环境正义与乡村生态伦理研究。在市场化、城市化、工业化进程的快速推进下,我国广大农村的环境出现恶化,农民成为环境污染的主要受害群体。针对这一问题,研究者们从不同角度进行分析。曾建平对城乡之间环境不公正的问题进行探讨,认为城市与乡村之间环境负担转移或贫困的生态外部性现象之所以能够发生,从历史看,是因为我国长期存在的二元经济社会结构决定的二元生态状况;从学理看,是因为存在两极利益主体的极其不平等,只有在地位上极不相称的利益主体之间才会发生这种隐含着宝贵生态存量价值的表面公平实为不公平交换。他强调,在某种意义上,环境不公正比环境污染更可怕。环境公正问题不仅关系环境保护事业自身的发展,更关系和谐社会的实现。因此,统筹城乡的发展内在地包含着统筹城乡的环境保护,内在地包含着实现城乡的环境公正。② 曹孟勤从哲学角度对我国乡村环境伦理建设进行思考,认为中国乡村在现代化进程中受到工业生产方式的冲击,使得这块环境伦理不曾设防的净土受到严重的污染与破坏。因此,一方面,为了避免乡村自然环境的持续恶化,实现美丽乡村愿景,建构中国乡村环境伦理尤为必要。另一方面,城市病的广泛出现和日趋严重,使美丽乡村成为人们向往的场域,为了适应逆城市化的发展趋势和人们回归自然的要求,为乡村自然环境筑起道德屏障就成为一种必然。他强调,乡村环境伦理建设要落到实处,就必须充分激发建设主体的积极性,而提高农民的社会地位和社会声望、增加农民的经济收入则是激发农民建设美丽乡村自觉性的必由之路。③ 黄海蓉以提升农民的生态道德素养为切入点,指出农民生态道德水平关涉乡村振兴战略的推进程度。她认为,农民环保意识不强、生态教育方式单一、生态建设主体不

---

① 参见李永萍:《家庭转型的"伦理陷阱"——当前农村老年人危机的一种阐释路径》,《中国农村观察》2018 年第 2 期。

② 参见曾建平:《乡村视野中的环境公正与和谐社会》,《江西师范大学学报》2005 年第 5 期。

③ 参见曹孟勤:《对中国乡村环境伦理建设的哲学思考》,《中州学刊》2017 年第 6 期。

明确等制约了农民生态道德治理，主张构建整体性生态道德治理观、开放性生态道德治理方式和协同式生态道德治理机制，提升农民生态道德素养，助力“美丽乡村”建设。①

第四，乡村教育的道德反思与村庄道德教育研究。人才是乡村振兴的关键，而人才的培养关键靠教育，乡村振兴不能忽视教育的地位和价值。近年来，从伦理视角反思乡村教育以及对乡村道德教育的现状、意义、路径等进行分析成为乡村伦理研究的又一热点。王本陆对我国农村教育改革的伦理诉求进行研究，指出我国农村教育长期处于困境之中，当前应在公平正义原则的前提下，重新设计我国国民教育体制，切实消除城乡教育双轨制。② 薛晓阳通过分析乡村教育与乡村伦理之间的关系指出，乡村教育既代表乡村精神作为一种文化符号的顽强意志，又是推进乡村伦理完成现代性转变的力量所在，乡土教育不只局限于乡村文明自身，最终的目的仍然是现代公民教育。③ 此外，还有学者围绕社会转型过程中乡村道德教育的困境等问题进行探讨。王露璐和李明建以农村留守儿童为研究对象，认为应当通过完善学校道德教育制度、创新学校道德教育活动、加强德育教师队伍建设以及实现学校、家庭和社会教育的有效结合等方法，进一步加强农村留守儿童的学校道德教育。④ 李明建对城市化背景下乡村道德教育的创新进行研究，认为城市化的发展给乡村道德建设特别是乡村学校道德教育带来了冲击和挑战。他指出，乡村学校道德教育应该树立以人为本、德育为先、适应市场经济发展、进行积极取向的道德教育等理念。推动乡村学校道德教育路径的创新，应调整道德教育目标、完善道德教育内容、挖掘道德教育资源、改革道德教育方法。⑤

第五，乡村道德建设的经验与路径研究。乡村道德建设的经验梳理、现状分析和路径探讨，始终是中国乡村伦理研究中的重点内容。关于乡村道德建设的历史经验，学者们的研究大多集中在对民国“乡村建设运动”的关注上。

---

① 参见黄海蓉：《如何提升农民的生态道德素养》，《人民论坛》2019 年第 9 期。

② 参见王本陆：《消除双轨制：我国农村教育改革的伦理诉求》，《北京师范大学学报》（人文社科版）2004 年第 5 期。

③ 参见薛晓阳：《乡村伦理重建：农村教育的道德反思》，《教育研究与实验》2016 年第 2 期。

④ 参见王露璐、李明建：《农村留守儿童道德教育的现状与思考》，《教育研究与实验》2014 年第 6 期。

⑤ 参见李明建：《城市化背景下乡村学校道德教育的创新》，《中州学刊》2017 年第 6 期。

周祥林和沈志荣提出，梁漱溟的乡村建设运动是其道德理想的直接践履，更是其复兴中国的政治伦理思想的现实表达。① 孙诗锦对晏阳初及其平教会在定县的活动进行了深入的探析，意图弄清晏阳初的乡村启蒙和改造活动在20世纪的国家与社会重新建构与整合的过程中扮演了何种角色，为研究晏阳初提供了一个全新的视角。② 李明建提出，晏阳初平民教育思想主张用文艺教育、生计教育、卫生教育、公民教育来解决民众的“愚”“贫”“弱”“私”问题，提升其知识力、生产力、健康力、道德力。③ 王露璐认为，费孝通在对中国乡村社会特征及乡村生产、交换、分配、消费的阐述中蕴含了丰富的伦理思想。费孝通早期的乡村伦理思想可概括为四个方面：“志在富民”，是贯穿其学术研究和学术观点的核心学术价值观；勤劳节俭，是根植于传统乡土社会生产方式和生活方式的生产伦理与消费伦理；信任互助，是基于传统乡村血缘地缘和差序格局的交往伦理和分配伦理；乡土重建，是以实现乡村发展、农民富裕为价值目标的发展伦理。④ 此外，一批学者还对转型期我国农村道德建设的状况、问题和对策进行了分析。刘建荣对农村道德建设的现状和对策，当代中国农民道德现状、成因及价值取向和路径选择等问题进行了解剖和分析，指出农民道德建设是社会主义新农村建设的重要内容，强调农民自身、在农村工作的党员和干部、社会各界人士、政府等各方力量共同努力。⑤ 罗文章围绕“乡风文明”这一新农村建设的战略目标和总体任务，就新农村道德建设的指导方针与方法论、基本向度及基本路径进行了较为系统的研究与探索。⑥ 王维先和铁省林则考察了农村社区作为自组织系统的运行特点及农村社区伦理共同体在道德建设中的作用。⑦ 王露璐对改革开放40年来我国乡村社会的道德发展与建设进行研究，认为持续深化的农村改革为乡村社会的道德发展奠定了坚实基础，从而

---

① 参见周祥林、沈志荣：《论梁漱溟乡村建设中的政治伦理思想》，《伦理学研究》2011年第2期。

② 参见孙诗锦：《启蒙与重建——晏阳初乡村文化建设事业研究（1926—1937）》，商务印书馆2012年版。

③ 参见李明建：《晏阳初平民教育思想对农村道德建设的资源意义》，《道德与文明》2014年第5期。

④ 参见王露璐：《费孝通早期乡村伦理思想述析》，《齐鲁学刊》2017年第5期。

⑤ 参见刘建荣：《新时期农村道德建设研究》，中国社会科学出版社2004年版；刘建荣：《当代中国农民道德建设研究》，群众出版社2007年版。

⑥ 参见罗文章：《新农村道德建设研究》，当代中国出版社2008年版。

⑦ 参见王维先、铁省林：《农村社区伦理共同体之建构》，山东大学出版社2014年版。

促使乡村伦理关系得以转变和农民现代道德意识得以成长、乡村社会文明程度得以提升和农民公德素质得以提高、乡村传统伦理文化得以有效传承与发展。面对社会转型过程中乡村社会人际信任度下降、村庄共同体凝聚力不足、道德评价和道德权威力量弱化等问题,她主张以社会主义核心价值观为引领,进一步加强乡村道德建设,为乡村振兴战略的实施提供有力的道德支撑和精神动力。[①]

第六,乡村伦理关系和农民道德观念研究。如何看待中国乡村社会的伦理关系及其变化?转型期农民道德观念呈现出何种变化?这种变化产生了何种影响?对于这些问题,学者们也从不同角度进行了分析。陈瑛提出,在长期自给自足的生产方式和生活方式中,传统的中国农民作为小生产者和小私有者,其社会交往方式单调稀少,这就决定了他们道德特征上的自私狭隘性。同时,分散的生产和生活方式,也造就了他们比较散漫、缺乏组织纪律性的特点。[②] 应星剖析了中国乡村社会在改革开放以前如何塑造新人,以此重新理解中国建立社会伦理新秩序付出的努力及其复杂性。[③] 谢丽华通过梳理农村伦理的相关理论,框定我国农村伦理的内容并提出相应的对策。[④] 李卫朝对我国农民义利观、理欲观的演变进行总结,强调当前农民价值观念发生了颠覆性的转向,并提出建设新型义利、理欲观念的重要性及其路径。[⑤] 王露璐分析了我国乡村社会人际信任关系上以"亲—朋—熟—生"为表征的差序性关系格局,认为这一格局产生于"血缘差序"和"情感差序"的共同作用,并提出了转型期中国乡村社会的人际信任的若干变化和差异性特征。[⑥] 孙春晨在对改革开放以来我国乡村道德生活变迁进行伦理审视的基础上指出,一方面,中国传统乡村道德文化生存的土壤发生了根本性的改变,乡村的道德生活呈现出新的气

① 参见王露璐:《改革开放 40 年来我国乡村社会的道德发展与建设》,《光明日报》2019 年 1 月 3 日。

② 参见陈瑛:《改造和提升小农伦理》,《伦理学研究》2006 年第 2 期。

③ 参见应星:《村庄审判史中的道德与政治:1951—1976 年中国西南一个山村的故事》,知识产权出版社 2009 年版。

④ 参见谢丽华:《农村伦理的理论与现实》,中国农业出版社 2010 年版。

⑤ 参见李卫朝:《农民道德启蒙与乡村治理——以义利观、理欲观变革为中心的考察》,《华东师范大学学报》(哲学社会科学版)2016 年第 1 期。

⑥ 参见王露璐:《新乡土伦理——社会转型期的中国乡村伦理问题研究》,人民出版社 2016 年版,第 120-129 页。

象，农民接受了新的道德观和价值观，由服从伦理到自主伦理的转变是农民权利意识觉醒的标志；另一方面，受市场经济行为规则和现代性价值观的影响，传统的乡村道德文化陷入了日益式微的境地。①

第七，乡村伦理文化重建与乡村伦理研究的范式转换及方法论探讨。杜玉珍从新中国成立之初的改造、社会主义建设时期的建设以及新时期以来的改革洗礼三个时期，对我国乡村伦理的发展进行了梳理，强调将社会主义伦理道德、乡村传统伦理道德中的精华因素、乡村社会实际三者有机结合起来。② 王露璐提出，转型期中国乡村伦理的研究体现了一种伦理学研究范式的转换，伴随乡村现代化进程中"乡土中国"向"新乡土中国"的转变，需要构建与之相对应的既蕴含现代价值又不失乡土本色的"新乡土伦理"。③ 在此基础上，王露璐强调："中国乡村伦理的现代重建应当基于马克思主义唯物史观的基本立场和方法，确立以农民为本的乡村发展伦理；以现代化样式和发展路径多样性的阐释为参考，重视'地方性道德知识'对乡村伦理现代重建的资源意义；以对'现代性危机'的反思和批判为警醒，将'记得住的乡愁'作为乡村伦理现代建构的道德文化之根。"④

与此同时，基于乡村研究的某一主题或相关研究经验进行范式讨论也是学者们关注的热点。徐勇从乡村治理出发，认为村民自治从农民自发创造转换为自觉的国家制度并纳入民主轨道，体现着一种价值取向和将这种价值转换为一种制度，从而确立了村民自治研究的第一个范式是"价值—制度"。然而，当国家制度落地，转变为村民实践行为时，则由于条件不同，存在着不同的效果，由此需要根据条件寻找到实现制度价值的有效形式，从而使村民自治研究向"形式—条件"这一范式进行转换。⑤ 乡村治理从"价值—制度"到"形式—条件"的范式转换为乡村伦理研究尤其是乡村治理的伦理问题研究提供了方法论的指导意义。贺雪峰结合自身从事乡村研究的经历，将以形成经验质感为目的而进行饱和经验训练的方法称为"饱和经验法"。他将饱和经验法的主

① 参见孙春晨：《改革开放 40 年乡村道德生活的变迁》，《中州学刊》2018 年第 11 期。
② 参见杜玉珍：《我国乡村伦理道德的历史演变》，《理论月刊》2010 年第 9 期。
③ 参见王露璐：《社会转型期的中国乡土伦理研究及其方法》，《哲学研究》2007 年第 12 期。
④ 王露璐：《中国式现代化进程中的乡村振兴与伦理重建》，《中国社会科学》2021 年第 12 期。
⑤ 参见徐勇：《乡村治理的中国根基与变迁》，中国社会科学出版社 2018 年版，自序第 7 页。

要原则归结为三条：一是不预设问题，不预设目标；二是具体进入、总体把握，不注重资料而重体会，大进大出；三是不怕重复，要的就是重复，是饱和调查。他认为调查不能注重功利，调查时要用心去倾听，去思考。经验质感的形成不是从调查结果来总结而是在调查过程中慢慢积累起来的。没有过程，没有全神贯注地聆听、思考，没有用心体会，也就不可能获得经验的质感。① 饱和经验法虽然相对于抽样基础上的问卷调查、人类学的民族志、扎根理论、拓展个案法等而言还不算成熟，但其能够从村民日常生活史切入，获得对研究对象最为直观的经验总结，从而有利于更为真实地把握村民思想道德状况，深化对乡村伦理的研究。

总体上看，伦理视角下的乡村研究虽然在数量上远不及社会学或政治学丰硕，但在质量上已经产生不小影响，并逐渐形成较为完备的研究方向。不过值得注意的是，在乡村伦理研究中，有关乡村治理伦理的研究依然处于薄弱状态。

（三）有关中国乡村治理伦理的研究

在众多有关乡村、乡村治理以及乡村伦理的研究中，一些学者还专门围绕乡村治理伦理进行阐释，并针对乡村治理中的伦理问题给予剖析。

王露璐通过对中国乡村社会变迁中礼治和法治的关系进行梳理，指出传统的礼治秩序越来越不足以料理日益复杂的乡村利益关系和社会矛盾，但现代法治秩序的建立仍遭遇诸多难题。面对转型期礼治秩序和法治秩序呈现出的共生和紧张，既不能一味强调以“法”代“礼”，又不能希冀以“礼”拒“法”，应寻求两者的相互融通与整合，以重塑新的乡村伦理秩序。② 在此基础上，王露璐提出“建构与当前中国乡村市场经济发展及工业化、城镇化相适应的现代乡村治理伦理，并由此重塑能够促进乡村发展并回应农民公正诉求的乡村伦理秩序，是实现具有中国特色的‘乡村治理现代化’的理论和实践根基”③。陈荣

① 参见贺雪峰：《饱和经验法——华中乡土派对经验研究方法的认识》，《社会学评论》2014 年第 1 期。

② 参见王露璐：《伦理视角下中国乡村社会变迁中的“礼”与“法”》，《中国社会科学》2015 年第 7 期。

③ 王露璐：《中国乡村伦理研究论纲》，《湖南师范大学社会科学学报》2017 年第 3 期。

卓、王珊珊通过对村级、乡镇、县域治理伦理发展脉络的逐层剖析，指出村级治理由汲取到服务的逻辑转变体现了广大农民平等公民权的回归，展现了国家与农村社会之间的互动和依赖关系；强制行政管理的逐渐退去与多元治理模式的逐步确立则体现了乡镇政权运作逻辑发生的新变化；县域治理由动员型向回应型的转变，促使基层政府与社会关系不断完善，实现基层政府回应与民众反馈有效结合。[①] 此外，陈荣卓、祁中山还对现阶段乡村治理伦理面临的转型进行了细致分析，并提出了乡村治理在价值理念、主体伦理、关系伦理、制度伦理等方面应当实现的重建。[②] 段文阁、袁和静以村民自治为切入点，认为顺利实现村民的自治伦理价值追求与乡村的稳定有序应正视“村民与村庄关系的不协调”“村民与自由和秩序的冲突矛盾存在”“村庄无法达到自由和秩序的统一”等多重现实困境，而超越村民自治伦理价值追求困境的根本路径，在于从发展集体经济、依从基层法治、均衡分配利益、加快村民教育四个层面最终达到村民与村庄、自由与秩序四者之间的动态平衡与良性互动，实现四者的彼此结合与统一。[③] 颜德如从乡村治理主体入手，认为乡村精英人士大量流失、乡村治理精神断裂等现象是当前乡村治理面临的严峻挑战，主张因地制宜将新时期的乡贤吸纳到乡村治理体系中，并且在文化与制度建设两个维度下大力气，使新乡贤推进当代中国乡村治理成为可继承的传统。[④] 张燕对传统乡村伦理文化在现代乡村治理中的意义进行肯定，强调在乡村治理过程中“传统乡村伦理文化的创新路径应当建立在与现代乡村结构的区域差异相适应、与现代乡村代际关系更迭变化相适应的基础之上”[⑤]。吴青熹基于乡村治理体系现代化的考量，指出“党建引领的‘三治融合’，使得中国乡土伦理以‘德治’的方式，有机地嵌入在现代乡村治理体系中得以‘重构’，而以‘德治’为载体的乡土伦理的现代性重构，又构成乡村治理体系中不可或缺的一部分”[⑥]。当前，有关中国乡村治理的伦理问题研究涉及对乡村治理目标、主体、制度等方面的探

---

① 参见陈荣卓、王珊珊：《农村基层治理现代化进程中的伦理转型》，《伦理学研究》2015 年第 2 期。

② 参见陈荣卓、祁中山：《乡村治理伦理的审视与现代转型》，《哲学研究》2015 年第 5 期。

③ 参见段文阁、袁和静：《村民自治伦理价值追求的困境与超越》，《伦理学研究》2009 年第 3 期。

④ 参见颜德如：《以新乡贤推进当代中国乡村治理》，《理论探讨》2016 年第 1 期。

⑤ 张燕：《传统乡村伦理文化的式微与转型——基于乡村治理的视角》，《伦理学研究》2017 年第 3 期。

⑥ 吴青熹：《乡村治理体系现代化与乡土伦理的重建》，《伦理学研究》2021 年第 6 期。

讨，对于促进乡村治理体系和治理能力现代化，实现乡村振兴具有重要作用。然而，这些研究大多仅是对乡村治理中的某一伦理问题展开探讨，缺乏对乡村治理伦理全面而系统的研究。这既为后续研究提供了坚实的理论参考，又为相关研究提出了更高要求。

二、中国乡村治理伦理的基本内容

本书在梳理中国乡村治理伦理的相关概念和理论基础上，深入开展田野调查，从转型期中国乡村治理的伦理现状切入，对乡村治理的主体、目标及其制度进行深入剖析，并尝试给出可能的解决路径。

在中国乡村治理伦理概述部分，首先，基于治理的内涵界定、乡村治理与城市治理的异同，对治理理论与乡村治理的伦理意蕴进行阐释；其次，围绕马克思和恩格斯对城乡关系的科学研判、孟德拉斯关于小农终结的阐释、费孝通有关"双轨政治"的认识等乡村治理伦理的相关理论资源展开讨论；最后，从治理的主体构成、制度设计、实际成效等方面，分别对传统时期内生性乡村治理、近代社会嵌入性乡村治理和新中国成立以来融合性乡村治理的伦理特征进行探讨。

在上述研究的基础上，本书基于具体的田野调查资料，对转型期中国乡村治理伦理的现状进行了梳理。首先，从整体上看，我国乡村道德建设取得了较为显著的成效，村民伦理素养普遍提升。与此同时，村庄的道德评价逐渐式微、经济评价日趋优先，道德权威不断削弱、政治权威日渐加强，道德共识出现分化、自我意识日益成长等也是较为普遍的现象。其次，乡村在从传统到现代的转型过程中，村庄由于对经济增长的片面强调，导致人情关系的功利化以及"面子竞争"的异化，从而忽视了治理目标的伦理价值。再次，国家权力、村庄干部、村庄民众虽然都在不同程度上参与到乡村治理当中，但三者均未表现出应有的伦理价值，从而在某种程度上对乡村治理造成障碍。最后，在乡村社会转型过程中，无论是传统以"礼治"为核心的村规民约等非正式制度，还是以现代"法治"为基础的法律条文、村级制度等正式制度，都不足以从根本上规范村民的日常生产与生活实践。

有鉴于此，本书着重从治理目标的理性重建、治理主体的道德要求、治理制度的伦理嵌入三个维度对中国乡村治理伦理进行研究。关于乡村治理目标的理性重建，首先，本书将乡村治理的底线目标定义为“安全第一”。安全是村庄应该给予村民的最基本的保障，应该在村庄中重新塑造“安全第一”的底线目标。其次，将乡村治理的现实要求定义为“公平正义”。公平正义是当前乡村治理面临的现实问题，从某种程度而言，乡村治理的伦理问题的解决正是对村庄公平正义的维护，乡村需要结合村庄实践建构起合理的公平正义价值体系。最后，将乡村治理的价值旨归落脚在村民的“美好生活”。虽然村民对什么是“美好生活”有着不同定义，但“美好生活”始终是每位村民努力追求的价值旨归，乡村应当从产业兴旺、生态宜居、乡风文明、治理有效、生活富裕五个方面着手，帮助村民实现“美好生活”的愿景。

在乡村治理主体的道德要求部分，首先，本书对国家权力在乡村治理中的必要性进行肯定，指出国家权力对乡村治理的观念逐渐从“管控”向“服务”转变、角色逐渐从“汲取”向“给予”转换、方式逐渐从“培优”向“补短”转化。其次，对村庄领袖在乡村治理中的道德权威地位进行分析，认为村庄领袖在治理乡村过程中应该树立以农民利益为基础的底线伦理要求、以乡村发展为前提的责任伦理价值、以回馈村庄为方向的美德伦理行为。最后，对村庄民众在乡村治理中的自治根基作用进行阐释。本书指出应通过培育“新乡贤”群体、优化村民自治形式、激发内生性力量等方式，实现增强村庄道德感召力、构建理性化自治平台、完善村民道德价值的目的，发挥村庄民众在乡村治理中的主体作用。

针对乡村治理制度的伦理嵌入，首先，界定了乡村治理制度的伦理内涵及其构成。本书认为乡村治理制度应该以正义性价值原则为底线，在兼顾特殊性价值原则的基础上实现制度的普遍性价值原则，并在此基础上指出，具有伦理内涵的治理制度应对非正式制度和正式制度进行融合。其次，剖析了乡村治理制度遭遇困境的原因。对于非正式制度而言，其困境主要在于缺少关注村民的根本利益，没有真正履行制度的应然价值原则；对于正式制度而言，其困境则主要由难以兼顾“地方性道德知识”引起，既在内容上缺乏对特殊性价值原则的充分践行，又尚未在操作过程中完全发挥制度的正义性价值原则。最后,本书指出了解决乡村治理制度困境的可能路径。在村民自治的基础上,既要让礼守法,引导非正式制度"移风易俗",又要让法合礼,鼓励正式制度"入乡随俗",从而使非正式制度和正式制度都能够坚持制度的正义性、特殊性和普遍性价值原则,从根本上实现对村民的约束,为村庄的有序、稳定提供制度支持。

在全面总结上述乡村治理目标、主体、制度的伦理要求基础之上,一方面,本书主张"健全自治、法治、德治相结合的乡村治理体系",将自治作为法治和德治的前提与基础,将法治作为自治和德治的保障与边界,将德治作为自治和法治的支撑与引领,促进自治、法治、德治相互融合,提升乡村治理能力和治理水平。另一方面,提出重构乡村伦理共同体的治理愿景,强调通过优化乡村公共场所、完善乡村社会组织、丰富乡村公共活动等形式,吸引村民参与到乡村公共生活当中,增进村民之间的相互交流,促进村庄道德共识的重塑,为实现乡村"善治"提供可能。

三、中国乡村治理伦理的研究方法

本书坚持唯物史观的基本立场,从中国乡村社会的生产和生活方式中把握乡村伦理关系和经济道德生活的变化,展现转型期中国乡村治理的伦理现状,澄清中国乡村治理伦理的基本内容。具体而言,本书主要运用文本分析法、学科交叉法以及实证研究法等。

第一,文本分析法。运用文献学研究方法,本书系统梳理并全面总结伦理视角下有关乡村治理的相关理论成果和实证研究,打造良好的学术信息平台。

第二,学科交叉法。综合伦理学、政治学、社会学、管理学等不同学科的研究方法,本书对转型期中国乡村治理的伦理现状进行剖析。

第三,实证研究法。本书运用田野调查的实证研究方法,对具有代表性的乡村进行实地调研。在田野调查过程中,除了采用问卷调查的定量研究外,还加入深度访谈的定性研究。此外,笔者还积极搜集相关地方史料,力求从宏观上把握研究对象的"前世今生"。

本书的田野调查由两部分组成。第一部分是笔者于 2016 年 7 月 11—

17日，带领团队对江苏徐州街南村[①]进行的田野调查；第二部分是笔者于2017年7月—2018年8月，跟随国家社会科学基金重大项目“中国乡村伦理研究”课题组对湖南郴州西岭村、湖北黄冈赵家湾村、甘肃定西镰镰村、江西抚州下聂村、江苏无锡华宏村、山东济宁王杰村、广东湛江林屋村进行的调研。虽然八个村庄位于不同区域，课题组成员对不同村庄的调研时间也不相同，但总体上均采用统一的方法进行，分别围绕资料收集、实地调研和数据分析三个阶段展开具体田野调查。

① 江苏徐州街南村为驻镇村，共有4 361位村民，由原先东门村4个小组和南门村7个小组合并而来。其中东门村1组和3组聚集了招商引资而来的工厂；东门村2组位于镇中心，主要经营铁货；南门村4组和5组为关帝庙及其配套的旅游古街所在地；南门村7组为自然村，俗称沈庄。街南村因《三国演义》第二十五回“屯土山关公约三事”一章的记述而闻名，该村现保存的关帝庙始建于明代天顺年间（1460年），迄今有560多年，为当时全国第二大关帝庙，素有“北有文圣孔府，南有武圣关帝”之称。关羽的“忠仁义勇”等道德精神在该村治理中发挥着不可估量的作用。

第一章

中国乡村治理伦理概述

理论研究离不开概念的界定和历史的梳理。乡村治理伦理研究，首先需要界定乡村治理的伦理内涵，了解乡村治理伦理的相关理论资源，进而阐释我国乡村治理的伦理变迁路径，为进一步研究奠定基础。

第一节 乡村治理的伦理内涵

“治理”(governance)并非舶来品，尧舜时期的“治”便兼具治理的含义，《荀子·君道》更是直接提到“治理”一词，强调“明分职，序事业，材技官能，莫不治理，则公道达而私门塞矣，公义明而私事息矣”。在西方，“治理”一词源自拉丁文和古希腊文，原意为“控制、引导和操纵”。但无论是东方还是西方，就当时政治环境而言，“治理”与“统治”“管理”并没有本质的区别，三者在一定意义上可以互换使用。直到20世纪后半叶，西方学者赋予“governance”新的含义，使其“不再只局限于政治学领域，而被广泛运用于社会经济领域”[①]，“治理”一词才开始与“统治”“管理”的概念产生差别，并反映出“国家、市场与公民社会之间的新型关系”[②]，逐渐彰显伦理价值。乡村治理便是治理理论在村庄公共事务中的应用，能够以“善治”为目标、运用灵活的治理机制，有效协调不同主体之间的利益关系。

① 俞可平主编：《治理与善治》，社会科学文献出版社2000年版，第2页。

② R. A. W. Rhodes, *Understanding Governance: Policy Networks, Governance, Reflexivity and Accountability*, Buckingham: Open University Press, 1997, p.53.

一、治理的内涵界定

在国内外有关“治理”的研究中，针对何为治理的问题，学者们虽然没有形成绝对一致的意见，但根据现有研究成果来看，主要是从主体、机制、目标等方面对治理进行了界定。

（一）多元的主体

主体是治理概念中的重要组成部分，对治理概念的阐释离不开对治理主体的剖析，纵观国内外学者的相关研究，他们大多表示治理具有多元的主体。英国研究治理理论的权威学者格里·斯托克认为，“治理意味着一系列来自政府但又不限于政府的社会公共机构和行为者。它对传统的国家和政府权威提出挑战，政府并不是国家唯一的权力中心”①；斯托克和切霍特雷在对治理概念的界定中指出，“治理具有多元角色和组织，这些角色和组织之间并不存在非常正式的关系”②。在国内，有学者专门从治理主体角度对治理概念进行阐释，认为“从治理主体上看，主要是由政府的一元治理转变为政府、社会组织和公民之间的多元合作治理”③；也有学者详细指出，“治理是社会的共同行为，不限于政府行为，而且还有企业、社会组织、社会群体、个体行动者等”④。

（二）灵活的机制

国内外学者在对治理概念进行界定时，常常围绕治理具体运行的制度、原则、相互间的关系等机制加以阐释。不同学者对治理机制的表述虽有不同，但他们大多认为灵活的机制是治理的重要组成部分。全球治理理论的主要创始者、美国学者詹姆斯·罗西瑙从制度角度对治理进行阐释，指出“治理就是指

① ［英］格里·斯托克：《作为理论的治理：五个论点》，华夏风译；俞可平主编：《治理与善治》，社会科学文献出版社2000年版，第34页。

② Chhotray V. and Stocker G., *Governance Theory and Practice, A Cross-Disciplinary Approach*, Basingstoke: Palgrave Macmillan, 2009, p. 3.

③ 曾庆捷：《“治理”概念的兴起及其在中国公共管理中的应用》，《复旦学报》（社会科学版）2017年第3期。

④ 王春光：《中国地方社会治理实践的理论透视》，《中共中央党校学报》2017年第5期。

通行于国际规制空隙间的那些制度安排，尤其是当两个或更多规制出现重叠、冲突时，或者在相互竞争的利益之争需要调解时才发挥作用的原则、规范、规则和决策程序”①。国内有学者强调“治理主要是指在管理一国经济和社会资源中运用公共权力的方式”“治理是公共权力与社会的互动过程”②；有学者认为“治理一词的基本含义是指在一个既定的范围内运用权威维持秩序，满足公众的需要”③；有学者将治理解释为“一个上下互动的管理过程，它主要通过多元、合作、协商、伙伴关系确立认同和共同的目标等方式实施对公共事务的管理，其实质在于建立在市场原则、公共利益和认同之上的合作。它所仰赖的管理机制不只是单纯的政府权威，而更多的是合作网络的权威”④；有学者指出，治理是“一种有关组织或系统决策的程序和制度的总和”，蕴含治理既是“一套程序和制度，或者说，是处理和解决问题的过程和方案”，也是“一个组织或系统的决策过程”，还“蕴含着法律和法治”⑤；也有学者表明，“各类组织或共同体（国家、超国家组织、次国家组织、社区、企业、非政府组织等）在面对共同生活的难题和挑战时，为着（更好地）生存和发展，在多元、复杂、流变的社会环境下，各成员通过共同参与、互动交流以识别问题（风险），通过协商对话、比较及妥协确定方向和目标，通过共担共享机制达成行动方案，通过相互合作和共同生产达至预料中的有利结果，并在这一过程中生成或更新了组织和共同体的交流、协商、互动结构，优化了协同、合作及遵从关系。这就是治理”⑥。

（三）善治的目标

善治(good governance)，在治理概念中主要作为其价值目标而备受关注。在国外众多关于这一概念的阐释中，法国学者玛丽-克劳德·斯莫茨的解释较为具有代表性。在她看来，善治包括四大要素：“(1) 公民安全得到保障，法律得到尊重，特别是这一切都须通过司法独立、亦即法治来实现；(2) 公共机构

① ［美］詹姆斯·N.罗西瑙主编：《没有政府的治理：世界政治中的秩序与变革》，张胜军等译，江西人民出版社2001年版，第9页。

② 徐勇：《GOVERNANCE：治理的阐释》，《政治学研究》1997年第1期。

③ 俞可平主编：《治理与善治》，社会科学文献出版社2000年版，第5页。

④ 陈振明、薛澜：《中国公共管理理论研究的重点领域和主题》，《中国社会科学》2007年第3期。

⑤ 谈萧：《“治理”与“governance”：一种语境交融的解释》，《学习与实践》2014年第10期。

⑥ 左晓斯：《治理究竟是什么》，《学术研究》2015年第10期。

正确而公正地管理公共开支，亦即进行有效的行政管理；(3) 政治领导人对其行为向人民负责，亦即实行职责和责任制；(4) 信息灵通，便于全体公民了解情况，亦即具有政治透明性。”①除此之外，一些国际权威机构也对这一概念进行阐释，联合国开发计划署（The United Nations Development Program）认为：“善治是政府、公民社会组织和私人部门在形成公共事务中相互作用，以及公民表达利益、协调分歧和行使政治、经济、社会权利的各种制度和过程。”②在国内关于善治概念的阐释中，有学者较早提出“善治就是使公共利益最大化的社会管理过程。善治的本质特征就在于它是政府与公民对公共生活的合作管理，是政治国家与公民社会的一种新颖关系，是两者的最佳状态”③，并在后续研究中提出“合法性、法治、透明性、责任性、回应、有效、参与、稳定、廉洁和公正”④10 个基本参考要素；有学者针对善治提出“合法性、参与、法治、透明性、回应、一致性导向、公平性与包容性、效力与效率、责任”⑤9 项标准和原则；也有学者强调，善治的“基本特质一是以人为本，二是依法治理，三是公共治理”⑥。不同学者虽然对善治的具体阐释有所差异，但本质上都是将其放在治理的框架中进行思考，讨论治理如何能够实现这一价值目标。

在众多对治理概念的界定中，联合国全球治理委员会（The Commission on Global Governance）在联合国成立 50 周年时发布的《我们的全球伙伴关系》（Our Global Neighborhood）中对治理概念的阐释相对具有代表性，报告指出：“治理是个人或组织处理共同事物时不同方式的总和，是一种能够调和不同利益主体之间的关系并持续采取合作的过程。治理所依靠的制度均由人民或组织认可，既可以是正式的规章制度，也可以是非正式的日常习惯，最终使个人或组织的合理利益得到实现。”⑦这一定义对治理的主体、机制以及目标进行了阐释，在一定程度上能够表达治理的应有之义。

---

① ［法］玛丽-克劳德·斯莫茨：《治理在国际关系中的正确运用》，肖孝毛译，《国际社会科学杂志》（中文版）1999 年第 1 期。

② ［美］G. 沙布尔·吉玛、丹尼斯·A. 荣迪内利编：《分权化治理：新概念与新实践》，唐贤兴、张进军等译，格致出版社、上海人民出版社 2013 年版，第 5 页。

③ 俞可平主编：《治理与善治》，社会科学文献出版社 2000 年版，第 8-9 页。

④ 参见俞可平：《政治与政治学》，社会科学文献出版社 2005 年版，第 23-24 页。

⑤ 参见万俊人主编：《现代公共管理伦理导论》，人民出版社 2005 年版，第 73-75 页。

⑥ 张文显：《法治与国家治理现代化》，《中国法学》2014 年第 4 期。

⑦ The Commission on Global Governance, *Our Global Neighborhood*, New York: Oxford University Press, 1995, pp. 2-3.

二、乡村治理与城市治理的异同

乡村与城市作为国家发展的两大重要公共空间，二者在主体、机制以及目标方面存在诸多相似之处，都经历了从“统治”到“管理”再到“治理”的历史发展过程；与此同时，二者因归属于不同公共空间，其具体治理方式又各具特色。

首先，乡村治理和城市治理都强调主体的多元性，但就主体间的关系而言，乡村治理的主体间关系较为简单而熟悉，城市治理的主体间关系则相对复杂而陌生。

治理主体的多元性区别于以往“统治”或“管理”的单一主体模式，是乡村治理与城市治理的主要共性之一。传统农业社会“处于一种‘家天下’的状态之中”[①]，社会是皇权一姓的天下，皇权所辖范围内的一切臣民都要听从于这唯一的统治者。在这种背景下，社会范围内的所有机构都只代表皇权一人的利益，社会的主体只能是统治者个人。伴随农业社会的解体，传统“统治”模式“不能适应工业社会处理复杂问题的要求”[②]，社会开始由个人“统治”进入多人“管理”模式。这种多人“管理”的模式被马克斯·韦伯称为“官僚制”，具有“形式主义”和“功利主义”的特征。就形式主义而言，“这是所有形形色色对保障个人生活机会感兴趣的人所要求的，因为否则其结果将是任性专断，而且形式主义是最省力的途径。表面看来，它与这种利益的倾向是处于矛盾之中的，不过，事实上也是有局部矛盾的”；就功利主义而言，“这种实质上的功利主义，一般又表现在依照要求而制订的——反过来又是形式的，而且在大量情况下是按形式主义对待的——规章细则的方向上”[③]。由此可见，“管理”模式看似克服了以往“统治”模式中权力由统治者个人操控的局面，但在具体操作中，不同层级的官员仅仅是按照既有的规章制度进行机械化的运行，他们难以以主体的姿态面对村庄或城镇的具体问题，真正的主体依然是占据绝对垄断地位的政府。“管理”与“统治”相比，虽然主体由单个个体扩大到独立团体，但其本质

---

① 张康之、张乾友：《公共生活的发生》，高等教育出版社 2010 年版，第 92 页。
② 张康之、张乾友：《论复杂社会的秩序》，《学海》2010 年第 1 期。
③ ［德］马克斯·韦伯：《经济与社会》（上卷），林荣远译，商务印书馆 1997 年版，第 251 页。

上仍然是一元主体，而"治理"则打破这种模式，"代表着截然不同的政治进路"①。"治理"模式充分尊重不同主体的利益要求，努力调动各种主体的积极性，力求克服"统治"和"管理"模式中一元主体的垄断地位，充分发挥多元主体的共同优势，从而成为村庄和城镇处理公共事务的主要方式。

在多元治理主体中，村庄作为主体间较为"'熟悉'的社会"②，能够有效协调各方关系，促使村庄形成相对统一的利益要求；然而，城市社会中较为陌生的人际环境，则导致城市治理主体之间的相互隔离，容易引发相对复杂的利益博弈。乡村社会，尤其是传统乡村社会，村民生活受地方性影响，"平素所接触的是生而与俱的人物"，因此能够"从时间里、多方面、经常的接触中"产生"亲密的感觉"，进而形成相对统一的利益要求。即使在乡村社会转型过程中，伴随村民生活的地方性限制被逐渐打破、村民间熟悉程度不断减弱，乡村社会也仅是转向"半熟人社会"③而非"陌生人社会"，村民间依然保有相对一致的利益关系，有着较为密切的往来。与此同时，城市治理强调"各利益主体共同参与城市的公共事务管理，建立'多中心'和多元关系的治理结构"，在本质上是"城市主体之间博弈和利益协调的过程"④。比较而言，城市治理主体的流动性更为活跃，不同利益主体之间缺乏相互沟通的环境，从而难以真正了解彼此的利益需求，容易导致较为复杂的利益竞争。

其次，乡村治理和城市治理在具体操作过程中，都强调自下而上的良性互动，"主要通过合作、协商、伙伴关系、确立认同和共同的目标等方式实施对公共事务的管理"⑤。在此过程中，乡村治理强调传统"礼治"，城市治理侧重现代"法治"。

无论对乡村还是城市而言，在"统治"模式下，统治者都以"大家长"的身份自居，"维持等级的秩序，驯服人民，使'出粟米麻丝以事其上'"⑥。在等级森严的环境中，"政治统治到处都是以执行某种社会职能为基础，而且政治统治只

---

① 李建华、周谨平：《国家治理：从传统到现代的转型》，《湖南社会科学》2015 年第 1 期。

② 费孝通：《乡土中国 生育制度 乡土重建》，商务印书馆 2011 年版，第 9 页。

③ 贺雪峰：《新乡土中国》（修订版），北京大学出版社 2013 年版，第 3 页。

④ 盛广耀：《城市治理研究评述》，《城市问题》2012 年第 10 期。

⑤ 俞可平：《政治与政治学》，社会科学文献出版社 2005 年版，第 22 页。

⑥ 熊得山：《中国社会史论》，上海书店出版社 2010 年版，第 11 页。

有在它执行了它的这种社会职能时才能持续下去”[①]，统治者凭借权力自上而下地发号施令，支配社会一切事物；而下层劳动人民则没有表达自身利益诉求的机会，他们在政治上没有任何权力可言、在生活上也没有个人私人空间，他们是统治者统治的对象和工具，必须依照统治者自上而下的行政命令安排日常生产和生活。在“管理”模式下，尽管不同层级的公务人员在具体实践中受到各种民主参与规范的制约，能够在一定程度上为村民和市民争取自身合理利益提供机会，但这种命令式的规范制约恰恰体现出管理模式中自上而下的特性。事实上，“就行政权自身而言，一直表现为一种集权，权力在官僚制体系的金字塔中被自下而上地集中起来，上层发号施令，下级依令而行。管理行政体系的运作，也就是公共权力的运行，权力是中心，行政行为在多大程度上具有有效性，取决于支持这种行为的权力的大小”[②]。我们不难看出，无论是“统治”还是“管理”，他们在处理乡村和城市事务过程中“都主要以行政命令的方式，自上而下地进行操作”。“治理”模式则是对单一自上而下权力垄断的破除，“它所拥有的管理机制主要不依靠政府的权威，而是合作网络的权威”。在这种背景下，“治理”模式的“权力向度是多元的、相互的，而不是单一的和自上而下的”[③]，治理者不能再仅仅根据设计好的规则制度进行机械的非人格化的操作，而是需要根据具体的情境，给出合理的解决措施，从而扬弃“统治”和“管理”模式中自上而下的行政命令机制。

在具体治理过程中，虽然乡村治理和城市治理都能够在不同程度上注重对具体情境的考量，但乡村社会相对一致的生产和生活条件，拥有更为强大的内生性约束力量，从而使得传统“礼治”可以在乡村治理中发挥作用；与此同时，城镇社会则由于高速的流动性以及个体的复杂性等特点，其治理机制必须充分借助现代“法治”的强制性力量。在乡村社会，村民凭借相对熟悉的环境，容易“得到从心所欲而不逾规矩的自由”[④]，这种自由虽不一定受到法律保障，但在村庄具有一定认可度，是乡村社会公认的行为规范，从而成为乡村治理的

---

① 《马克思恩格斯文集》第9卷，人民出版社2009年版，第187页。

② 张康之：《论政府的非管理化——关于“新公共管理”的趋势预测》，《教学与研究》2000年第7期。

③ 俞可平主编：《治理与善治》，社会科学文献出版社2000年版，第6页。

④ 费孝通：《乡土中国 生育制度 乡土重建》，商务印书馆2011年版，第10页。

重要一环。在城镇社会,个体间因缺乏长期共同生产生活而出现的异质性,导致其难以自觉形成相对统一的内生性规范,不同个体的行为需要借助确定的法律条文进行约束。

最后,乡村治理和城市治理都以“善治”为目标,充分协调不同个体间的利益关系,促进整体全面发展。值得注意的是,乡村和城市由于生产实践的差异,导致其对“善治”目标的定位不同,乡村治理需要首先提升村民的生活水平,而城市治理则应该以市民稳定作为最低要求。

在乡村和城市以往的“管理”以及“统治”模式中,“无论是管理者还是统治者,都是以自我为中心,被管理者和被统治者作为‘我’的对象是从属于‘我’和为了‘我’而存在的,‘我’从事管理或统治的活动,无非是为了自我的存在与发展”①,一切管理和统治活动都以追求自身利益为原则,片面的以“我”的利益为出发点,忽视其他群体的合法利益。“管理”和“统治”这两种片面追求利益的模式,使得“整个社会在根本结构上变成了对人进行宰制和支配的工具,人完全成了工具的奴隶而不是主人。工具理性使社会变成了片面发展的所谓‘单向度’的社会,使人成为‘单向度’的人,毋宁说人也成了服务于工具理性的工具”②。善治的“治理”模式则是“国家的权力向社会的回归”“善治的过程就是一个还政于民的过程”③。不同个体只有在善治的“治理”目标中,才能解除统治与被统治、管理与被管理的关系,实现平等的协商与合作。在这种背景下,村民和市民都能够充分表达自身的合理诉求,并形成维护多方共同利益的治理方案,克服“统治”和“管理”目标中片面强调一元主体发展的桎梏,促进整体全面发展。

一般而言,转型过程中乡村的经济发展水平大多处在同区域城市之下,村民基本生活状况也难以与市民相比。因此,在乡村治理实践中,村庄应将改善村民生活条件、提升村民生活水平放在重要位置。与此同时,在城市有利条件的吸引下,大量人口流入城市,城市治理则应注重对市民生活秩序的维护,保障城市生活安定有序地运转。

---

① 张康之:《论政府的非管理化——关于“新公共管理”的趋势预测》,《教学与研究》2000 年第 7 期。

② 张康之:《寻找公共行政的伦理视角》,中国人民大学出版社 2002 年版,第 100-101 页。

③ 俞可平主编:《治理与善治》,社会科学文献出版社 2000 年版,第 11 页。

三、治理理论与乡村治理的伦理意蕴

通过对治理内涵的界定，以及对乡村治理与城市治理异同的分析，我们可以从主体、机制、目标三个方面总结治理理论与乡村治理的伦理意蕴。

首先，对治理主体多元性的强调，能够帮助个体摆脱被控制的处境，不断促进人的解放，实现个体自由而全面的发展。乡村治理则进一步强调激发村民内生动力，鼓励村民以自觉自主的状态参与到村庄发展实践之中，为村民自由而全面的发展提供条件。

个体只有获得主体地位才能更好地维护自身价值，促进个体解放，逐渐实现真正自由而全面的发展。在“统治”和“管理”模式下，“往往将‘国家’界定为一种绝对高于个人的政治共同体，并且将国家生活视为个人参与社会生活的最高目的，而将作为国民存在的个人视为必须服务于国家的手段”①，代表不同利益的个体无法在统治或管理中获得主体地位，“个人的生活是受国家管理的，个人的获得是为国家所规定的，好像个人是为国家而生存，国家不是为个人而设立”②，个体始终处于被控制地位，无法获得真正的人身自由，更谈不上实现自由而全面的发展。在现实社会中，个体只有摆脱控制自身的枷锁才能获得解放，并在解放的基础上不断实现自由而全面的发展。治理主体的多元性打破了以往权力被一元统治者和管理者垄断的状况，使普通个体具有平等参与治理的机会。“实现政治生活状态下人的解放，关键是要在政府与社会之间合理地分配国家权力与社会权力，从而调适它们存在的不均衡关系。”③在“治理”模式下，多元治理主体使得以往个体、社会和国家的关系发生了改变，国家权力不断向社会复归、个体不断获得解放，并且“只有当人认识到自身‘固有的力量’是社会力量，并把这种力量组织起来因而不再把社会力量以政治力量的形式同自身分离的时候，只有到了那个时候，人的解放才能完成”④，并不断促使个体“以一种全面的方式，就是说，作为一个完整的人，占有自己的全面

① 向玉乔：《国家治理的伦理意蕴》，《中国社会科学》2016 年第 5 期。
② [美]迦纳：《政治科学与政府 政府论》，林昌恒译，东方出版社 2014 年版，第 90 页。
③ 陈荣卓、祁中山：《乡村治理伦理的审视与现代转型》，《哲学研究》2015 年第 5 期。
④ 《马克思恩格斯文集》第 1 卷，人民出版社 2009 年版，第 46 页。

的本质”①，实现真正自由而全面的发展。

乡村治理正是以多元治理主体的方式不断打破禁锢在村民个体身上的枷锁，促进村民个体的解放，鼓励村民参与到乡村具体治理实践之中，“使人的世界即各种关系回归于人自身”②，为村民实现自由而全面的发展提供客观基础。

其次，注重具体实践的治理机制，能够有效整合正式制度和非正式制度的优势力量，提升治理效率。乡村治理在实际操作过程中，既充分发挥以传统“礼治”为核心的非正式制度的作用，也强调对以现代“法治”为基础的正式制度的运用，力求构建良性治理秩序。

秩序是一切治理机制发挥作用的前提，“人类可以无自由而有秩序，但不能无秩序而有自由”③。在治理实践中，以“礼治”为核心的非正式制度和以“法治”为基础的正式制度都是构筑良性秩序的方式，均蕴含着丰富的伦理价值。“国家和社会治理需要法律和道德共同发挥作用”④，以“礼治”为核心的非正式制度主要凭借治理主体所在环境的地方性道德知识调节不同利益主体之间的关系，这是一种基于日常实践的非强制性的调节方式，能够为治理提供符合特殊实践要求的可能解决路径，但无法以强制性的命令要求治理主体必须遵从；以“法治”为基础的正式制度可以依靠明确的法律条文和政策规范约束不同利益主体之间的关系，这是一种将实践经验上升为强制力的规范方式，能够为治理提供具有普遍实践经验的硬性规定，但难以保证这种普遍性的实践经验能够适合每一种特殊的治理环境。由此可见，无论是以“礼治”为核心的非正式制度还是以“法治”为基础的正式制度都有为治理提供良性秩序的可能，但“礼治”的非强制性、“法治”的统一性在一定程度上却有可能对治理过程产生负面影响。值得注意的是，非正式制度表现出的约束性不足的弊端恰恰能够被正式制度的强制性所弥补，非正式制度的地方性道德知识也可以调和正式制度缺少特殊性的不足。因此，只有将“礼治”与“法治”相结合，利用“礼治”的优势弥补“法治”的不足，凭借“法治”的长处补齐“礼治”的短板，在此基础上才能构

---

① 《马克思恩格斯文集》第1卷，人民出版社2009年版，第189页。

② 《马克思恩格斯文集》第1卷，人民出版社2009年版，第46页。

③ [美]塞缪尔·亨廷顿：《变革社会中的政治秩序》，李盛平、杨玉生等译，华夏出版社1988年版，第8页。

④ 《中共中央关于全面推进依法治国若干重大问题的决定》，人民出版社2014年版，第7页。

建具有良性的治理秩序。总体上看，在具体治理过程中，“以法治体现道德理念、强化法律对道德建设的促进作用，以道德滋养法治精神、强化道德对法治文化的支撑作用，实现法律和道德相辅相成、法治和德治相得益彰”①，既能充分反映具体实践要求，又能为形成良性治理秩序提供基础。

在乡村治理过程中，借助村民自治的具体实践，将以现代“法治”为基础的正式制度的强制性与以传统“礼治”为核心的非正式制度的地方性充分融入村庄治理之中，既能够为乡村发展提供坚定的法律保障，又能够有效发挥村庄特殊的文化价值，从而构建具有良性的乡村治理秩序，不断促进“自治、法治、德治相结合的乡村治理体系”②的形成。

最后，以善治为价值目标的治理理论在目的上内含了增强服务意识，“永远把人民对美好生活的向往作为奋斗目标”③的伦理价值。人民对“美好生活”的向往既是一个关涉个体价值的普遍“善”的问题，也是治理主体树立服务意识的原初动力。乡村治理将村民对“美好生活”的向往作为治理的价值旨归，并从经济、生态、文化、政治、社会等方面培养村民对“善”的认识，不断为村民实现“美好生活”提供服务。

个体作为主体实际选择着自己的生活，从而呈现出“好与坏”“善与恶”的不同倾向。人民对“美好生活”的向往“具有道德本体论的意味，是人的存在、生活和行动本身的基本价值维度，因而具有与人的存在、人生和人的行动相同的哲学特性”④。从这个意义上说，个体只有自身具有“善”的价值，才有可能具有向往“美好生活”的现实诉求，才能够不断为实现“美好生活”做出正确选择。

实现“美好生活”既需要个体主动实现并不断完善自身作为价值的“善”，也需要不同治理主体真正以维护人民利益为出发点，以服务者的姿态出现在治理过程中。“统治”和“管理”的危机表明，权力不断向底层的扩张和向上层的垄断必然违背广大人民群众的根本利益，与人民对美好生活的向往不断背

---

① 习近平：《关于〈中共中央关于全面推进依法治国若干重大问题的决定〉的说明》，《人民日报》2014 年 10 月 29 日。

② 习近平：《决胜全面建成小康社会 夺取新时代中国特色社会主义伟大胜利——在中国共产党第十九次全国代表大会上的报告》，人民出版社 2017 年版，第 32 页。

③ 习近平：《决胜全面建成小康社会 夺取新时代中国特色社会主义伟大胜利——在中国共产党第十九次全国代表大会上的报告》，人民出版社 2017 年版，第 1 页。

④ 万俊人：《人为什么要有道德？》（上），《现代哲学》2003 年第 1 期。

离，并最终导致普通民众的反抗。“政治统治到处都是以执行某种社会职能为基础，而且政治统治只有在它执行了它的这种社会职能时才能持续下去”①，政治统治正是通过不断执行这些职能使其拥有的垄断权力不断扩张，在以往“统治”和“管理”模式中，这种权力始终只片面服务于一元的统治者或管理者，无法真正代表广大人民群众的切身利益，并不断以命令的形式侵占普通民众的合法利益。“治理”理念在扬弃“统治”和“管理”片面追求一元统治者和管理者利益的同时，改变以往命令式的方式，从汲取者逐渐向服务者的形象转变，注重对治理对象以及主体相互之间价值的认同，通过提供公共服务、尊重和实现个体基本权利等方式不断为满足人民的美好生活创造机会。

在乡村治理过程中，村民对“美好生活”的向往是个体价值“善”的体现，村民也只有在充分实现自身价值“善”的前提下，才能够具有追求“美好生活”的可能。在此过程中，不同治理主体以服务者的姿态，借助不同形式为村庄提供服务，从而为保障村民实现“美好生活”奠定现实基础。

第二节
乡村治理伦理的理论借鉴

城乡关系的有机融合、农民价值的充分彰显、基层秩序的高效运行等是乡村治理伦理应当关注的三个基本问题。众多思想家曾围绕这些问题进行过相关探讨，为提升乡村治理水平、促进乡村治理伦理研究，提供了丰富的理论参考。其中，马克思、恩格斯对城乡关系的科学研判，要求从生产力和生产关系两个方面着手，消灭城乡差别，实现城乡融合；孟德拉斯有关“小农终结”的论述，蕴含了注重村民传统道德生活样式及其价值观念，加强农民职业道德建设，推动农民主体作用发挥的思想；费孝通关于“双轨政治”的认识，指导乡村从加强村庄自治组织建设，发挥新乡贤的内生优势，用好“地方性道德知识”等维度促进村庄有序运行。

① 《马克思恩格斯文集》第 9 卷，人民出版社 2009 年版，第 187 页。

一、乡村治理伦理的三个基本问题

治理有效是乡村振兴的基础，乡村治理水平的提升离不开伦理道德的参与。乡村治理伦理必须回答好如何促进城乡关系有机融合，怎样发挥农民价值，怎样提升基层运行效率等问题，从而为乡村治理目标的理性建构、治理主体的道德完善以及治理制度的伦理嵌入提供研究基础。

城乡关系是乡村治理伦理研究的现实问题。长期以来，城市与乡村处于一种不平衡的发展状态之中，城市集中了大量人力、物力、财力资源，获得了良好的发展基础；乡村则被边缘化，人口日益流失、资源愈发紧张，难以得到有效的发展。在此过程中，城市的价值观念逐渐向乡村渗透，村庄传统道德规范不断式微，城市成为优于乡村的存在，社会公正性受到挑战。近年来，我国为缩小城乡差距，推动城市与乡村平衡发展提出了若干政策，尤其是"乡村振兴战略"的实施，有效缓解了城乡矛盾，维护了社会公正。当前，为了更好地促进城乡发展，打破城市价值观念凌驾于村庄道德规范之上的认知，乡村治理的伦理研究需要对城乡关系及其内涵的价值原则、道德规范等进行深入探讨。

农民是乡村治理的主体，有关农民道德心理特征、价值需求的研究是乡村治理伦理的重要组成部分。一方面，乡村是农民的乡村，离开了农民的道德实践、伦理关系，乡村治理将失去内生性动力。事实上，"构成中国乡村社会的每一个村庄，是由在共同生产、生活中形成特定伦理关系和共同价值取向的村庄成员所形成的共同体"①。村庄对于生活于其中的农民而言，具有特殊的情感归属和道德认同。另一方面，农民的道德素养、价值认知等对乡村治理的效果和水平具有重要影响。"'理念'创造的'世界观'常常以扳道工的身份规定着轨道，在这些轨道上，利益的动力驱动着行动"②。人们的道德认识作为上层建筑，对生产力的发展、生产关系的构建具有重要的能动作用。较高的道德素养和正确的价值认知能够帮助农民养成良好的道德惯习，促进和谐村庄关系的

① 王露璐：《谁之乡村？何种发展？——以农民为本的乡村发展伦理探究》，《哲学动态》2018年第2期。

② ［德］马克斯·韦伯：《儒教与道教》，王容芬译，商务印书馆1995年版，第19-20页。

形成。然而，伴随现代社会的转型，农民的流动性和村庄的异质性不断增强，熟悉的乡村变得陌生，传统的道德约束开始失灵，以往的道德判断受到质疑，农民对村庄的价值认同和情感依赖逐渐式微。与此同时，当前一些农民受市场化浪潮的影响，错误地将经济价值作为自身乃至村庄发展的宰制性目标，对道德文化的作用充耳不闻，进一步导致村庄人际关系的紧张。面对这些状况，如何激发农民在乡村治理中的主体性地位？如何正确认识和评价农民的道德价值观念？农民的转型是否意味着走向终结？这些问题都成为当前乡村治理伦理必须关注的问题。

良好的基层秩序既是乡村治理的伦理保障，又是乡村治理的道德愿景。就伦理保障而言，良好的基层秩序蕴含村庄基本的道德规范、价值认知和伦理关系，并通过村庄舆论、风俗惯习、精神信念等方式表现出来，从而对农民的日常生产生活和交往起到规范和约束作用，“发挥着伦理秩序‘道德治理’的本位功能”[①]。就道德愿景而言，良好的基层秩序营造的是一种双向协商的治理机制，是“一个上下互动的管理过程”，它所凭借的“不只是单纯的政府权威，而更多的是合作网络的权威”[②]。这种治理机制能够更好地了解农民道德实践样态，满足村庄的真实利益诉求。在当前的乡村治理实践中，构建良好的基层秩序需要以自治为基础、以法治为保障、以德治为指引，健全自治、法治、德治相结合的乡村治理体系。具体而言，乡村治理及其伦理研究需要发挥好自治的基础性地位，促进治理机制的双向协商；保障自治和德治能够在法治允许范围内运行；充分运用德治优势，有效凝聚各方力量；正确处理国家—社会—乡村三者之间的关系。

二、城乡关系：马克思、恩格斯对城乡问题的科学研判

城乡关系是马克思、恩格斯共同关注的问题，在其创立历史唯物主义过程中，“曾将城市与乡村分离和对立基础上形成的城乡关系作为一个基本的理论

① 李兰芬：《国家治理现代化的伦理秩序建构》，《哲学动态》2015 年第 1 期。
② 陈振明、薛澜：《中国公共管理理论研究的重点领域和主题》，《中国社会科学》2007 年第 3 期。

范畴"[①]。马克思、恩格斯基于社会生产力和生产关系的考量，指出城市与乡村在经历分离和对立之后，必然走向融合。这一科学研判，对正确认识和处理我国城乡关系以及加强乡村善治，具有重要的价值指引作用。

（一）城市与乡村的分离和对立

城市与乡村是伴随社会分工而出现的概念，在生产力不断发展的基础上，二者逐渐分离，以致对立。人类最初大多居住在洞穴或树上，通过流动性地采摘果实、捕猎获取生活资料。到蒙昧时代的高级阶段，伴随弓箭的发明，人类"已经有定居而成村落的某些萌芽"[②]。此后伴随社会分工的展开，进一步刺激了商品交换的产生。当商品交换在固定地点以常态化出现时，原始城市的雏形便得以产生。在此基础上，工商业和农业的分工，促进了城市与乡村的分离。

城市与乡村的最初分离是以"城市乡村化"[③]为基本特征，彼此维持着初始的依存关系。在当时的生产力条件下，无论是西方古典古代的城市还是东方亚细亚历史的城市，二者都以农业为基础，"农业是整个古代世界的决定性的生产部门"[④]。这一时期，城市虽然凭借经济、军事、政治等要素对乡村进行掠夺，但只要乡村失去再生产能力或难以为城市继续提供产品，基于农业的城市将迅速走向衰败。

城市和乡村在资本主义时代从分离走向对立，这一时期的特征是"乡村城市化"[⑤]。资本主义在城市中产生，14、15 世纪，"在地中海沿岸的某些城市已经稀疏地出现了资本主义生产的最初萌芽"[⑥]。此时的城市不再以传统农业生产为依托，并且开始利用各种有利的经济、政治、技术条件对乡村进行支配，使乡村彻底沦为城市的附庸。"先进的工业文明正是以人口、财富、资本、需求日益集中的城市为依托崛起和发展的，它使人口不断地流向城市，并迫使乡村屈

---

① 徐勇：《马克思恩格斯有关城乡关系问题的思想及其现实意义》，《社会主义研究》1991 年第 6 期。

② 《马克思恩格斯文集》第 4 卷，人民出版社 2009 年版，第 34 页。

③ 《马克思恩格斯文集》第 8 卷，人民出版社 2009 年版，第 131 页。

④ 《马克思恩格斯文集》第 4 卷，人民出版社 2009 年版，第 168 页。

⑤ 《马克思恩格斯文集》第 8 卷，人民出版社 2009 年版，第 131 页。

⑥ 《马克思恩格斯文集》第 5 卷，人民出版社 2009 年版，第 823 页。

服于城市的统治”[①]，城市与乡村不再仅是空间上的分离，而且是彼此的对立。

事实上，城市与乡村从分离到对立的过程，也是社会不断发展的进程。“城乡之间的对立是随着野蛮向文明的过渡、部落制度向国家的过渡、地域局限性向民族的过渡而开始的，它贯穿着文明的全部历史直至现在（反谷物法同盟）”[②]，推动着生产力的快速发展。在这一过程中，资产阶级迅速集聚资本，“日甚一日地消灭生产资料、财产和人口的分散状态”[③]，将人口和生产资料集中起来，形成统一的阶级和利益群体，创造更大的生产和生活空间。

（二）城市与乡村的融合

城乡分离与对立在促进生产力发展的同时，也存在诸多不容忽视的问题。城市与乡村最初的分离，便使“农村居民陷于数千年的愚昧状况，使城市居民受到各自的专门手艺的奴役”[④]，扩大了城市与乡村之间的差距。城乡的对立也导致了人的异化，“是个人屈从于分工、屈从于他被迫从事的某种活动的最鲜明的反映，这种屈从把一部分人变为受局限的城市动物，把另一部分人变为受局限的乡村动物，并且每天都重新产生二者利益之间的对立”[⑤]。此外，伴随城乡对立的加剧，城市与乡村在人口、资源、环境等方面都出现极度失衡，一系列社会问题便随之而来。这一困境的解决，不能寄托于城市或乡村的某一方面，而是要协调发力，促进城市与乡村的融合，“只有通过城市和乡村的融合，现在的空气、水和土地的污染才能排除，只有通过这种融合，才能使目前城市中病弱群众的粪便不致引起疾病，而被用做植物的肥料”[⑥]。

消灭城乡对立、实现城乡融合，“是共同体的首要条件之一，这个条件又取决于许多物质前提”[⑦]，需要从生产力和生产关系两个方面入手。一方面，生产力需要得到极大发展。城市与乡村从依存到对立再到融合，始终伴随着生产

① 徐勇：《马克思恩格斯有关城乡关系问题的思想及其现实意义》，《社会主义研究》1991年第6期。

② 《马克思恩格斯文集》第1卷，人民出版社2009年版，第556页。

③ 《马克思恩格斯文集》第2卷，人民出版社2009年版，第36页。

④ 《马克思恩格斯文集》第9卷，人民出版社2009年版，第308页。

⑤ 《马克思恩格斯文集》第1卷，人民出版社2009年版，第556页。

⑥ 《马克思恩格斯文集》第9卷，人民出版社2009年版，第313页。

⑦ 《马克思恩格斯文集》第1卷，人民出版社2009年版，第557页。

力的发展而进行，二者在此过程中，发生着彼此的否定以及否定之否定。城市与乡村的融合并不是简单地向最初依存状态的回归，而是在更高的生产力基础之上，“把城市和农村生活方式的优点结合起来，避免二者的片面性和缺点”①。城市与乡村的分离是生产力发展的产物，同时也是生产力不够发达的结果，“乡村农业人口的分散和大城市工业人口的集中，仅仅适应于工农业发展水平还不够高的阶段，这种状态是一切进一步发展的障碍”②。在生产力高度发达的社会，“把农业和工业结合起来”③，通过“大工业在全国的尽可能均衡的分布”，从而使得“消灭城市和乡村的分离也不是什么空想”④。

另一方面，需要变革资本主义生产关系，废除私有制。资本主义生产关系是导致城市与乡村对立的直接原因，“城乡之间的对立只有在私有制的范围内才能存在”⑤。生产资料私有制使得社会成员分化为不同的利益集团，乡村成为城市的统治对象，农民被分散地困在村庄。恩格斯认为，“只有使人口尽可能地平均分布于全国，只有使工业生产和农业生产发生紧密的联系，并适应这一要求使交通工具也扩充起来——同时这要以废除资本主义生产方式为前提——才能使农村人口从他们数千年来几乎一成不变地在其中受煎熬的那种与世隔绝的和愚昧无知的状态中挣脱出来”⑥。基于这一现实，马克思、恩格斯强调要主动变革现有的生产方式，将原本属于全体劳动者的生产资料从私人手中夺取出来，消灭剥削、消除旧有分工，使人们能够根据自身需求从事生产劳动，从而促使城乡关系得到根本改善，城市与乡村融合发展。

（三）对改善我国城乡关系的价值指引

“实现城乡融合发展，是社会主义建设和发展的内在要求”⑦，马克思、恩格斯的城乡融合理论对指导我国乡村治理、改善城乡关系具有重要的价值指引作用。

---

① 《马克思恩格斯文集》第1卷，人民出版社2009年版，第686页。
② 《马克思恩格斯文集》第1卷，人民出版社2009年版，第689页。
③ 《马克思恩格斯文集》第2卷，人民出版社2009年版，第53页。
④ 《马克思恩格斯文集》第9卷，人民出版社2009年版，第314页。
⑤ 《马克思恩格斯文集》第1卷，人民出版社2009年版，第556页。
⑥ 《马克思恩格斯文集》第3卷，人民出版社2009年版，第326页。
⑦ 陈锡文、罗丹、张征：《中国农村改革40年》，人民出版社2018年版，第228页。

首先，正确认识城乡发展规律，不断提高生产力水平。马克思、恩格斯以唯物史观为基础，对城市与乡村的发展规律进行了科学研判，认为二者在对立的基础上必然走向融合。需要指出的是，这一目标的实现并不是一蹴而就的，而是在生产力极度发展的前提下，有序推进的结果。恩格斯友善地提醒我们，城市与乡村的对立，使得"文明在大城市中给我们留下了一种需要花费许多时间和力量才能消除的遗产"①，虽然这种遗产必然被消除，但消除的过程将会是一个漫长的过程。在这个过程中，只有生产力的不断发展，城市对乡村的奴役才会终结，城市文明对乡村文明的侵略才会得以终止，城市与乡村才会走向最终的融合。2020 年，我国全面建成小康社会，便是在提高生产力发展水平进程中，朝向城乡融合迈出的关键一步。

其次，实施村庄善治，推动乡村振兴。城乡融合并不是低水平的相互依存，而是在双方充分发展基础之上的优势互补。对于乡村而言，需要通过现代化的治理体系和治理能力，提升自身发展水平，改变贫穷、落后的历史面貌。从党的十九大提出"实施乡村振兴战略"到党的二十大强调"全面推进乡村振兴"②，党中央为加快推进乡村治理体系和治理能力现代化、促进乡村发展提供了顶层设计。

最后，以村民为主体，促进人的全面而自由的发展。马克思、恩格斯的城乡融合理论蕴含着人的全面而自由的发展。恩格斯在论述废除私有制的结果时，明确提出"通过城乡的融合，使社会全体成员的才能得到全面发展"③。村民是乡村的主体，城市与乡村的融合最终要实现村民作为人的价值。在城市与乡村旧有分工被打破的前提下，要使"生产劳动给每一个人提供全面发展和表现自己的全部能力即体能和智能的机会"④，将人从固有劳动中解放出来，使得生产劳动成为主体自觉自愿的行为，促进个体的全面而自由的发展。乡村振兴战略中，国家不断"强化乡村振兴人才支撑""让各类人才在乡村大施所能、大展才华、大显身手"⑤，为促进个体的全面而自由发展提供了政策保障。

---

① 《马克思恩格斯文集》第 9 卷，人民出版社 2009 年版，第 314 页。

② 习近平：《高举中国特色社会主义伟大旗帜 为全面建设社会主义现代化国家而团结奋斗——在中国共产党第二十次全国代表大会上的报告》，人民出版社 2022 年版，第 36 页。

③ 《马克思恩格斯文集》第 1 卷，人民出版社 2009 年版，第 689 页。

④ 《马克思恩格斯文集》第 9 卷，人民出版社 2009 年版，第 311 页。

⑤ 《乡村振兴战略规划（2018—2022 年）》，人民出版社 2018 年版，第 90 页。

三、农民价值：孟德拉斯关于小农终结的阐释及其方法

农民是乡村的主体，对农民的正确认识和深刻把握是乡村治理及其伦理研究的基础内容。孟德拉斯（Mendras）在《农民的终结》一书中，以法国农村的现代化道路为背景，运用跨学科的研究方法，对农民从传统到现代的转型进行了剖析。书中有关传统农民保守的道德心理特征描述、对小农终结的科学诠释以及所使用的研究方法等都为当前乡村治理的伦理研究提供了重要的理论借鉴和研究路向。

（一）困在传统中的农民

在传统的乡村社会，农民基于小块土地从事生产活动，以此满足自身及其家庭的日常生活所需。为此，孟德拉斯将传统农民定义为"地方之人（hommes du pays）"，强调"他们超越不了自己的土地的有限视野"①。在孟德拉斯看来，农民被土地束缚，他们的道德思想观念主要来自和土地有关的传统，只要传统不变，他们的生产生活都会按照前人的路线持续下去。"'传统'的农民不会怀疑'传统'，在他们看来，'传统'是理所当然的，是生活和工作必须遵循的正常方式。"②在农业生产过程中，农民这种基于传统价值观念形成的保守型道德心理特征主要表现为"一项新技术的引进，也就是说它完全并入耕作系统，并成为群体的技术遗产的组成部分，至少需要一代人的时间"③。

农民保守型道德心理特征的养成，很大程度上并不是因为农民不知道或没有意识到变革可能会带来的利益，而是因为农民认为这些利益无法弥补传统被撼动而遭受的损失。在农业生产领域，"对于一项完善的灌溉技术，虽然农民完全认识到它的好处，但在他们看来还是无法接受，因为这一技术给他们的社会组织带来激烈的动荡"④，他们可能会为此失去原有的道德传统与生活习惯。此外，农民基于小块土地的精耕细作也不允许他们进行变革，他们"对

① ［法］H. 孟德拉斯：《农民的终结》，李培林译，社会科学文献出版社 2010 年版，第 31 页。
② ［法］H. 孟德拉斯：《农民的终结》，李培林译，社会科学文献出版社 2010 年版，第 30 页。
③ ［法］H. 孟德拉斯：《农民的终结》，李培林译，社会科学文献出版社 2010 年版，第 29 页。
④ ［法］H. 孟德拉斯：《农民的终结》，李培林译，社会科学文献出版社 2010 年版，第 29 页。

拿一块田地的收成做赌注来进行试验总是犹豫不决，因为那收成要养活他的家庭和他的牲畜”①。只有当新的技术、新的思想，不再“新”了，不再那么与传统格格不入，农民才会接受它，到那时原本“新”的已经变成了“传统”。

基于对传统农民保守型道德心理特征的认识，在当前乡村治理及其伦理研究过程中，依然需要注重对村民传统道德生活样式及其价值观念的尊重。一方面，要以优秀传统道德文化为载体，用村民能够接受的形式，有序推进乡村治理。诸如在“法律下乡”过程中，不能一味宣扬“法”的重要性而破坏了“礼”在村民心中的道德价值，而是要“汲取乡土社会礼治资源的积极成分，构建乡村法治秩序的正当性基础”②。另一方面，需要对传统道德进行合理的扬弃。扬弃并非背叛，而是为了更好地传承。“道德既有时代性，又有继承性，时代变化了，可能会产生新的道德观念与道德要求”③，当传统道德价值与现实生产和生活实践不相吻合时，应对其进行有目的的修正。在传统农耕社会，变化是对权威的挑战，“一切为了变化而进行的努力都会对一个农民的声望和地位造成威胁……人们是通过尽可能完美地体现传统的价值来提高或保护他在传统社会里的权威”④。然而，在生产力快速发展的时代，勇于创新应该被赋予值得肯定的道德价值。在条件允许的情况下，需要发挥道德容错机制，允许村民进行尝试，并当尝试失败时给予必要的道义援助。

（二）职业化农民对小农的终结

孟德拉斯在《农民的终结》一书中所强调的并不是“农业的终结”或“乡村生活的终结”，而是“小农的终结”。在他看来，传统意义上的自给自足的农民正在逐渐消失，而农村从事家庭经营的，越来越多的是以营利和参与市场交换为生产目的的农业劳动者。这种家庭经营体从本质上说已属于“企业”性质，与传统小农家庭生产已相去甚远。事实上，只要农业作为基本生活必需品的源头这一事实没有改变，农业生产和农民就不可能终结，而习惯于在小块土地上精耕细作的传统小农则会伴随社会的变迁而瓦解。

---

① ［法］H. 孟德拉斯：《农民的终结》，李培林译，社会科学文献出版社 2010 年版，第 32 页。
② 王露璐：《伦理视角下中国乡村社会变迁中的“礼”与“法”》，《中国社会科学》2015 年第 7 期。
③ 肖群忠：《民族文化自信与传统美德传承》，《道德与文明》2020 年第 1 期。
④ ［法］H. 孟德拉斯：《农民的终结》，李培林译，社会科学文献出版社 2010 年版，第 38 页。

在现代化背景下，随着经济和科技的发展，土地已不再是农民生产和生活的必需，农民对土地原有的道德情感和价值依赖逐渐减弱。对于从事农业生产经营活动者来说，土地仅是一种生产资料，“耕种这块土地或那块土地关系不大，因为经营的主要构成部分是技能、机器设备、牲畜和银行存款”①。在此基础上，他们“创建了一些全新的和完全适合于现代条件的机构：农业技术研究中心、农业集体利益协会、经营集团，等等”②，从而促使农民成为一种职业，一种和其他职业一样的工种，只不过他们面对的是土地而不是其他。相比于传统农业社会，附着在土地上的社会声望、生活依靠、情感寄托等价值判断逐渐消失，取而代之的是不带任何情感色彩的资本交易。“过去，要想了解土地和很好地耕作土地，必须出生在农村；将来，要想选择农业劳动者的职业，必须上学和拥有资本”③，在这一进程中，传统基于小块土地进行生产生活的小农则会逐渐“自行地消失”，直至全部终结。

孟德拉斯关于“小农的终结”的研判，在一定程度上预测了当今历史发展的趋势。在这一背景下，乡村治理首先应该建立并完善职业农民的制度伦理保障。2018 年中共中央、国务院印发了《乡村振兴战略规划（2018—2022 年）》，明确指出“全面建立职业农民制度，培养新一代爱农业、懂技术、善经营的新型职业农民，优化农业从业者结构”④。这一政策的出台，为职业农民的制度伦理建设提供了顶层设计。其次，需要加强农民的职业道德建设。在乡村转型过程中，“传统理念与现代意识之间的冲突和矛盾始终存在，乡村道德领域也呈现出各种具体的矛盾和冲突”⑤。当农民成为一种职业，根据村庄现实生产生活实践对其进行职业道德建设便成为一种必需。职业道德是一般道德原则在具体职业活动中的体现，对从业者具有相对稳定的约束作用。农民的职业道德是职业农民在生产活动中的价值规范，对乡村发展具有重要的精神动力。最后，要加强农民职业荣誉感的培育。农民作为一种职业应该和教师、医生、公务人员等一样，是自主选择的结果，而不是无奈之举。对农民职业荣

① ［法］H. 孟德拉斯：《农民的终结》，李培林译，社会科学文献出版社 2010 年版，第 193 页。

② ［法］H. 孟德拉斯：《农民的终结》，李培林译，社会科学文献出版社 2010 年版，第 211 页。

③ ［法］H. 孟德拉斯：《农民的终结》，李培林译，社会科学文献出版社 2010 年版，第 194 页。

④ 《乡村振兴战略规划（2018—2022 年）》，人民出版社 2018 年版，第 90 页。

⑤ 王露璐：《从“理性小农”到“新农民”——农民行为选择的伦理冲突与“理性新农民”的生成》，《哲学动态》2015 年第 8 期。

誉感进行培育，要让“新一代的青年农业生产者对经济的前途和乡村职业的高尚重新确立信心”①，确保农业后继有人、农村充满活力。

（三）跨学科视角下的多样性与统一性

孟德拉斯在对农民的变迁研究中运用了跨学科视角下的多样性与统一性方法，其中既强调跨学科整体研究的重要性，又对“地方境况的多样性”和“整体条件的统一性”进行辩证分析，从而给予当前乡村治理的伦理研究以启迪。

孟德拉斯指出，“乡村生活是浑然一体的，这使所有把经济学和社会学区别开来的努力在这儿比在其他领域更为徒劳无益”②。对乡村的综合分析，离不开相关学科知识的协同运用。只有打破专业壁垒，进行跨学科研究，学者们才能接近乡村的真实样态。近年来，我国乡村治理研究越来越多地体现出跨学科的交叉视野，从事经济学、政治学、社会学、地理学、历史学、伦理学等学科研究的学者们不再单从某一学科视阈出发，而是综合采用相关学科知识从事研究。但需要指出的是，“由于不同学科背景的研究者存在着知识谱系和学术话语的差异，在具体研究过程中很难真正融合其他学科的理论资源和研究方法”③，从而导致在研究过程中，不同学科之间缺乏深入而有效的交流，进而难以产生具有现实意义的综合性理论贡献。基于这一现实，中国乡村治理的伦理研究必须在掌握社会学、政治学、伦理学等学科知识的基础上，开展综合式田野调查，全面了解当前乡村治理的伦理问题，掌握社会转型过程中村民道德关系的变化，从而给出乡村善治的可能路径。

此外，孟德拉斯对法国农村的研究还辩证运用了“地方境况的多样性”和“整体条件的统一性”方法。他强调，“地方境况的多样性和整体条件的统一性使我们可以进行系统的比较，就像在真正的试验中那样，每个变量都可被分离出来。快速的演变使得那些在一般演变中由于缓慢和错综复杂的情况而常常被掩盖了的运行机制与变化机制显露得一览无余”④。在此基础上，孟德拉斯

① ［法］H. 孟德拉斯：《农民的终结》，李培林译，社会科学文献出版社 2010 年版，第 12 页。

② ［法］H. 孟德拉斯：《农民的终结》，李培林译，社会科学文献出版社 2010 年版，第 16 页。

③ 刘昂、王露璐：《20 世纪以来的中国乡村伦理研究：进展、现状与问题》，《伦理学研究》2016 年第 3 期。

④ ［法］H. 孟德拉斯：《农民的终结》，李培林译，社会科学文献出版社 2010 年版，第 13-14 页。

认为，其研究虽以法国农村为例，但对解决全球性相关农村问题以及对其他国家乡村研究同样具有借鉴意义，表达了从个案出发对解决问题的必要性和可靠性。孟德拉斯关于“地方境况的多样性”和“整体条件的统一性”的辩证分析对幅员辽阔的我国的乡村治理研究具有不可忽略的建设性意义。我国不同村庄有着各自不同的文化记忆，每个村庄都具有自身的风土人情和道德基因，彰显出不同的“地方性道德知识”。从这一意义上讲，当前乡村治理研究的“地方境况”与能够放之四海而皆准的“整体条件”之间存在着不可回避的矛盾。然而，矛盾的特殊性与普遍性规律告诉我们，共性寓于个性之中并统摄着个性，在看似无法协调的“地方境况”和“整体条件”之间，其实存在着“有机融合”的契机。在乡村治理的伦理研究过程中需要挖掘“地方境况”背后的“整体条件”，“在承继地域伦理传统和吸收外来伦理文化两者间的紧张中寻求平衡”①，努力将两者做到“有机融合”。

四、基层秩序：费孝通有关“双轨政治”的认识

“双轨政治”是费孝通在《基层行政的僵化》和《再论双轨政治》中提出的重要概念，他认为“一个健全的、能持久的政治必须是上通下达，来往自如的双轨形式”②。这一理论构建了中国传统社会运行的秩序框架，深入剖析了村庄内部的调适机制，为乡村治理的伦理研究提供了极具价值的理论示范。

（一）“双轨政治”的产生与发生机制

费正清在《剑桥中国晚清史》中曾提出：“中国帝国有个不可思议的地方，就是它能用一个很小的官员编制，来统治如此众多的人口。”③事实上，这一现状的实现，得益于中国传统特有的国家政治关系，而这正是费孝通所言的“双轨政治”。在传统中国社会，以皇权为中心，从中央到地方的行政官僚体制代

① 王露璐：《从乡土伦理到新乡土伦理——中国乡村伦理的传统特色与现代转型》，《光明日报》2011年1月18日。

② 费孝通：《乡土中国 生育制度 乡土重建》，商务印书馆2011年版，第379页。

③ [美]费正清、刘广京编：《剑桥中国晚清史》（上卷），中国社会科学院历史研究所编译室译，中国社会科学出版社1985年版，第20页。

表着“自上而下”的政治轨道。与此同时，由民众根据公共需要自发形成的自治团体“公家”，在绅士的带领下，形成了能够反映民意的“自下而上”的政治轨道。“表面上，我们只看见自上而下的政治轨道执行政府命令，但是事实上，一到政令和人民接触时，在差人和乡约的特殊机构中，转入了自下而上的政治轨道，这轨道并不在政府之内，但是其效力却很大的。”①

“双轨政治”是费孝通基于当时政府尤其是基层政府行政效率低下、官员贪污腐败的现状做出的历史反思，他认为，正是由于“双轨政治”的缺失，才导致这一现象的出现。在中央集权的社会，国家通过“无为而治”和“双轨政治”在实质上对皇权进行制约，既限制了政治权力的使用范围，又保护了基层民众的自主性。在无为主义的影响下，自上而下的国家权力“只筑到县衙门就停了，并不到每家人家大门前或大门之内的”②。从衙门到每家大门前的这段空间主要由自下而上的政治轨道发挥作用。衙门的政令由差人送到“公家”，乡约与差人③进行接头，再将政令转达给绅士。绅士如果认为村民无法接受政令的要求，差人则将乡约抓去，以此向上级交代。随后，绅士利用自己私人关系与地方官交涉，如果达不到一致意见，就进一步向上级协商，直到双方达成妥协，修改政令、放回乡约。在此过程中，绅士利用“一切社会关系：亲戚、同乡、同年等等，把压力透到上层，一直可以到皇帝本人”④，最大限度地维护本村民众的利益。

近代社会，在加强中央集权的同时，不断将国家权力向基层延伸，进一步打破了原有的“自下而上”的政治轨道，促使权力在不受制约的“自上而下”的单轨上运行，从而导致基层行政的僵化。自下而上的政治轨道被打破主要从官方强制任命地方自治的人选开始，从而使得地方利益的维护者与上级政令的执行者合二为一。当上级利益与地方利益发生冲突时，由于地方自治的领导者由上级任命，其代表着官方权力，从而使得地方利益难以得到保障。在这种机制下，虽然自上而下的轨道得到了延伸，中央的政令更容易下达到地方，

① 费孝通：《乡土中国 生育制度 乡土重建》，商务印书馆2011年版，第383页。

② 费孝通：《乡土中国 生育制度 乡土重建》，商务印书馆2011年版，第381页。

③ 差人“是直接代表统治者和人民接触的，但是这种人的社会地位却特别低”；乡约“大多是由人民轮流担任的，他并没有权势”。费孝通：《乡土中国 生育制度 乡土重建》，商务印书馆2011年版，第382、383页。

④ 费孝通：《乡土中国 生育制度 乡土重建》，商务印书馆2011年版，第383页。

但地方“完全成了下情不能上达的政治死角”①,民众参与地方建设的自主性和积极性受到严重破坏,基层行政效率愈发低下直至僵化。

(二)“双轨政治”的价值分析

“双轨政治”是认识国家—社会关系的切入口,也是理解乡村社会治理的关键。其中既剖析了中国传统政治结构的内在逻辑,又对当时的国家社会关系进行了科学认识,还蕴含着对传统绅士的扬弃。

首先,“双轨政治”是对中国传统政治结构的深刻诠释。“双轨政治”的提出,在当时受到了学界的广泛关注,在众多争议中,张东荪将中国传统政治结构分为“甲橛”和“乙橛”。其中“甲橛”是指“皇帝的政权和官僚的政治”,“乙橛”表示“乡民为了地方公益而自己实行的互助”。② 这一阐释虽然避免了“双轨政治”中“自上而下”和“自下而上”似乎带有价值观念的用语,但无法包含传统政治结构中无形实有的组织,难以体现绅士“自下而上”,透过层层压力为争取村庄利益而进行的活动。事实上,“不论任何统治如果要加以维持,即使得不到人民积极的拥护,也必须得到人民消极的容忍”③。在中央集权的专制社会,底层民众利益的实现,并非仅靠村庄内部的互助活动,而在一定程度需要依靠绅士突破乡村的时空界限,利用自身的私人关系,获得上层权力的支持。正是在这种“自下而上”的轨道中,底层民众才不至于陷入纯粹被动的局面,从而实现专制统治下底层社会的相对稳定。

其次,“双轨政治”是对当时应有国家—社会关系的正确研判。“双轨政治”于20世纪40年代提出,当时传统的封建皇权专制社会已经灭亡,但“自上而下”中央集权日渐庞杂,“自下而上”的政治轨道则愈发“淤塞”。在这一背景下,“双轨政治”并非一味强调传统无为主义,通过主张限制中央权力来疏通“自下而上”的政治轨道。与此相反,费孝通“始终坚持从乡村社会的基本利益关系和农民的生存发展问题入手”④,认为加强中央政府权力是大势所趋,“现

---

① 费孝通:《乡土中国 生育制度 乡土重建》,商务印书馆2011年版,第386页。
② 费孝通:《乡土中国 生育制度 乡土重建》,商务印书馆2011年版,第391页。
③ 费孝通:《乡土中国 生育制度 乡土重建》,商务印书馆2011年版,第379页。
④ 王露璐:《费孝通早期乡村伦理思想述析》,《齐鲁学刊》2017年第5期。

代生活中我们必须动用政治权力才能完成许多有关人民福利之事”①。基于这一现状,“双轨政治”主张在“强政府”的同时加强社会“自下而上”的政治轨道建设,认为只有通过这种途径才能有效防止权力的滥用,促进国家—社会关系的稳定。事实证明,费孝通的这一研判是正确的,“从‘无为’转向‘有为’的过程和结果,就是必然要加强自上而下的这一轨,当其权力发展到宪法也无法制约时,就只能把自下而上的那一轨同时加强”②,否则面临的必然是社会的失序。国民党政府通过保甲制将政权延伸到乡村的同时,由绅士带领的“自下而上”的政治轨道受到破坏,国家权力在“自上而下”的单轨道上无限制地活动,底层民众的利益被恣意践踏,最终导致政府的失控和社会的动荡。

最后,“双轨政治”是对传统绅士的扬弃。在一些对“双轨政治”的质疑中,有学者提到这是否意味着对“所谓绅士的人物还寄托着改革中国政治的希望么”③? 事实上,“双轨政治”中所寄予改革希望的绅士并非一般意义上的绅士。费孝通清楚地意识到,传统绅士大多作为地主阶级,他们通过剥削农民获得自身利益。但值得注意的是,一些具有良知的绅士,仅在一定限度上对农民进行剥削,而他们在利用私人关系打通“自下而上”的政治轨道的同时,能够将上层对农民的剥削降到最低,从而在客观上维护了农民的利益。与此同时,费孝通更寄希望于“一大批不必寄生在地方上的,而有专长的人才退回到乡间去”④,以此担负起维护村庄利益的责任,完善“自下而上”的政治轨道。

(三)“双轨政治”的现实意义

“双轨政治”理论虽产生于20世纪40年代,是对传统国家政治结构的概述,但其中蕴含的有关村庄秩序的分析对当前乡村治理的伦理建构仍具有现实意义。

第一,加强村庄自治组织建设。自治组织作为“一地方社区里人民因为公

① 费孝通:《乡土中国 生育制度 乡土重建》,商务印书馆2011年版,第380页。

② 汤玉权、徐勇:《构建农村社会的稳定系统:以“双轨政治”为分析框架》,《学习与实践》2017年第4期。

③ 费孝通:《乡土中国 生育制度 乡土重建》,商务印书馆2011年版,第393页。

④ 费孝通:《乡土中国 生育制度 乡土重建》,商务印书馆2011年版,第394页。

共的需要而自动组织成的团体"[①]，是"自下而上"政治轨道建设的关键。伴随"乡政村治"模式的推行，村民委员会作为基层群众性自治组织于1982年在宪法中得以确立。多年来，一方面，村民委员会在带领村民从事日常生产生活、维护村庄秩序等方面发挥了重要作用，为村民与政府之间架构了有效沟通的桥梁；另一方面，在选举方式、工作方法、接受村民监督等方面还存在一定问题。当前构建"自下而上"的政治轨道，需要不断"完善农村民主选举、民主协商、民主决策、民主管理、民主监督制度。规范村民委员会等自治组织选举办法，健全民主决策程序"[②]，从而更好地维护村民利益，真正发挥自治组织的优势。此外，"民间自治组织对于维护社会稳定具有重要的积极作用"[③]，乡村社会需要积极培育和引导老人协会、村民调解会等民间自治组织，从而更好地构建"自下而上"的政治轨道。

第二，发挥新乡贤的内生优势。费孝通在论证"双轨政治"过程中，着重强调了绅士在其中的作用，认为绅士"是中国政治中极重要的人物"[④]，他们能够利用自身的道德影响力和私人关系，有效组织村民，维护村庄秩序、保障村民利益。在现代社会，虽然传统绅士已经不复存在，但众多具有担当意识的新乡贤依然能够利用自身优势，促进"双轨政治"的完善。村庄应利用乡愁、乡情等道德情感要素，"引导和支持企业家、党政干部、专家学者、医生教师、规划师、建筑师、律师、技能人才等，通过下乡担任志愿者、投资兴业、行医办学、捐资捐物、法律服务等方式服务乡村振兴事业"[⑤]。一般而言，新乡贤作为在乡村生长、在城市打拼的游子，既对村庄抱有浓厚的情感，又具有一定的专业特长和社会关系，"一般在村庄里具有较高地位，与基层政府也有各种正式或非正式的良好关系"[⑥]。在日常生产生活中，他们能够利用自身所长解决村民的实际问题；当政府政策和村民暂时利益发生冲突时，他们也可以利用私人关系，代

---

① 费孝通：《乡土中国　生育制度　乡土重建》，商务印书馆2011年版，第382页。

② 《乡村振兴战略规划（2018—2022年）》，人民出版社2018年版，第71页。

③ Tocqueville, Alexis de, *Democracy in America*. New York: Perennial Classics, 2000, pp. 513-515.

④ 费孝通：《乡土中国　生育制度　乡土重建》，商务印书馆2011年版，第392页。

⑤ 《乡村振兴战略规划（2018—2022年）》，人民出版社2018年版，第91页。

⑥ 刘明兴、刘永东、陶郁、陶然：《中国农村社团的发育、纠纷调解与群体性上访》，《社会学研究》2010年第6期。

表村民将村干部不便向上级汇报的内容反映给相应部门的领导，同时用村民能够接受的语言将政府的出发点向村民解释，以此实现双方的和解。

第三，用好“地方性道德知识”。在“双轨政治”实践中，“宗教的、习俗的制裁力”[①]是协调村庄事务、处理村民利益关系的主要道德原则。此外，费孝通还在《乡土中国》一书中对乡村社会的差序格局、礼治秩序、长老统治等具有乡村特色的道德规范进行阐释。这些具有“地方性道德知识”的非正式制度虽然没有官方强制力作为保障，但由于其能够满足村民日常生产和生活实践的认知，在村庄具有普遍的道德约束性。事实上，“任何一种道德知识或者道德观念首先都必定是地方性的、本土的、甚或是部落式的”[②]，只有来自主体生活的道德规范，才能够更好地被主体遵守。与此同时，离开了“地方性道德知识”的规范体系，即使在法律上具有正当性，也难以得到基础民众的有效支持，“它很难‘从下面’得到保障，而往往需要‘从上面’强行地控制”[③]。有鉴于此，当前“双轨政治”的完善必须注重对村庄“地方性道德知识”的运用，充分发挥村规民约、风俗惯习的道德约束作用。

第三节
中国乡村治理的三个阶段及其伦理特征[④]

伴随国家治理水平和治理能力的不断提升，我国乡村治理大体经历了传统时期内生性治理、近代社会嵌入性治理和新中国成立以来融合性治理三个阶段。不同阶段的乡村治理在主体组成、制度设计等方面具有显著的伦理差异，并对乡村治理成效产生了不同影响。

一、道德权威引领下的传统内生性乡村治理伦理

在几千年的君主专制社会中，乡村长期处于封闭状态，仅能基于自身现实

① 费孝通：《乡土中国 生育制度 乡土重建》，商务印书馆 2011 年版，第 384 页。
② 万俊人：《道德谱系与知识镜像》，《读书》2004 年第 4 期。
③ 王露璐：《伦理视角下中国乡村社会变迁中的“礼”与“法”》，《中国社会科学》2015 年第 7 期。
④ 部分内容参见刘昂：《中国乡村治理的三个阶段及其伦理特征》，《伦理学研究》2020 年第 4 期。

的内部要素进行治理。传统乡村内生性治理以村庄内部德高望重的领袖为主要力量，以村民日常生活中形成的礼俗为基本依据，虽然有效调节了村庄的内部矛盾，保障了村民的生存安全，但也进一步加深了村庄的封闭状况。

（一）道德权威主持村庄事务

传统时期的乡村社会是“无官员的自治地区”①，皇权的官方力量仅到县级衙门，乡村主要依靠内部领袖进行治理。不同村庄的领袖来源不同，但大抵由体现血缘关系的族长或地缘关系的绅士担任。

在中国传统乡村社会，“以血缘关系为基础的家户长期居于主导地位，是整个社会的基本组织单位”②。在主要由同一姓氏组成的村庄内部，乡村事务一般可以认定为家族事务，治理乡村的职责便由族长担任。族长又称宗长、族正、祠长等，通常由家族全体成员依照德才、辈分、年龄等共同推举产生。受以“忠孝”为核心的传统儒家文化影响，“以血缘为纽带的家族传承与延续是中国漫长封建时代每一个家族必须首要考虑的职责”③。在这一观念的影响下，族长首先要保护家族利益免受侵害，并尽可能在此基础上进一步扩大利益。其次，族长要以儒家道德要求教化族人、规范族人日常言行、协调族内矛盾。当族人遇到矛盾争执不下时，通常由族长出面协商，族长确定解决方案后，争执双方便根据族长的意见行事，握手言和。最后，族长还应做好族内成员最低生活保障工作，引导族员相互扶持。当族内有成员遇到灾荒等难以自救时，族长则组织族内其他成员进行救济，从而为困难族员的日常生活提供保障。

与此同时，村庄领袖还可以由绅士构成。乡村绅士既可以是具有名望的精英，也可以是归隐还乡的官员，他们“并不是一个隔断而是粘连官民、上下、尊卑、贵贱的阶层，它甚至不是一个独立的、固定的阶层，而是一个自身面目不分明的阶层，是一个总在流动、变化的阶层”④，但他们大多接受过良好的儒家道德教育，既有着故土难离的乡土情结，又与官方政权具有割连不断的联系。

---

① ［德］马克斯・韦伯：《中国的宗教：儒教与道教》，康乐、简惠美译，广西师范大学出版社2010年版，第141页。

② 徐勇：《乡村治理的中国根基与变迁》，中国社会科学出版社2018年版，第12页。

③ 李建华：《国家治理与政治伦理》，湖南大学出版社2018年版，第203页。

④ 何怀宏：《选举社会及其终结——秦汉至晚清历史的一种社会学阐释》，生活・读书・新知三联书店1998年版，第142页。

绅士之所以能够在村庄获得权威，一方面是因为其拥有良好的道德影响力。绅士凭借丰厚的道德知识和恰当的伦理言行能够获得村民的认可，村民也用他们的事例来教育子女，以他们的言行作为处理日常事务的准则，从而在无形中树立了乡绅的权威形象。另一方面，是因为他们拥有强大的关系网络。对于绅士而言，“他们在野，可是朝廷内有人。他们没有政权，可是有势力”①。当村庄遇到灾害或者被地方官员刁难时，“绅士可以从一切社会关系：亲戚、同乡、同年等等，把压力透到上层，一直可以到皇帝本人”②，从而为村庄赢得良好的外部环境，保障村民正常的生产生活秩序。

（二）基于风俗习惯，评判是非善恶

治理依据来自村庄内部是传统时期内生性乡村治理的另一表现。村庄领袖在处理村庄事务过程中，大多以村民日常生活中形成的风俗习惯作为评判依据。一些村庄领袖还专门组织村民编纂村规民约，旨在树立共同的道德标准，规范村民言行。

《吕氏乡约》（又称《蓝田乡约》）是较早出现且比较完备的村规民约，“是一切乡约的源泉”③，主要由吕大钧（字和叔）负责编纂并推行，④后经朱熹损益、合并，进一步得到推广。《吕氏乡约》主要由“德业相劝”“过失相规”“礼俗相交”“患难相恤”四款组成，对村民的道德品行、人际关系进行教化，并为处理乡村事务提供了依据。

“德业相劝”主要强调对村民伦理价值的正面引导，由“德”和“业”两类约束组成。“德”下有 21 条要求，对村民日常行为中为人处世的德行进行约束。“业”主要指“居家则事父兄，教子弟，待妻妾，在外则事长上，接朋友，教后生，御僮仆。至于读书、治田、营家、济物，好礼乐射御书数之类，皆可为之”⑤。“业”的内容在一定程度上与“德”有所重复，其意在“德”的基础上，对“读书”

① 费孝通、吴晗等：《皇权与绅权》，生活・读书・新知三联书店 2013 年版，第 11 页。

② 费孝通：《乡土中国 生育制度 乡土重建》，商务印书馆 2011 年版，第 383 页。

③ 杨开道：《中国乡约制度》，商务印书馆 2015 年版，第 43 页。

④ 关于《吕氏乡约》的作者大抵有三种可能，一种说法是大忠晋伯，一种说法是大钧和叔，还有一种说法是吕氏兄弟。但根据杨开道先生的考证，“和叔的确是吕氏乡约的主人翁。也许兄弟四人都曾参加意见，都曾参加发起，然而实行乡约的人，保护乡约的人，的确是和叔”。（参见杨开道：《中国乡约制度》，商务印书馆 2015 年版，第 36 页。）

⑤ 陈俊民辑校：《蓝田吕氏遗著辑校》，中华书局 1993 年版，第 563 页。

“治田”“营家”“济物”“礼乐射御书数”等具体活动进行规范，突出道德教化在乡村活动中的重要性。

“过失相规”与“德业相劝”互为补充，主要从惩罚的角度约束村民行为。《吕氏乡约》将村民可能的过失分为三类，分别为“犯约之过”“不修之过”“犯义之过”，并对每一类过失进行了详细注解。其中，“犯约之过”是指违反《吕氏乡约》四大条目的过失，即“德业不相劝”“过失不相规”“礼俗不相交”“患难不相恤”；“不修之过”是指犯约以外的较小过失，包括“交非其人”“游戏怠惰”“动作无仪”“临事不恪”“用度不节”五个方面；“犯义之过”是指村民在日常生活中违背一般道德行为准则，甚至出现反社会倾向的行为，主要包括“酗博斗讼”“行止逾违”“行不恭孙”“言不忠信”“造言诬毁”“营私太甚”六个方面。《吕氏乡约》通过对违反道德行为的制裁来治理村庄事务，力求为村民营造良好的生活生产秩序。

“礼俗相交”主要是关于村民婚丧嫁娶、祭祀交往等方面的规定。在《吕氏乡约》看来，“良好的乡村教化离不开人际关系的得当处理，这种人际关系的处理具体体现在生老病死、婚丧嫁娶、待人接物等方面”①。因此，《吕氏乡约》从“凡行婚姻丧葬祭祀之礼”“凡与乡人相接及往还书问”“凡遇庆吊”“凡遗物”“凡助事”五个方面，对村民行为进行约束。此外，《吕氏乡约》中“乡仪”部分从“宾仪”“吉仪”“嘉仪”“凶仪”四个方面对村民日常行为中应遵循的礼节进行了补充，进一步丰富了“礼俗相交”条款的内容。

“患难相恤”是《吕氏乡约》中比较完善、成熟的一条。这一条款共分七个部分，分别是“水火”“盗贼”“疾病”“死丧”“孤弱”“诬枉”“贫乏”。这七个部分对应着社会现实中的问题，每个部分均有翔实的注释，并根据事态的轻重缓急给出相应的处理办法，体现了《吕氏乡约》注重救灾恤邻，强调通过实际行动团结村民、保障村庄安全的救济机制。

（三）稳定停滞的乡村社会

传统时期内生性乡村治理在一定程度上满足了当时环境的需要，维护了

① 杨明、韩玉胜：《〈吕氏乡约〉乡村道德教化思想探析》，《东南大学学报》（哲学社会科学版）2013 年第 5 期。

村庄秩序，保障了乡村安全。然而，正因为其内生性治理特征，也进一步加剧了村庄的封闭状态，致使村庄难以取得突破性发展。

传统乡村在村庄领袖的带领下，依据村民日常生产生活中形成的风俗惯习，实现了稳定村庄秩序、保障村民正常生产生活的目标，为形成安土重迁的乡村社会、延续“地方性道德知识”提供了可能。在传统乡村社会，“每个孩子都是在人家眼中看着长大的，在孩子眼里周围的人也是从小就看惯的”①，人们处在“熟悉”的环境之中，所经历的也仅是时间的变化。这种“熟人社会”使得“地方性道德知识”具有延续性，传统的价值观念和伦理规范能够起到良好的约束作用，从而维护乡村社会的稳定。

值得注意的是，内生性乡村治理在维护村庄稳定的同时，也为乡村社会缓慢甚至停滞发展埋下了伏笔。在传统乡村社会内部，人们具有相似的生产和生活方式，他们在小块土地上通过与自然进行交换，大多能够自给自足，从而难以形成强烈的忧患意识和迫切的进步动力。以农业生产工具为例，在几千年的传统乡村社会中，春秋末期出现的铁制农具始终是农民从事生产活动的主要工具，直到清末洋器传入国内，该情况一直未发生根本改变。此外，农活的生产技艺、栽种品种、风险防范等方法也长期停留在同一水平，整个乡村处在一种停滞的稳定之中。

二、多元价值裹挟下的近代嵌入性乡村治理伦理

近代以来，在西方列强的侵略下，中华民族陷入了内忧外患之中。传统乡村中的宗族势力开始衰弱、乡村绅士不断变质，村庄以往的风俗惯习难以应付愈加复杂的社会关系，内生性乡村治理的作用日渐式微。这一时期，国家势力开始进入村庄，知识分子也力求重建乡村，村庄被各种外来价值裹挟，逐渐形成嵌入性乡村治理，增加了村庄发展的阻力。

（一）外部力量干涉村庄事务

自清朝末年以来，尤其是中华民国成立之后，乡村越来越被村庄之外的力

① 费孝通：《乡土中国 生育制度 乡土重建》，商务印书馆 2011 年版，第 9-27 页。

量干涉。其中既有政府为了维护自身统治，强化对村庄的控制；又有知识分子为了民族振兴，尝试对村庄的重建。

“在 20 世纪上半叶的中国乡村，有两个巨大的历史进程值得注意，它们使此一时期的中国有别于前一时代：第一，由于受西方入侵的影响，经济方面发生了一系列的变化；第二，国家竭尽全力，企图加深并加强其对乡村社会的控制。”[①]面对西方列强的侵略，1912 年孙中山先生在南京成立了中华民国临时政府。新式民族国家政权打破了传统专制国家“皇权不下县”的基层权力运行模式，宗族族长和乡村绅士带领的内生性乡村治理合法性逐渐消解，国家力量不断向乡村下沉。自 1912 年中华民国成立，到 1949 年蒋介石败逃台湾，南京临时政府、袁世凯政权、北京政府、南京政府出于自身统治需要，以“自治”为幌子，试图通过在乡村社会建立正式国家组织来加强对村庄的监管与控制，以此汲取更多的村庄资源，巩固其统治地位。

与此同时，在内忧外患的背景下，以先进知识分子为先导、社会各界共同参与的乡村建设运动也如火如荼地展开，对村庄事务产生了重要影响。在当时的一些知识分子看来，乡村建设运动是“起于救济乡村运动”“起于乡村自救运动”“起于积极建设之要求”“起于重建一新社会构造的要求”[②]。据统计，20 世纪 20 年代末到 30 年代初，共有 600 多个学术性团体和教育组织参与到乡村建设之中，并且建立了 1 000 多个乡村试验区。梁漱溟带领山东乡村建设研究院在邹平、菏泽、济宁乡村的实验，晏阳初带领中华平民教育促进会在定县、衡山、新都乡村的实验，黄炎培、江恒源等人带领中华职业教育社在徐公桥、善人桥、沪郊乡村的实验，高践四等人和江苏省立教育学院在无锡黄巷等乡村的实验，陶行知带领中华教育改进会创办的晓庄学校等都是当时先进知识分子和社会团体在乡村进行的建设举措。此外，1933—1935 年乡村建设派先后在山东邹平、河北定县和江苏无锡召开了三次全国性乡村工作研讨会，对乡村建设中遇到的现实问题进行了深入探讨和研究。每次研讨会的论文都集结成集，以《乡村建设实验》为名，在中华书局出版社出版发行。

① ［美］杜赞奇：《文化、权力与国家：1900—1942 年的华北农村》，王福明译，江苏人民出版社 2010 年版，前言第 1 页。

② 梁漱溟：《乡村建设理论》，上海人民出版社 2011 年版，第 9-27 页。

（二）基于个人意志，规划村庄建设

近代以来，伴随国家力量和知识分子对乡村事务的干涉，乡村治理的依据也发生了变化。以往基于村民生产生活形成的风俗惯习，难以在嵌入性乡村治理中发挥作用，相反，代表国家力量的个体喜好和想法，以及知识分子自身对村庄重建的个人理念，在乡村治理中起到了重要作用。

民国时期，南京临时政府、北京政府、南京政府为了巩固自身统治，对村庄事务进行了不同程度的干涉，其中较为典型的是北京政府时期阎锡山的“山西村治”。袁世凯政权覆灭后，北京政府先后制定了《县自治法》《县自治法施行细则》《县议会议员选举规则》等有关地方自治的法规。与此同时，各地军阀根据地区实际情况，以加强地方统治为出发点，展开“地方自治”。1917 年阎锡山主政山西，统揽军权和政权后，以省级政府名义着手开展村治。在他看来，行政网络与统治权力之间具有正向相关关系，行政网络越密集，其统治力量越强大。于是他大力推行编村制度，强调“由先使行政网不漏一村入手，一村不能漏，然后再做到不漏一家，由一家而一人。网能密到此处，方有政治可言”①。阎锡山以“六政三事”作为山西村治开端，推行水利、蚕桑、植树、禁烟、天足、剪发，以及种棉、造林、畜牧，并颁布《各县村制简章》，建立以村为单位的行政统治网络。在此基础上，根据阎锡山的安排，实行整理村范、组织村民会议、议定村禁约、成立息讼会、组织保卫团五项具体办法，对村庄人际关系、伦理价值等进行规范。

在众多由知识分子发起的乡村建设运动中，梁漱溟被称为“三十年代农村改革的全国性发言人”②，其在山东邹平的乡村建设实验为乡村自治的实现提供了伦理可能。1923 年，梁漱溟在山东讲学时曾提出“农村立国”的思想，1927 年，他开始决定投身乡村建设事业，1931 年，成为山东乡村建设研究院的实际带头人，开始在山东邹平进行乡村建设实验。梁漱溟的乡村建设主要以文化入手，认为中国的问题在于“文化失调”，强调“人非社会则不能生活，而社

---

① 山西政书编辑处：《山西现行政治纲要》，大国民印刷局 1921 年版，第 9 页。

② ［美］艾恺：《最后的儒家——梁漱溟与中国现代化的两难》，王宗昱、冀建中译，江苏人民出版社 2004 年版，第 9 页。

会生活则非有一定秩序不能进行；任何一时一地之社会必有其所为组织构造者，形著于外而成其一种法制、礼俗，是即其社会秩序也”①。他主张将西方的“团体组织”和“科学技术”引入乡村，构建新的社会组织，复兴农业，促使农业带动工业，最终重建中华伦理文化，实现民族振兴。

（三）失序衰败的乡村社会

近代社会嵌入性的乡村治理以国家势力和知识分子等外部力量为主导，依靠个人意志，干涉村庄事务。这种治理方式虽然在局部村庄取得了一定成效，但是整体上难以帮助乡村实现真正发展，甚至进一步导致乡村社会的失序与衰败。

民国时期，各种政治势力虽然都意识到乡村社会的重要性，但其只是将稳定村庄作为巩固自身统治的手段，并非以保障村民利益和促进乡村发展为价值导向。以阎锡山的“山西村治”为例，尽管在一定程度上改变了村庄面貌，推进了民主精神，甚至还被评价为“开创了中国下层政治重心之先河”②，但其村治也只是实现自我价值的工具，最终导致专权和腐败现象的出现。《修正各县村制简章》中明确规定，村长应有不动产价值 1 000 元以上，村副应有不动产价值 500 元以上。这一要求对当时普通村民是不可逾越的鸿沟，在事实上剥夺了其参选的权利，“有资格当选为村长的也只有高利贷者、富农、商人、地主等”。不仅如此，村干部的最终任命也主要依据上级的私利，毫无公平正义可言。在投票结束后，地方需要将得票较多的十名候选人名单送给县长，最终由县长决定任命谁为村长。“县长就可以商同县绅，不拘票数多少任意择定加委。”③与此同时，村治在筹措自治经费时也存在对村民进行压榨的现象。据记载，在阳邑镇，村民曾“因开天顺渠，引乌马河水溉田，累债十数万元，被逼摊款”，而这种现象却并非独例，“山西一省也莫不然”。④

对于知识分子发动的乡村建设运动而言，他们虽然以改造乡村为己任，企图探寻重建村庄的有效路径，但由于他们的阶级局限性，难以真正理解农民，

① 梁漱溟：《乡村建设理论》，上海人民出版社 2011 年版，第 21 页。
② 吕振羽：《北方自治考察记》，《村治月刊》1929 年第 1 期。
③ 悲笳：《动乱前夕的山西政治和农村》，《中国农村》1936 年第 6 期。
④ 刘大鹏：《退想斋日记》，山西人民出版社 1990 年版，第 491 页。

只能以一种和平的改良方式重建乡村，而并不能从根本上改变乡村的经济、政治、文化。他们的实验只是“在维护现存社会制度和秩序的前提下，采用和平的方法，……实现所谓的‘民族再造’（晏阳初语）或‘民族自救’（梁漱溟语）”①，从而难以改变村庄落后面貌，无法真正提升村民生活水平和伦理道德素养。此外，他们作为外在于乡村的力量，也很难在村庄形成内生性动力。正如梁漱溟所言：“本来最理想的乡村运动，是乡下人动，我们帮他呐喊。退一步说，也应当时他想动，而我们领着他动。现在完全不是这样。现在是我们动，他们不动；他们不惟不动，甚且因为我们动，反来和他们闹得很不合适，几乎让我们作不下去。”②

三、道德文化建设中的融合性乡村治理伦理

新中国成立至今，乡村治理大体经历了从“政社合一”向“乡政村治”的转变，新时代乡村振兴战略的实施进一步激发了村庄活力，不断提升乡村治理水平和治理能力。在这个过程中，多种力量以村民利益为出发点，参与到乡村道德文化建设之中，形成了融合性乡村治理伦理，为村庄赢得安定可期的发展局面提供可能。

（一）多种力量参与村庄事务

新中国成立 70 多年来，乡村治理始终是多种力量共同参与的过程。这其中既有党和政府的顶层设计，又有村庄干部的中观执行，还有农民自身的微观实践，不同力量共同参与到村庄事务之中，为乡村发展提供可能。

首先，党和政府的顶层设计为乡村治理提供价值引领。党和政府是乡村治理政策的制定者和指挥者，为乡村治理把控方向。新中国成立初期，从土地改革到农业合作化，党和政府将马克思主义基本理论与我国乡村具体实践相结合，指导农民划分土地、促进农业生产发展、组织建立生产合作社。改革开放后，从 1982 年至 2022 年，24 个中央一号文件聚焦村庄事务，为乡村治理凝

① 郑大华：《民国乡村建设运动》，社会科学文献出版社 2000 年版，第 473 页。
② 梁漱溟：《乡村建设理论》，上海人民出版社 2011 年版，第 404 页。

神聚力。这些政策“既是指导解决中国‘三农’问题的纲领,也是中国‘三农’事业发展的见证。记录着中国农村改革、农业发展、农民增收的全过程”①。此外,各级政府不断加强对农村工作的领导,增强责任意识和服务意识,将“三农”问题放在工作的突出位置。

其次,村庄干部的中观执行为乡村治理提供保障。村庄干部作为村民的带头人,对乡村治理具有重要影响。新中国成立初期,在村庄干部的带领下,村民积极加入各类互助组、初级社、高级社,从事生产劳动;改革开放后,村庄干部积极带领村民探索新型乡村治理模式,尝试进行乡村改革。新时代乡村振兴战略的实施,进一步激发了村庄干部的活力。他们通过因地制宜地制定村规民约、组织村民编写乡村志、宣扬村庄优秀道德精神等方式,弘扬乡村传统美德,增强村民集体荣誉感与自豪感。此外,一些村庄干部在处理村庄事务过程中凭借人情、道德威望等协调邻里矛盾、化解村民纠纷,为营造良序的乡村社会奠定基础。

最后,农民自身的微观实践为乡村治理提供内生动力。“农民是乡村的主体,没有农民的参与、投入及由此带来的观念转变,乡村发展便失去了根基。”②“政社合一”时期,农民摆脱了以往的压迫与剥削,翻身做主,积极响应党和政府的号召,投入到乡村建设之中;“乡政村治”时期,伴随家庭联产承包责任制的实施,农民充分发挥自身优势从事生产劳动,为村庄发展积蓄物质基础;乡村振兴战略实施以来,农民参与村庄事务的积极性不断高涨,主动利用党和政府的惠农政策,支持现代化乡村建设。

（二）基于村民利益,制定乡村政策

“农民生活是否获得改善、农民权益是否得以保障、农民心情是否真正舒畅,是检验乡村社会治理工作成效的根本标准。”③新中国成立以来,乡村治理始终以尊重村民利益为前提,积极吸收村民实践中的合理因素,并将其制度化,从而逐步向全国推广,带动乡村整体发展。

---

①　孔繁金:《乡村振兴战略与中央一号文件关系研究》,《农村经济》2018 年第 4 期。

②　王露璐:《谁之乡村？何种发展？——以农民为本的乡村发展伦理探究》,《哲学动态》2018 年第 2 期。

③　孙迪亮:《论乡村社会治理的系统性》,《齐鲁学刊》2019 年第 4 期。

第一，从农民诉求到政权建设。新中国成立初期，国家百废待兴，依然处在被压迫、被剥削地位的农民亟待拥有土地。基于这一背景，党和国家在土地革命的基础上进行土地改革。《中国人民政治协商会议共同纲领》指出，要通过清除土匪恶霸、减租减息、分配土地等方式，确保农民利益，实现耕者有其田。与此同时，为了保护农民利益，彻底打破封建土地所有制，国家于 1950 年颁布了《中华人民共和国土地改革法》，强调没收地主土地，并按照公平合理的原则将土地分配给无地、少地的农民。获得了土地的农民，生产积极性被充分激发，但由于生产力水平低下，难以抵御风险，从而进一步要求党和政府要变农民个体经济为集体经济，走农业合作化道路。总体上看，国家对农民诉求的回应进一步完善了国家政权，而国家政权的强化反过来又为维护农民利益提供了坚实的基础。

第二，从农民创造到国家制度。改革开放后，家庭联产承包责任制的实施使农民从人民公社体制下解放出来，开始以家户为生产单位。面对分散的家庭，如何将农民组织起来，是当时乡村治理的重要问题。在这一背景下，1980 年，广西省宜山县屏南乡合寨村成立了以自然村（屯）为单位的“村民自治委员会”。合寨村村民的这一创举得到了国家的重视，经过充分的论证后，“村民委员会”的概念被写入 1982 年《中华人民共和国宪法》。宪法明确表示，村民委员会是基层群众自治性组织。1983 年颁布的《关于实行政社分开建立乡政府的通知》对村民委员会的设立、职能、产生方式等作了明确规定。在此基础上，全国人大常委会于 1987 年制定并通过了《中华人民共和国村民自治组织法（试行）》，于 1998 年修订《中华人民共和国村民自治组织法》，并在全国范围内推广。“村民委员会”是从农民创造到国家制度的典范，充分反映了国家以农民合法利益为基础进行乡村治理的事实。

第三，从现实矛盾到乡村振兴。党的十九大指出，“我国社会主要矛盾已经转化为人民日益增长的美好生活需要和不平衡不充分的发展之间的矛盾”①。在党和国家不断推进乡村治理过程中，“三农”问题在整体上得到了有效解决，但不同地区的乡村之间还存在较大差异，如何解决乡村不平衡不充分

① 习近平：《决胜全面建成小康社会 夺取新时代中国特色社会主义伟大胜利——在中国共产党第十九次全国代表大会上的报告》，人民出版社 2017 年版，第 11 页。

的发展问题，如何满足村民对美好生活的向往，成为新时代乡村治理必须面对的问题。基于这一现实，党的十九大做出实施乡村振兴战略的重大决策，并先后出台一系列有关乡村振兴战略的政策支撑文件，这成为新时代乡村治理的重要依据。

（三）持续发展的乡村社会

新中国成立 70 多年来，乡村治理取得了斐然成就。一方面，农业持续增产、农民收入稳定增长、农村贫困人口显著减少；另一方面，农民思想观念发生改变，道德自觉性明显提升。

新中国成立初期，土地改革实现了农民“耕者有其田”的夙愿，极大提高了农民的生产积极性。随后，在党和国家的引导下，农民积极投身于乡村建设当中。改革开放后，家庭联产承包责任制的实施，促使农业经营体制取得重大突破，极大改变了农民的生产生活条件和村庄面貌。党的十八大以来，在村庄生产力发展、村民生活水平提升、乡村精神文明建设等方面均取得了“历史性成就”。

在农业农村持续发展、农民生活水平稳步提升的同时，农民思想观念也发生了相应变化，其中农民的主体意识、公民意识显著提升，促使其道德状况不断改善。不论是传统内生性乡村治理还是近代嵌入性乡村治理，普通农民始终将自身定位为“四海之内，皆是王臣”（《诗经·小雅》）的被统治者，只能被动参与村庄事务，并未意识到自身对于村庄而言的主体价值。新中国成立后，农民获得了土地，其主体意识被不断激发，在乡村社会转型过程中成为一项重要变量。与此同时，村民自治制度的确立推动了国家与社会的分离，从而进一步促使农民的公民身份形成，并萌发真正的“公民意识”。在市场经济的背景下，“农民的现代‘公民意识’渐渐萌芽，他们用最简单的方式、最质朴的行为默默表达出这个群体的政治诉求”①，展现出道德主体对自身生存状况的关注，进而为从根本上改善村民道德状况提供可能。

整体而言，中国乡村治理经历了传统时期内生性治理、近代社会嵌入性治理、新中国成立以来融合性治理的伦理变迁。需要指出的是，强调传统时期乡

① 李建华：《国家治理与政治伦理》，湖南大学出版社 2018 年版，第 217 页。

村治理的内生性并非说明传统乡村治理完全没有外部力量的参与，在"普天之下，莫非王土"(《诗经·小雅》)的时代，乡村不可能处在完全与皇权隔绝的时空。同样，强调近代乡村社会治理的嵌入性，也并非意指村民完全没有参与村庄事务，而是相对外部力量而言，村民对村庄事务的影响力较弱。此外，新中国成立以来融合性乡村治理的伦理特征是一个逐渐形成的过程，乡村治理在取得巨大成就的同时，也有诸多方面需要进一步完善。

第二章

中国乡村治理的伦理现状

伴随乡村社会从传统到现代的转型，村庄的道德境况发生了相应改变，在此基础上乡村治理也遇到了诸多现实问题。就乡村治理的目标而言，部分村庄对经济增长的片面强调，导致功利化的人情关系和异化的“面子竞争”，从而使其逐渐缺失伦理价值；而对于国家权力、村庄干部、村庄民众等治理主体而言，三者在具体的乡村治理实践中都存在一些与自身应有价值不协调的状况；在乡村治理制度方面，村规民约、村级制度、法律下乡等虽然在一定意义上能够为乡村治理提供制度依据，但难以从根本上对农民进行约束。

第一节
乡村社会的道德境况

近年来，在生产力水平持续发展的背景下，我国乡村道德建设取得显著成效，农民伦理素养得到整体提升。然而，伴随建立在自给自足的自然经济基础之上的乡土社会被逐渐打破，经济资本和政治权威不断涌入乡村，农民的功利理性受到前所未有的激发。在乡村社会转型过程中，传统的道德认同不断衰落，经济评价逐渐取代道德评价获得价值优先性，道德权威开始让位于政治权威并呈现出边缘化趋势，农民自我意识日益成长且对村庄道德共识造成冲击。

一、道德建设成效显著，伦理素养整体提升

马克思主义唯物史观认为，“人们自觉地或不自觉地，归根到底总是从他们阶级地位所依据的实际关系中——从他们进行生产和交换的经济关系中，

获得自己的伦理观念”①。新中国成立以来，尤其是改革开放至今，乡村经济快速发展，现代化的生产和生活方式改变了农民传统的思想观念和道德行为。在此背景下，我国不断加强对农民道德领域的关注，通过乡村道德建设，引导村民树立正确的道德观念，践行恰当的道德行为，全面提升村民的伦理素养。

在调研过程中，面对“您对工作的基本态度是什么?”这一问题时，西岭村、赵家湾村、辘辘村、下聂村、华宏村、王杰村、林屋村分别有 58.4%、55.7%、52.4%、52.1%、56.7%、67.3%、45.1%的村民选择了“既然做了，就要认认真真做好”这一选项，该选项位居各选项之首，充分反映了村民良好的价值观念和职业道德。与此同时，当被问及“如果有人和您借一万元，您会借吗?”这一问题时，上述七个村庄中选择“无论如何都不借”的村民仅分别占到 4.5%、6.7%、6.7%、12.4%、4.7%、5.3%、7.9%，大多数村民选择了“借，但必须要打欠条”“借，但必须要到公证处公证”“借，只要熟人担保就可以，不用打欠条”“借，但必须要打欠条，而且要找熟人担保”等表示愿意帮助他人的选项。这一问题在反映村民道德意识受传统与现代价值观念共同影响的同时，也表现出村民乐于助人、淳朴善良的伦理素养。除此之外，访谈过程中，不同村庄的一些村民均对当前乡村人际关系的和谐、村庄道德环境的改善表示认可，其中华宏村有村民表示：

> 我们这里(华宏世纪苑小区)村民把一楼车库改为吃饭的地方，这样可以方便经常串门，吃过晚饭之后散步。村里的人相互都认识，大家交往都很好。……世纪苑里的村民没有不认识对门邻居的。村民之间没什么矛盾，在矛盾面前，大家都能退一步，没听过周围的人吵架的。
>
> ——2017 年 8 月 20 日下午于江苏无锡华宏村村委会与一位 35 岁男性村民的访谈记录

① 《马克思恩格斯文集》第 9 卷，人民出版社 2009 年版，第 99 页。

二、道德评价逐渐式微，经济评价日趋优先

“从基层上看去，中国社会是乡土性的。”①费孝通先生对我国社会乡土性的论断不仅是当时中国的真实写照，也是中国几千年传统社会的素描。长期以来，传统中国社会，以农耕文明为基础，在此基础上产生的伦理思想也大多源于乡村并对村民生活产生重大影响。在中国传统伦理思想中，始终以“故利不可强，思义为愈”(《左传·昭公十年》)的重义轻利、先义后利价值观念为主导，见义思利、事利而已的思想虽时有出现，但终归不是主流。受这种思想指导，在传统乡村社会的评价体系中，道德评价具有优于经济评价的特性。然而，在乡村转型过程中，面对不断开放的市场和大量涌入的资本，道德评价的优先性地位不断受到挑战，“以各种数字(收入、利润等)为直接表征的经济成就获得了在个人和社会评价上的价值优先性”②，经济评价在村庄评价体系中逐渐处于首要位置。一方面，人们开始意识到金钱已不再是“万恶的根源”，在一定程度上经济方面的贡献甚至可以弥补道德上的缺陷，从而促使经济评价逐渐优于道德评价；另一方面，一部分固守传统道德的人，常常以不再适应新形势下的道德规范约束自身，给个人生活造成桎梏，并逐渐陷入生存危机，从而无法为乡村发展做出更大贡献。这一情况与道德上有缺陷但发家致富者的生活形成对比，进一步削弱了道德评价的地位。

转型期乡村社会道德评价不断弱化于经济评价的状况在调研中得到了验证。江西抚州下聂村作为自然村已有900余年历史，现居村民大多为北宋礼学家聂崇义后裔。聂氏第四世祖聂昌曾官至兵部尚书，其抗金事迹被《中国通史》记载，先后受北宋钦宗、南宋高宗两帝题赞。受传统文化底蕴的影响，村民日常交往中更加关注个体的道德素养，将道德评价置于评价体系首位。在调研中我们发现，下聂村每户村民家门口都会有一块门匾，上面的内容大多是村民根据自家家风和道德诉求提出，然后由当地政府组织书法家统一书写，并举行隆重的挂匾仪式。当地政府本希望通过这种形式能够培育村民良好的道德

---

① 费孝通:《乡土中国 生育制度 乡土重建》，商务印书馆2011年版，第6页。

② 王露璐:《从〈百鸟朝凤〉看乡村道德评价》，《中国社会科学报》2016年6月28日。

信念，增强乡村的道德认同，为乡村营造良好的道德评价氛围。然而，在社会转型过程中，下聂村的评价体系也开始被各种量化指标裹挟，道德评价逐渐式微。一方面，越来越多的村民希望门匾上能体现出对“财富”“金钱”等经济价值的追求；另一方面，一些村民表示，他们在日常生活中并不会依靠门匾上的道德目标对他人进行评价，而是根据房屋大小做出具体判断。房屋大的村民往往在该村具有较高的地位，会被村民认为有能力；相反，房屋简陋则代表该户人家经济条件较差，缺乏必要的生产生活能力，从而难以在村庄获得价值认同。

三、道德权威不断削弱，政治权威日渐加强

中国传统乡村社会以自给自足的自然经济为基础，村民在相对封闭的乡村从事日常生产，过着“天高皇帝远”的桃源生活。虽然历朝历代都主张中央集权，但“中央所派遣的官员到知县为止”，这种“自上而下的单轨只筑到县衙门就停了，并不到每家人家大门前或大门之内的”[①]，从衙门到村民家大门的这段距离通常由乡村中德高望重的“乡绅”负责。即便后来朝廷为了加强中央集权，在乡村中推行保甲制等政策，乡村的实际治理者仍然是村民认可的“乡绅”，自上而下的行政机构要想顺利下达朝廷的政策也不得不依靠乡绅的支持。乡绅凭借自身的道德威望和社会影响成为乡村的实际掌权者，并依靠乡村中的风土人情和村规民约对村民进行道德教化。近代以后，中国的社会性质发生了重大变化，乡村“天高皇帝远”的桃源生活逐渐被打破，凭借道德权威来治理乡村的乡绅已经不能解决乡村的实际问题，乡村治理进入多样化尝试的新时期。新中国成立以来，乡村不断受到重视，治理模式也经历“从乡(村)政权治理模式到人民公社治理模式再到乡政村治治理模式的转变”[②]，村干部越来越多地被赋予政治意义，他们凭借政治上的权威治理乡村，而乡村中的道德权威由于没有实际决策权，影响力越来越弱，从而逐渐被村民边缘化。

我们在对街南村、西岭村、赵家湾村、辘辘村、下聂村、华宏村、王杰村、林

① 费孝通：《乡土中国 生育制度 乡土重建》，商务印书馆2011年版，第381页。

② 祁勇、赵德兴：《中国乡村治理模式研究》，山东人民出版社2014年版，第37页。

屋村等地的田野问卷中设计了“您认为在乡村日常事务中谁的影响力最大?”这一问题，八个地方的村民给出的答案均是“村干部”，而选择“德高望重的人”分别仅占2.6%、12.2%、12.5%、14.3%、24.7%、11.7%、21.1%、6.1%。与此同时，在对街南村访谈过程中，村民也表示：

> 村里面都是村支书和村干部说了算，人家是官，村里人都得听他们的。你品德再好，你说的话不管用，那又有什么用呢？解决不了问题。所以俺老百姓遇到问题还是得去找村里解决，找其他人没有用，说不上话，只有村干部能处理。
>
> ——2016年7月13日上午于江苏徐州街南村村民家与一位41岁男性村民的访谈记录

四、道德共识出现分化，自我意识日益成长

在乡村转型过程中，传统村庄经过长期积累形成的“不必知之，只要照办”①的道德依据逐渐不再具备现实可能性，传统道德共识正受到不断强化的自我意识冲击。

“任何一种道德哲学都以某种社会学为前提”②，当前村庄道德共识的弱化正是现代乡村社会转型的产物。乡村社会的市场化使农民从小块土地上解脱出来，农民可以根据自身能力和喜好选择职业。在这个过程中，以往同样在小块土地上耕种的农民进入不同职业领域，按照不同要求从事生产活动。不同于以往不允许分工的农业社会，农民进入的不同领域有着不同的分工。各个领域之间并不是为了追求统一而是为了协作，不同领域有着自身特殊的价值与目标，在其中工作的农民只有接受本领域的道德价值观念，才能更好地为该领域服务，从而才有可能获得物质与精神的满足。由此农民以往在共同生产过程中形成的道德共识逐渐被日益增强的自我意识打破，乡村“社会生活的诸领域不再束缚于某种统一的、强制性的道德价值，而是逐渐形成了‘领域性’的

---

① 费孝通：《乡土中国 生育制度 乡土重建》，商务印书馆2011年版，第54页。

② ［美］麦金太尔：《德性之后》，龚群等译，中国社会科学出版社1995年版，第31页。

道德”[1]，不同领域的村民有着不同的道德倾向。

此外，转型期的乡村社会对村民私人生活的容忍度大幅提高，并逐渐成为不受舆论制约的空间。“随着‘公共生活’与‘私人生活’的相对分离，私人生活领域的‘道德自由’便作为正式的要求被提出并获得了承认”[2]，在当前乡村社会，村民的私人生活领域逐渐从村庄道德评价中消失，乡村无法对村民的道德标准、人生价值等内容进行制约，村民凭借自身的道德喜好从事私人生活。调研过程中，面对“您如何看待婚前性行为?”这一问题，西岭村、赵家湾村、辘辘村、下聂村、华宏村、王杰村、林屋村分别有38.2%、30.2%、27.6%、43.1%、41.5%、31.2%、35.6%的村民选择了“双方愿意，无可厚非”“属于个人隐私，不做评论”这两个选项，位居各选项前列，反映出当前大部分农民对私人道德领域的宽容。除此之外，在甘肃定西辘辘村调研时，一位不被儿媳妇善待的老人也表达了没人能制约自家儿媳妇的无奈，她谈道：

> 村里的人都知道我儿媳妇这个样子，也有很多人都去劝过她，可是没有用，她就是不管我们。
>
> ——2017年7月21日上午于甘肃定西辘辘村村委会办公室与一位54岁女性村民的访谈记录

虽然私人生活从公共生活的抽离在一定程度上能够保障个人人格的独立，获得意志的解放，但当私人领域完全不受制约，自我成为道德评价的唯一立法者时，“任何个人之外的非个人的、具有普遍性和客观性的道德权威都将失去存在的合法性，任何普遍性的道德规范都将被视为与个人自由相对敌对而失去存在的空间，从而个人之间的‘道德共识’将完全成为一个不切实际的目标”[3]，村庄的任何公共事务将无法开展，村民相互间呈现出原子化的状态，从而导致乡村传统“道德共识”逐渐弱化。

---

① 贺来：《“道德共识”与现代社会的命运》，《哲学研究》2001年第5期。
② 贺来：《“道德共识”与现代社会的命运》，《哲学研究》2001年第5期。
③ 贺来：《“道德共识”与现代社会的命运》，《哲学研究》2001年第5期。

第二节
乡村治理目标的伦理缺失

乡村振兴战略的实施需要理性的治理目标指引。然而，在当前乡村社会的转型过程中，经济增长目标的宰制性地位导致乡村治理目标中片面追求经济增长、刻意强化功利性人情关系、过度追求“面子”等违背道德价值的问题，成为乡村治理的重要障碍。

一、片面追求经济增长的发展目标

在转型期的一些乡村治理实践中，无论是基层政府还是村干部抑或是村民自身都将经济增长作为乡村治理的重要目标，有时为了实现村庄的经济增长，各种主体都甘愿容忍甚至默许诸多违背伦理价值的行为。

在强调优先发展经济的背景下，大多数基层政府将乡村经济增长状况作为考核村干部的关键指标。对于缺乏内生性经济增长的乡村而言，要想实现经济增长必须以让渡村庄资源为前提进行“招商引资”。在这种情况下，村庄所让渡的“资源”既可能是集体土地的优惠使用权、公共设施的优先供给权等暂时性的物质利益，也有可能是生态环境的开发权等有关村民长久生存安全的根本利益。在对江苏徐州街南村调研中，村干部介绍道：

> 领导们对村里的经济发展都很重视，经济上不去，其他方面再好也没有用。经济是前面的“1”，其他的都是后面的“0”，你没有“1”，再多的“0”终归是“0”，没有用。只要经济上来了，哪怕其他方面有问题，也都是小问题。
>
> ——2016年7月12日下午于江苏徐州街南村村委会办公室与一位40岁男性村干部的访谈记录

与此同时，带领村民致富、促进乡村经济增长也是村民对村干部最为直接的期待。在一些村庄，只要村干部能够为村民致富提供帮助，为乡村经济增长发挥作用，村民就对村干部的行为表示认可，而不去追究村干部在其他方面可能存在的道德瑕疵甚至违法行为。在江苏徐州街南村的问卷中设计了“如果没有德才兼备的候选人，您更希望哪种人当村干部?”这一问题，其中选择“能带领村民发家致富，但在道德上有污点的人”的村民居各选项之首，高达44.7%。在甘肃定西辘辘村调研时，有村民表示：

> 我希望我们的村干部能够更好地带领我们致富，只要他们能带我们致富，他们从中捞一点钱也是无所谓的。
>
> ——2017 年 7 月 20 日下午于甘肃定西辘辘村村委会办公室与一位 28 岁女性村民的访谈记录

二、刻意强化功利目的的人情关系

对经济增长的片面追求日益导致乡村人际关系的功利化。从一定意义上说，传统的乡村社会是一个“人情社会”，直至今天，人情关系依然是乡村治理中难以回避的问题。传统的人情关系既能够有效化解一些“剪不断，理还乱”的利益纠纷，又对现代规则意识、契约意识的构建产生了一定的消极影响。有序的乡村治理实践既需要借助村庄传统的人情关系，又需要构建与乡村社会转型相适应的新型人际关系。然而，当前乡村社会中传统的人情关系不断异化，并逐渐向功利性目的转换，在一定程度上成为制约乡村治理的障碍。功利性目的人际关系主要以聚集资金和拉拢权势为主要特征。

在经济方面，村庄中越来越多的人情名目成为聚众敛财的重要形式，在加重农民负担的同时逐渐脱离了其应有的价值内涵。在以功利性为目的的人情关系下，人们将传统的婚丧嫁娶、孩子满月、盖房、搬家等需要人情往来的事项扩展到孩子整岁生日、老人整岁寿辰、孩子升学、房屋装修、生病初愈等各个方面，甚至还出现为收钱而欺诈请客的现象。面对日益繁杂的人情名目，人情往来变成了村民的“不能承受之重”。在调研过程中有村民表示：

这个月才开始没几天，我已经送出去8份人情了，有生孩子的、有结婚的、有生病的，现在的人情开支太高了，吃不消。辛辛苦苦赚的钱根本不够人情开销的。

——2016年7月13日上午于江苏徐州街南村村委会办公室与一位41岁男性下岗工人的访谈记录

在政治方面，一些村民通过拉拢关系形成小集团，对村庄正常秩序造成消极影响。在乡村治理过程中，村民与村干部之间的关系常常会影响到资源的分配或矛盾的协调。一般而言，与村干部关系较好的村民往往会较为主动地配合村干部工作，他们通常也会在村干部进行资源分配和协调中获得倾斜。基于这一可能性，一些村民会有意拉拢与村干部之间的关系，以期能够获得更多利益，而这也会影响乡村治理秩序的公正性。

三、过度追求“面子”的村庄风气

以经济增长作为决定性目标的乡村还容易导致过度追求“面子”的村庄风气。“面子”是中国人重要的文化心理现象，“在中国文化中，面子象征了人格的像”①，与个体的实际生活价值具有密切关联，是个体参与权力游戏的道德价值。“面子”作为人格价值的表现形式是每个个体难以忽视的问题，“由于任何人都不可能脱离人群而存在，也不可能完全脱离权力游戏，所以，任何人那里都存在人格问题，因而也就存在面子问题”②，面子的有无成为个体能否获得社会认同的重要标志。“面子”问题是乡村社会无法回避的内容，它存在于村民日常交往之间，对乡村治理有着重要影响。在社会转型过程中，一些乡村将村民“有面子”作为自身治理目标，希望通过村民对面子的追求，实现凝聚村庄价值，维护乡村秩序的效果。然而，在具体实践中，部分村民常常会过度追求面

① Ge Gao, “An Initial Analysis of the Effects of Face and Concern for ‘Other’ in Chinese Interpersonal Communication”, *International Journal of Intercultural Relations*, Vol. 22, No. 4 (1998), p. 475.

② 吴飞：《浮生取义——对华北某县自杀现象的文化解读》，中国人民大学出版社2009年版，第209页。

子，将面子竞争异化为非理性的攀比，导致这一乡村治理目标丧失道德价值，为乡村治理制造阻力。

一些乡村围绕房子展开的面子竞争屡见不鲜。在一些村民看来，房子不但是居住的场所，而且是身份的象征，房子盖得好不好、大不大成为衡量他人有没有面子的指标之一。受这种村庄风气的影响，部分村民为了能够在村庄中获得认可，使自己“有面子”，通常都将盖大房子、豪华装修房子作为一种目标。为了早日实现目标，村民不得不减少在其他方面的开支，从而降低日常生活质量。除此之外，有些村民在还没有攒够钱的情况下就开始动工，一边盖房子，一边借钱。

村庄中有关面子的竞争还表现在红白事上。针对这一现状，在对江苏徐州街南村的调研中设计了“您认为操办婚丧嫁娶的目的是什么?”。面对这一问题，虽然仅有6.1%的村民直接选择了“获得村民的认可，有面子”，绝大多数村民(52.6%)选择了“别人都办，自己只是顺应潮流”，但这种以他者为标准的行为体现自身与他人的攀比，预设了如果别人办了自己没办就是违背潮流，是与村庄整体环境的不符，自己在日后乡村生活中难以获得他人的认可，容易丢失面子等情景。因此从本质上而言，认为“别人都办，自己只是顺应潮流”的想法也体现一种对面子的追求。此外，在一些乡村，红白事之间的攀比已经“蔚然成风”，酒席的档次和礼金的数量不断攀升，成为村民生活的沉重负担。甚至在有些村庄，为了“有面子”，“无论负担多重，经济条件差的村民都不会降低礼金数额和酒席档次”①，从而对日常生活造成严重影响。

在转型期的乡村社会，对面子的过度追求往往还会引起一系列极端行为。有学者通过对乡村自杀行为的分析发现，过于追求面子的人，在失去面子之后有可能采取自杀行为。对于这些村民而言，自杀也是一种追求面子的表达方式，它能够“消极地否定已经一塌糊涂的人格状况，使自己不至于过于丢人”②。

① 董磊明、郭俊霞:《乡土社会中的面子观与乡村治理》,《中国社会科学》2017年第8期。

② 吴飞:《浮生取义——对华北某县自杀现象的文化解读》,中国人民大学出版社2009年版,第208页。

第三节
乡村治理主体的价值冲突

主体的多元化是治理区别于统治和管理的重要因素，乡村作为村民客观生活的载体，其治理主体除了通常意义上的村干部，还应该包含作为顶层设计的国家权力以及立足于村庄的民众。然而，伴随乡村社会从传统向现代的转型，国家权力在对乡村治理提供价值引领的同时，也存在某些价值失衡的状况，部分村庄干部没有彻底履行自身应尽的职责，一些农民还报以被动的心态参与乡村治理。在具体实践中，治理主体出现的这些道德困境都成为提升乡村治理水平的现实障碍。

一、国家权力在乡村治理中的价值失衡

国家权力作为乡村治理的顶层设计，能够为村庄发展提供良好的价值引领，促进乡村治理水平的不断提升。然而，在社会转型过程中，国家权力曾一味强调对乡村的“管控”，将村庄的日常经济、文化等活动全部纳入政治范畴，使乡村丧失活力；与此同时，一些处在国家权力末梢的基层政府，还以国家权力之名对乡村进行过不同程度的“汲取”，侵占村庄合理利益；除此之外，21 世纪以来，国家权力在对乡村进行资源转移过程中，一些资源被集中使用在示范性村庄，造成资源的低效使用和浪费。这些问题都在不同程度上对乡村治理产生了阻碍，影响了国家权力在乡村治理中主体性地位的发挥。

（一）国家权力对乡村的“管控”

社会主义三大改造的基本完成，实现了生产资料私有制向社会主义公有制的转变，使我国进入社会主义初级阶段。在这一基础上，国家权力对乡村社会的介入逐渐强化，以“政社合一”为特征的人民公社体制迅速在全国范围内的乡村得以确立，并在后期形成“三级所有，队为基础”的形式。在这一体制下，“通过公社、大队和生产队，政府的意志得以在实践中有效贯彻。广大农民

则通过生产队、大队和公社这一渠道接受国家的各种计划和指令，并通过这一渠道将工业化所需的各种资源不断地输送给国家”[①]，从而实现国家权力对乡村的“管控”。

在调研过程中，有些农民对以往国家权力严格管控乡村的历史仍记忆犹新，他们介绍道：

> 那个时候，没有你的、我的、他的说法，所有的都是集体的。人们什么都不多想，想了也没用，只要听上面的要求做就行。老百姓根本不会去想乡村怎么办，估计那个时候的队长也不会去想，就是跟着上面走，上面让怎么走就怎么走。就连地里面种什么庄稼，什么时候上化肥，什么时候除草，这些我们都是听上面的，要干大家就一起干，要不干大家都不干。
>
> ——2016 年 7 月 14 日下午于江苏徐州街南村村民家与一位 67 岁男性生产队长的访谈记录

人民公社体制实际上是将乡村的政治、经济、文化高度融合于公社、生产大队以及生产队三级组织之中，在公社与生产大队、生产大队与生产队之间形成一种严格的领导与被领导的上下级关系，下级必须无条件听命于上级，严格按照上级要求行事。这种体制“达到了国家组织力量对中国基层社会的完全控制，政府以一种前所未有的方式渗透进入社会的各个角落”[②]，实现了国家权力对乡村社会的全面管控，严重制约了村庄发展的积极性与创造性，在对乡村社会造成重要影响的同时，损害了国家权力在乡村治理中的应有地位。

（二）国家权力对乡村的“汲取”

改革开放以来，伴随家庭联产承包责任制的实施以及人民公社的解体，“政社合一”的村庄发展模式逐渐退出乡村发展的舞台，村庄开始出现“乡政村

---

① 王立胜：《人民公社化运动与中国农村社会基础再造》，《中共党史研究》2007 年第 3 期。

② 游祥斌：《试论我国农村新型治理结构的重构》，《中国行政管理》2012 年第 1 期。

治”的运行模式。这一模式有效释放了乡村的活力，使乡村开始有机会筹划有关自身发展的若干问题。值得注意的是，国家权力对基层管控的放松，并不意味着国家权力对乡村发展的放弃，国家权力作为顶层设计依然为乡村治理提供价值引领。然而，一些乡镇政府作为国家权力在基层的末梢不但不能有效履行国家权力对乡村的价值引领，贯彻国家权力有关乡村发展的政策，而且常常出于自身发展需要，直接或间接夺取乡村资源，压缩村庄利益，不断以强权姿态对乡村发展进行限制，造成国家权力对乡村的“汲取”，不利于国家权力在乡村治理中价值引领性效用的发挥。

在“乡政村治”模式中，“乡政”“以国家强制力为后盾，具有高度的行政性和一定的集权性”；“村治”“以村规民约村民舆论为后盾，具有高度的自治性和民主性”[①]。从理论上而言，乡镇政府对村庄的发展只起到指导作用，乡村也仅仅承担协助乡镇政府的义务，这种运行模式在保证国家能够把握村庄发展方向的前提下，为乡村自治提供了空间。在实际操作过程中，“乡政村治”的运行模式在一定程度上缓解了乡镇政府的压力，也激发了村庄的活力。然而，在“农业支持工业”的背景下，一些乡镇政府出于方便汲取村庄资源的考虑，不断借“指导”之名，行“汲取”之实，将村庄作为其某一科层进行管理。具体而言，在 20 世纪末期，一些乡镇政府除以国家名义向农民收取农业税外，还以集资、摊派、罚款等名目向农民收取费用。根据官方统计和部分学者实际调研数据显示，湖北省咸宁市咸安区 1999 年农民缴纳农业税、农业特产税、屠宰税、教育费附加、乡五项统筹、村三项提留等政策内税费共计 4 566 万元、人均 130.35 元，而实际承担了 6 910 万元，人均 197.2 元，将近构成当年咸安区地方一般性财政收入的六成。从 1993 年至 1997 年间，湖北省农民人均年收入增长不到 8%，而农民负担的增速却高达 25%。[②] 与此同时，一些乡镇政府还以“村财乡管”的形式对村庄财务进行把控。不可否认，“村财乡管”在某种程度上能够规范村级财务使用，促进乡村经费使用更加透明、合理，但其在客观上使得村庄成为乡镇政府的下属单位，进一步扩大乡镇政府对乡村的“汲取”，

① 张厚安、肖明：《村治——乡政的基石》，《华中师范大学学报》（哲学社会科学版），1990 年第 4 期。

② 参见宋亚平：《咸安政改——那场轰动全国备受争议的改革自述》，湖北人民出版社 2009 年版，第 191-192 页。

严重影响了国家权力在乡村治理中的主体性地位，不利于为乡村治理提供良好的价值引领。

（三）国家权力对乡村的片面“培优”

21 世纪以来，在“工业反哺农业、城市支持乡村”的政策推动下，国家权力不但取消了在我国延续千年的农业税，结束了农民缴公粮的历史，而且不断向村庄转移资源。面对众多分散的乡村，国家权力向村庄的资源转移主要通过“项目制”的方式进行。通常而言，项目制的运行包含“发包”“打包”和“抓包”三个过程，①所谓“发包”主要是指“上级部委以招标的方式发布项目指南书，下级政府代表地方或基层最终投标方的意向，向上申请项目”，“打包”则是指“按照某种发展规划和意图，把各种项目融合或捆绑成一种综合工程”，“抓包”便是“村庄主动争取项目的过程”。国家对乡村的资源转移作为国家权力与乡村关系的重要转变，在理论上能够有效缓解村庄压力，为乡村治理提供资金和技术支持，促进乡村发展。然而，在实施过程中，一些项目在国家权力“发包”之后，经过“打包”和“抓包”的过程，当具体落实到村庄时，已经掺杂了地方政府和部门复杂的意图，使得国家权力仅仅围绕树立典型行事，忽略了一般性乡村的建设，造成资源的浪费与分配的不公。虽然项目在“发包”时，国家权力立足于改善乡村环境，促进乡村发展，将不同资源转移至基层，但经过基层政府的“打包”之后，大多被少数特殊性的示范村庄所利用，诸多一般性村庄在“抓包”过程中难以享受到国家“发包”带来的政策优惠，从而在某种意义上造成资源的浪费和低效利用，难以实现国家权力引领乡村发展的价值目标。在调研中有村干部介绍道：

> 现在国家的项目越来越难拿，虽然项目数量逐年增多，但我们拿项目的难度也逐年增加，很多项目来来回回总是由那几个比较好的村庄拿到，他们拿到项目后又能发展得更好，拿不到项目的村庄既没有钱又没有气势，更没有发展的动力。时间长了，好的村庄和坏的村

① 折晓叶、陈婴婴：《项目制的分级运作机制和治理逻辑——对“项目进村”案例的社会学分析》，《中国社会科学》2011 年第 4 期。

庄差别更大，好的越来越好，坏的越来越坏。

——2016年7月16日15:00—15:30于江苏徐州街南村村委会办公室与一位48岁男性村干部的访谈记录

此外，一些研究资料显示，“湖北一个县级市最近十多年仅在一个示范村就投入各种财政资金达3亿元左右”[①]，一些乡村在被选为示范村后，“连续几年投入几个亿，示范示范再示范，各种项目资金集中到一起”[②]，而诸多没有被列为示范村的乡村，则难以在国家资源转移过程中获得较好的资源，导致村庄难以获得有利的发展机会。

总体而言，在社会转型过程中，国家权力曾对乡村社会进行过严密的“管控”以及“汲取”，这些都在不同程度上为当前乡村治理制造了障碍。与此同时，21世纪以来，在取消农业税及其附加税的基础上，国家权力以项目制形式对乡村进行的资源转移，虽然在一定程度上缓解了乡村发展的压力，但众多资源被少数村庄占用，难以对大多数村庄形成实质性利益，容易造成乡村之间的两极分化，不利于整体乡村治理水平的提升。

二、村庄干部在乡村治理中的德性缺失

国家权力难以直接面对众多且分散的乡村，乡村的日常治理大多离不开村庄干部的带领。对于一个乡村而言，习近平总书记说，“很重要的一点就是要有好班子和好带头人”，他们能够在乡村治理实践中起到“关键少数”的作用，为乡村发展提供具体指导。然而，在实践过程中，一些乡村干部非但不能发挥应有的德性，反而常常突破作为村干部的底线，推卸自身责任，增添乡村治理的困难。

（一）“村霸型”村干部

“村霸型”村干部是指一些不念村庄感情，以执行上级任务为由，用暴力恐

① 贺雪峰：《治村》，北京大学出版社2017年版，第138页。
② 贺雪峰：《治村》，北京大学出版社2017年版，第137页。

吓、威逼利诱等不合情理的方式对待同村农民的村庄干部。通常而言，这部分村干部既有上级权力的支持，又有黑社会势力的支撑，容易在乡村形成“一手遮天”的垄断权力。

这一现象并不是当前社会的产物，准确来说应该是一种“历史遗留问题”。20 世纪 90 年代中后期，收缴农业税已经成为乡村干部的主要任务，与此同时，“收税越难，越是收不上来税费，县乡就越是要以完成税费任务情况来考评村干部”①，甚至有些地方对不能按时按额收缴农业税及其附加税的村干部采取“一票否决制”，从而导致大批不愿意得罪村民的村干部退出村庄的政治舞台。面对这种情况，基层政府开始支持那些不在乎村庄情谊的村霸出任村干部，并且用“更多利益来诱使村干部冒着得罪村民的风险向农民收取税费”②。这部分“村霸型”村干部依靠黑社会背景，在逼迫村民缴纳税费的同时利用公款吃喝，并为自己敛财。由于他们能够按时完成要求的税费任务，县乡政府对此大多是睁一只眼闭一只眼，从而进一步导致干群关系的恶化。“干群矛盾越严重，收取税费越困难，乡镇政府对村组干部协税的激烈措施就越多越极端”③，不断刺激“村霸型”村干部的逐利欲望、默许“村霸型”村干部使用的特殊手段，从而造成恶性循环。

“村霸型”村干部作为村民眼中的“掠夺者”，利用基层政府赋予的权力和黑社会势力，一方面逼迫农民缴纳高额税费，另一方面不断为自己敛财，在这一过程中乡村原有集体财产逐渐进入私人领域，以乡村名义产生的债务也不断增长，致使农民怨声载道，甚至有些走投无路的贫困户只能以死相搏。一时间，中国乡村陷入“农村真穷、农民真苦、农业真危险”④的尴尬处境。

21 世纪初，国家作出取消农业税及其附加税的决定，有效缓解了乡村干群之间的矛盾，促使一大批“村霸型”村干部从此在村庄消失。需要指出的是，农业税及其附加税的废除虽然能够有效摧毁“村霸型”村干部存在的利益链条，但从伦理角度而言，不对村干部的德性进行约束，在一定程度上仍然会导致“村霸型”村干部以其他形式出现。在当前一些乡村，既有直接要求农民称其

---

① 贺雪峰:《治村》,北京大学出版社 2017 年版,第 99 页。

② 贺雪峰:《治村》,北京大学出版社 2017 年版,第 243 页。

③ 贺雪峰:《治村》,北京大学出版社 2017 年版,第 244 页。

④ 李昌平:《我向总理说实话》,光明日报出版社 2002 年版,“写在前面”第 6 页。

为“万岁”的村干部，又有向农民非法收取保护费的村干部，这些“村霸型”村干部“操纵选举、开设赌场、暴力抗法、霸占资源，呈现出乱政、抗法、霸财和行凶‘四大特征’”①。

（二）“分利型”村干部

伴随农业税及其附加税的取消，国家为解决乡村基础设施及其公共物品问题，不断加大对村庄的投入，支持乡村建设。大量资源向村庄的转移，整体上有效缓解了乡村供需矛盾，改变了村庄面貌，提升了农民的生产生活质量。然而，这一过程也为村干部从中谋取个人私利创造了便利，一些村干部在自上而下的资源转移过程中，与上级部门形成相对稳定的分利秩序，蚕食村庄利益，从而对乡村治理造成不良影响。

不同地区、不同处境的乡村对基础设施和公共物品有着差异化需求，国家难以在资源转移过程中以统一的标准进行运作，积极有效的资源转移必须照顾不同村庄的地方性道德知识。在理想状态下，资源按需分配能够合理刺激乡村发展，然而，虽然“随着国家惠农扶农的力度逐渐加大，基层获得的项目资金绝对值非常可观，但从得到的项目资金占全部建设完成所需要的项目资金总额的比例看，乡镇争取的项目指标的稀缺性也同样存在”②。在资源有限而需求广泛的情况下，地方政府便在国家资源转移过程中占据重要作用，对国家转移到地方的资源如何分配、如何使用等现实问题具有重要影响。基于这一客观条件，有些村干部便开始“向上跑项目”，在这个过程中，“如果能找到在掌握项目部门的关系比如同学战友老乡，甚至通过贿赂建立起来联系，则虽然村社集体无法真正提供配套，上级也可能将奖补资金投入下来。至于工程能否达到验收要求，则可能通过各种变通来予应付，比如将不同的奖补项目综合起来，分别应对各自验收”③。国家自上而下向村庄转移资源的过程中，村干部围绕项目资源开始了自下而上的关系网络搭建，从而形成一种“新型的、包括人员更广泛、利益联结更紧密和隐秘的利益共同体，这个稳定的利益共同体就构

① 郑风田：《对沦为村霸的村干部必须严惩》，《人民论坛》2017 年第 10 期。

② 李祖佩：《项目下乡、乡镇政府“自利”与基层治理困境——基于某国家级贫困县的涉农项目运作的实证分析》，《南京农业大学学报》（社会科学版）2014 年第 5 期。

③ 贺雪峰：《治村》，北京大学出版社 2017 年版，第 122 页。

成一种分利秩序”[①]。在这种分利秩序中，虽然村干部并没有直接向农民进行掠夺，但分利秩序一旦形成并加以固化，其成员便会出于利益共同体的目的，脱离乡村实际发展的需要，将国家资源转移到最能实现内部利益的地方，在客观上对农民的利益进行侵占，不利于乡村治理水平的提升。

（三）“懒政型”村干部

与“村霸型”村干部、“分利型”村干部形成对比的还有“懒政型”村干部，这部分村干部以“多一事不如少一事”为原则，对有关农民利益的事情漠不关心，缺少作为村干部的责任担当。

伴随农业税及其附加税的取消，村干部不再需要向农民收取税费，为此，部分村干部也有了不回应农民需求的借口。以往村干部迫于上级压力，不得不向农民征收税费。在这种制度的制约下，村干部需要经常与农民打交道，并尽可能对农民生产、生活中的困难予以解决，以此获得农民的认可，促使农民能够积极缴纳农业税及其相关税费。国家取消农业税及其附加税后，村干部与农民之间长期形成的关系发生了改变，在没有税费压力的情况下，有些村干部便缺少了主动联系农民的价值诉求，对农民日常生产生活的困难置若罔闻。在调研中有村民表示：

> 以往交公粮的时候，不管怎么说村干部还有事求着咱，水渠坏了、路不好，他们多多少少都能帮着弄弄，他们要是不弄，俺们就有理由不缴纳税了，反正是他们没把水渠弄好的，没有水，庄稼怎么长，长不出来庄稼怎么交粮嘛。现在不要缴税了，俺老百姓身上的担子确实轻了，但灌溉、修路这些却要俺自己解决，去找村干部，村干部就说没钱，让俺自己解决，俺老百姓身上哪有那么多钱。
>
> ——2016 年 7 月 12 日下午于江苏徐州街南村村民家与一位 46 岁女性村民的访谈记录

① 贺雪峰：《治村》，北京大学出版社 2017 年版，第 246 页。

此外，一些村干部为保证任期内“不出事”，常常有意回避村庄中的现实矛盾或者寄期望于这些矛盾能够自生自灭。在社会转型过程中，乡村出现矛盾是不可避免的事情，村干部不应回避矛盾，而是要直面矛盾，对具体问题进行具体分析，鼓励本村农民正视矛盾。这一过程可能会触碰部分农民的利益，引起他们的不满，但将这种问题置于村庄整体发展之下，让全体农民参与到对矛盾的分析之中，能够有效促进问题得到真正解决。事实上，村干部对村庄矛盾的回避只能是掩耳盗铃，“这样一种回避矛盾的做法当然不能解决农村本身就存在的矛盾，其结果就是，累积下来的矛盾以其他形式更为猛烈地爆发出来”[①]，从而为乡村治理水平的提升制造障碍。

三、村庄民众在乡村治理中的被动参与

乡村是农民的乡村，农民是乡村存在的依据。“在一个政治参与很有限的政治体系中，传统农村精英的支持已足以保持政治稳定，在一个政治意识和政治参与都很广泛的政治体系中，农民乃是举足轻重的集团”[②]，农民在乡村治理实践中理应对有关自身生存、发展等问题表达自己的意见。然而，伴随乡村社会从传统向现代的转型，不论是农村精英还是普通农民都在乡村治理中处于某种“失语”状况，这既不利于自身生产生活状况的改善，又不利于乡村治理水平的整体提升。

（一）传统乡绅的离场

传统乡村治理以德高望重的“乡绅”为主体，他们能够起到良好的“上传下达”作用，在执行皇权命令的同时可以为村民争取合法利益，成为平衡中央与地方的关键因素。但在社会转型过程中，乡绅逐渐退出村庄的政治舞台，很少参与到乡村治理实践之中。

当前有关传统乡村治理主体的认识虽各有侧重，但都没有离开对乡绅治

① 贺雪峰：《治村》，北京大学出版社 2017 年版，第 107 页。

② ［美］塞缪尔·亨廷顿：《变革社会中的政治秩序》，李盛平、杨玉生等译，华夏出版社 1988 年版，第 286 页。

村作用的肯定。总体而言,对传统乡村政治的认识主要有三种看法,一种认为传统乡村社会是专制皇权控制下的“编户齐民”社会,是一种非宗族的“吏民社会”①;另一种主张宗族政治,认为传统乡村社会被宗族所控制,宗族组织是乡村政治的主体;还有一种说法就是乡绅治村,认为乡绅是乡村的实际治理者。关于以上三种说法都各有依据,但不论是皇权治村还是宗族治村都无法忽视乡绅在传统乡村治理中的地位。在“普天之下,莫非王土”(《诗经·小雅》)的环境之下,乡村自然不会成为皇权之外的自由之地,只不过封建社会中皇权对乡村的控制仅限于征税和治安,“编户齐民”与“吏民社会”的目的大抵也是为了方便管理和征税。事实上,在中央集权的背景下,虽然乡村被“编户齐民”,甚至有些朝代会下派官吏管理乡村事务,但效果不尽如人意,“皇权的官方行政只施行于都市地区和次都市地区。……出了城墙之外,行政权威的有效性便大大地受到限制”。② 从衙门到村民家大门的这段距离通常由乡村中德高望重的“乡绅”负责。此外,秦晖在《传统中华帝国的乡村基层控制:汉唐间的乡村组织》中以“走马楼吴简”等历史资料的举例恰恰证明了明清之前乡村非宗族化的普遍性,而在明清宗族较为盛行时期,宗族对乡村的影响要么是与“基层治理单位相重合”,要么“通过选任基层管理精英即‘代理人’来实施治理”,要么“通过影响基层管理精英的治理行为来实施治理”,③其本质上均是与乡绅建立联系,从而掌握或影响乡村治理。由此可见,无论是吏民社会,还是宗族政治在治理村庄过程中都无法脱离乡绅而存在。

乡绅首先是“乡”。一方面,他们成长于乡村,对村庄有着独特的情感,了解村庄的风土民俗和生活习惯,理解村民的疾苦,也知道小农伦理的顽疾;另一方面,出于对乡村伦理共同体的认同,他们相比与外派的皇权代理者更能获得村民的支持。其次他们也是“绅”。“绅,大带也”(《说文·糸部》),最初仅指衣服的装饰,随后开始与等级挂钩,多指有地位的象征。虽然学界关于“绅”的争论持续不断,有人认为“绅”是对做官人的称呼,也有人认为“绅”是对有才学

① 秦晖:《传统中华帝国的乡村基层控制:汉唐间的乡村组织》,[美]黄宗智主编:《中国乡村研究》第 1 辑,商务印书馆 2003 年版,第 39 页。

② [德]马克斯·韦伯:《中国的宗教:儒教与道教》,康乐、简美惠译,广西师范大学出版社 2010 年版,第 140 页。

③ 肖唐镖:《宗族政治——村治权力网络的分析》,商务印书馆 2010 年版,第 63-64 页。

但没有做官或者已经退任的官人的称呼。但无论哪种说法，都承认"绅"并非普通百姓，他们有着做官或做官的可能，与官府有着相对密切的联系，他们"可以从一切社会关系：亲戚、同乡、同年等等，把压力透到上层，一直可以到皇帝本人"①。总体而言，乡绅可以利用自身资源优势在村庄起到皇权对村民的缓冲作用，成为村庄的实际治理者。在盛世时期，乡绅可以协助皇权收缴赋税，维护乡村稳定；在乱世，乡绅则可以利用自身资源为民请命，减轻赋税，起到保护村民的作用。然而，乡绅治村的情形伴随皇权的推翻而逐渐消失，在经历战乱与变革之后，一些村庄在治理实践中越来越缺少乡绅的意见，从而在客观上制约了乡村治理水平的提升。

（二）缺少农民的村民自治

村民自治作为农民自我管理、自我教育、自我服务的有利保障，"是在整合多元理念的基础上形成的制度，既有践行现代宪政政治理论的宏愿，又立足于历史和社会经验，具有制度弹性和包容性"②，能够有效促进农业发展、维护农村稳定、保护农民利益。然而，伴随社会的转型，农民越来越缺少主动参与村民自治的意识。

民主选举作为村民自治的核心内容，是农民自己选举当家人的重要途径，也是参与乡村治理的重要表现。但在调研过程中发现，农民参与民主选举的比例却相对较低，江苏徐州街南村仅有 14.9%的农民明确表示参与了最近一次的民主选举，其中 17.6%的农民指出是"村干部要求参加"的。此外，在对甘肃定西辘辘村、江西抚州下聂村、江苏无锡华宏村以及广东湛江林屋村调研中发现，大部分农民对民主选举产生的村干部并不熟悉，只有少数农民能全部说出民主选举产生的村干部名字。不难发现，在当前乡村治理过程中，一些农民并未真正参与到民主选举之中，对自身作为治理主体的权利缺少必要认识。

民主决策和民主管理作为村民自治运行的关键环节，在实施过程中也遭

---

① 费孝通：《乡土中国 生育制度 乡土重建》，商务印书馆 2011 年版，第 383 页。

② 王丽惠：《控制的自治：村级治理半行政化的形成机制与内在困境——以城乡一体化为背景的问题讨论》，《中国农村观察》2015 年第 2 期。

遇农民参与度较低的困境。在江苏徐州街南村的调研中,面对“您清楚村里的财务收支情况吗?”这一问题,仅有4.4%的农民表示“十分清楚”,89.5%的农民表示“完全不知道”。而针对这一问题,村干部表示:

> 村里的财务状况一直都是按照要求对外公开的,但农民一般很少会去关注。
>
> ——2016年7月16日下午于江苏徐州街南村村委会办公室与一位48岁男性村干部的访谈记录

村干部的这一说法,在调研中也得到了印证。一方面,村务公开栏中确实张贴着有关乡村财务收支的状况;另一方面,村民在访谈中也表示“基本不会去看村务公开栏”。此外,76.3%的农民表示“从来没有主动向村干部或村民代表提过有关乡村事务的意见或建议”,19.3%的农民表示“偶尔提过”,仅有4.4%的农民表示“经常提”。在对湖南郴州西岭村、湖北黄冈赵家湾村、甘肃定西辘辘村、江西抚州下聂村、江苏无锡华宏村、山东济宁王杰村、广东湛江林屋村调研中,分别仅有3.4%、5.0%、8.6%、7.2%、8.7%、5.3%、4.9%的农民表示有关乡村发展的事情是“由村民主动提出意见或建议”。由此我们不难看出,在乡村社会转型过程中,村民民主决策、民主管理仍处在较低水平,难以在乡村治理中发挥应有作用。

与此同时,在国家向村庄转移资源的过程中,一些农民非但不会积极配合相关项目的落实,而且时常会以“钉子户”“搭便车”等形式对乡村治理制造障碍。国家在向乡村转移资源过程中,具体项目的落实难免要牵涉征地、拆迁等问题,面对这种情形,政府通常会根据一定标准给予农民相应补偿。然而,一些“钉子户”为了赚取更多利益,常常坐地起价,提出诸多无理要求,阻碍项目落实。在对江苏徐州街南村的问卷调研中涉及“如果乡村发展需要必须让您家搬迁,您会怎么办?”这一问题,有7.9%的农民承认,自己会“为家庭长远考虑,尽可能多地要补偿”。虽然选择这一答案的村民占的比例较低,但在具体操作过程中,一旦这部分“钉子户”的诉求得到满足,将会在村庄起到强大的示范作用,从而增加项目实施成本;而如果他们的诉求没有得到实现,项目就有可能面临搁置。此外，还有一部分农民在乡村治理过程中寄希望于以“搭便车”的形式获取公共利益。以当前乡村治理中常见的“一事一议”运行模式为例，其在具体执行过程中，必须征求涉及范围内的每一户村民意见，只要有村民不愿意出钱，项目就难以顺利实施。在这种运行逻辑下，一些农民会有意不交一事一议的费用。在他们看来，如果大多数人都交了相关费用，最后剩几个人不交，村集体一定会想办法将钱补齐，而如果大家都不交，最坏的情况就是项目不被实施，也不会对自身造成直接的经济损失。江苏徐州街南村的村干部举例表示：

村里面有条一事一议的奖补路，当时向每户收 20 块钱，有些人就是拖着不交。最后实在没有办法，我们村委会几个人替不交的村民把钱交了，然后修了这条路。现在农民就是想着反正我不出钱你也要修，就等着现成的。

——2016 年 7 月 16 日下午于江苏徐州街南村村委会办公室与一位 48 岁男性村干部的访谈记录

民主监督作为村民自治的保障性环节，在乡村治理实践中尚未受到农民充分重视，甚至在有些农民看来，民主监督仅仅只是一种形式。江苏徐州街南村村民在访谈中表示：

老百姓是民，村干部是官，俺怎么能监督官呢？他们做什么事老百姓又不懂，俺监督也监督不出什么。

——2016 年 7 月 16 日下午于江苏徐州街南村村民商店与一位 50 岁女性个体户的访谈记录

事实上，民主监督是农民参与乡村治理的重要手段。通过民主监督，农民不仅能够了解村干部的决策依据，也可以有效制止部分违背村庄实际的政策，从而切实维护自身切实利益，引导乡村社会合理、有序发展。乡村转型过程中，一些农民对民主监督权利的放弃，在客观上不利于村庄良好政治生态的产生，难以真正促进乡村治理水平的提升。

第四节 乡村治理制度的道德困境

在转型期的乡村治理实践中，以传统“礼治”为核心的村规民约等规范越来越不足以充分处理愈加复杂的乡村利益关系，传统治理制度不断受到冲击与挑战。与此同时，以现代“法治”为基础的村级制度、法律条文等规定虽不断深入村庄，但仍面临诸多现实矛盾。

一、村规民约——约束不足的规矩

村规民约最初是由“士人阶级的提倡，乡村人民的合作，在道德方面、教化方面去裁制社会的行为，谋求大众的利益”①，它来源于村民日常的生产生活，是大多数村民约定俗成的行为准则，潜移默化地影响着村庄成员的言行举止。村规民约作为乡村社会非正式制度的典范，长期以来是村庄治理的实际依据，对村庄各种社会关系能够起到有效制约作用。然而，近年来村规民约的约束力在村庄逐渐减弱，很难对村民日常行为起到实质性的规范作用，村规民约逐渐成为一种约束不足的规矩。

在湖南郴州西岭村、湖北黄冈赵家湾村、甘肃定西辘辘村、江西抚州下聂村、山东济宁王杰村、广东湛江林屋村以及江苏徐州街南村、无锡华宏村的调研过程中，每位村干部都表示本村有村规民约，并且将村规民约粉刷在墙上或者做成展板，甚至有些村庄将村规民约印刷成宣传彩页发送到每家每户以便村民学习。在入村调研过程中，我们确实也在一些村庄建筑的墙面上、宣传栏中看到了村干部介绍的村规民约，但村民们面对问卷中“您村的村规民约对村民有约束力吗?”这一问题，湖南郴州西岭村、湖北黄冈赵家湾村、甘肃定西辘辘村、江西抚州下聂村、江苏无锡华宏村、山东济宁王杰村、广东湛江林屋村分

① 杨开道：《中国乡约制度》，商务印书馆 2015 年版，第 27 页。

别仅有3.4%、13.5%、3.8%、13.4%、9.4%、16.7%、8.0%的村民明确表示“有村规民约，并且对村民有很强的约束力”。由此可见，无论是粉刷在墙面上的村规民约，还是印刷后发送到每家每户的纸质村规民约，都没有对村民起到应有的约束作用，大多数村民对村规民约报以熟视无睹的态度，更谈不上能够自觉按照上面要求约束自身的一言一行。江苏徐州街南村村民在访谈中也表示：

> 村规民约这些东西没有用，没有办法解决俺老百姓的实际问题。要都按上面写的做，就没有坏人了，但你看现在有几个人能按上面写的做的，那东西都是给别人看的，骗人的，仅为了应付上面的检查罢了。
>
> ——2016年7月13日上午于江苏徐州街南村村委会办公室与一位41岁男性下岗工人的访谈记录

总体而言，虽然村规民约在当前村庄依旧普遍存在，并且得到了不同形式的宣传和推广，但并未起到有效约束村民言行的效果。大多数村民对村庄中以各种形式表现出来的村规民约视而不见，在日常生活与交往过程中更不会将村规民约作为自身行为准则。村规民约在乡村中逐渐成为一种形式化的规定，仅仅存在于墙面和展板上，无法起到有效约束村民的作用。

二、村级制度——缺少权变的规范

村级制度是转型期乡村治理实践中最为核心的制度，村庄主要依靠这些制度规范进行日常运转。然而，在乡村治理过程中，村级制度在力求平衡村庄各方利益、为乡村发展创造和谐稳定的条件的同时，变得越加复杂而缺少权变，从而导致部分乡村治理的低效运转以及形式化操作等问题。

毋庸置疑，改革开放40多年来，我国乡村村级制度发生了深刻变化，取得了卓有成效的进展，为乡村治理创造了有利条件。人民公社解体后，国家在乡镇设立基层政权，并在乡镇政权下设立行政村，在行政村下设立村民组，形成

“乡—村—组”的运行模式，以此代替人民公社时期“公社—生产大队—生产队”的设置方式。与此同时，1987 年实施的《中华人民共和国村民委员会组织法（试行）》和 1998 年正式颁布的《中华人民共和国村民委员会组织法》，明确规定村庄实行村民自治，并由选举产生村民委员会，强调“村民委员会是村民自我管理、自我教育、自我服务的基层群众性自治组织，实行民主选举、民主决策、民主管理、民主监督”①，从而极大提高了村庄的自主性，释放了乡村活力，有效促进了乡村治理水平的提升。

伴随改革开放的持续深入，一些资源优势较为明显的村庄获得了迅速发展，乡村事务也越加复杂。在经济水平和社会环境不断发展的前提下，这部分村庄对上层建筑提出了新的要求，急需要为全面的村级制度规范愈加复杂的利益关系。于是，一些乡村产生了“村务监督委员会”“四议两公开”决策法、“村级权力清单 36 条”“村干部坐班制”等一系列村级制度，并迅速在全国乡村展开推广。这些村级制度在有效防止村庄权力寻租、平衡各方利益的同时，在一定程度上也降低了乡村治理的效率，使村庄的工作重心“由之前完成具体任务到现在不出问题为主”“由原来动员群众、接触村民到现在应付上级、完成各种报表为主”“由原来主要是靠干部权威开展工作到现在村级权力清单化、公开化、规范化、程序化”“由过去重在解决问题到现在必须遵守规则”“其结果就是程序越来越重要，也越来越烦琐，基层治理能力越来越集中到整理报送文档材料，工作越来越办公室化”②，从而造成一些村庄陷入形式化治理。

以“村干部坐班制”为例，在村级事务较为复杂的村庄，村干部坐班能够及时处理村庄各种突发事件，有效解决村民困难。但对于大多数村庄而言，村级事务尚未多到必须村干部坐班才能完成的情况，村干部坐班常常导致无事可做。与此同时，严格的坐班制使村干部失去了从事其他生产活动的可能，打破了以往村干部不脱产的特性。然而，在村庄转型过程中，与严格坐班制相匹配的并不是高于村中平均水平的工资待遇，从而也难以吸引村庄的中坚力量为乡村治理发挥作用。此外，坐班制还导致村级事务进一步行政化，使得村级组织疲于应付各种上级考核。在江苏徐州街南村调研时正好赶上“文明村庄”申

---

① 《中华人民共和国村民委员会组织法》，人民出版社 2010 年版，第 3 页。

② 贺雪峰：《治村》，北京大学出版社 2017 年版，第 172 页。

报，村干部拿出整理好的材料，感叹道："上半年主要就忙活这事，要是申报不下来就白费了。"而进一步询问材料中相关条例是如何制定以及实施时，村干部却表示：

> 这其中有部分条例是为了达到申报条件而借鉴其他地方的，在本村还没有具体实施。
>
> ——2016 年 7 月 12 日下午于江苏徐州街南村村委会办公室与一位 40 岁男性村干部的访谈记录

由此可见，日益细化的村级制度虽然能够有效应付较为复杂的村级事务，但如果不加变通地推广到不同经济状况和发展水平的村庄，就有可能造成乡村治理的低效化、形式化。

三、法律下乡——缺乏磨合的秩序

乡村社会转型过程中，"基层治理由之前依靠情理法力到现在越来越排斥'情理力'，而只强调'法'"①，法律正在以越来越积极的态度参与到乡村治理之中。伴随"法律下乡"的逐步深入，村庄的生产生活秩序得到了有效改善，农民的生命财产安全获得了可靠保障。值得注意的是，法律虽然凭借其强制性，能够在乡村治理中发挥重要作用，但受村庄风俗习惯的影响，一时难以真正融入乡村社会，在整体上呈现出"缺乏磨合"的态势。

我们在对江苏徐州街南村的调研问卷中设计了"如果有人借了您的钱赖着不还，您会怎么办?"这一问题，选择"通过打官司解决"这一选项的村民仅为 28.9%，不足样本人数的 1/3。在西岭村、赵家湾村、辘辘村、下聂村、华宏村、王杰村、林屋村，面对"如果与他人发生了经济纠纷，您会怎么办?"这一问题，也分别仅有 11.1%、5.6%、11.4%、12.6%、25.8%、11.8%、19.5%的村民选择"通过打官司解决"，有些村民在回答这一问题时还会自言自语道："打官司有什么用，要不来钱还要给法院钱。"访谈过程中，有村民表示：

---

① 贺雪峰：《治村》，北京大学出版社 2017 年版，第 173 页。

> 我们这里很少打官司，平时与亲戚交往多、邻居交往少，有矛盾时找村委会解决，在农村法律没有用。
>
> ——2017 年 7 月 9 日上午于湖南郴州西岭村村委会办公室与一位 45 岁女性村民的访谈记录

在江苏徐州街南村，有村民更为详细地阐述自身通过法院要钱未果的事情：

> 俺之前借钱给村里一个人做生意，那人后来虽说没把生意做好，但肯定没有赔，还以他小孩的名义在镇上买了房子。但俺让他还钱他就是说没有，后来打官司让法院出面，他还是说没有钱，俺说他给他孩子都买了一套房子怎么能没钱，法院却说那房子写的是他小孩的名字，在法律上是不属于他的。那人现在买什么都以他小孩的名义，买面包车也写的是他小孩的名字，法院也拿他没办法。这在以前"父债子还，天经地义"，更不要说是他的钱放在自己小孩名下了。
>
> ——2016 年 7 月 12 日上午于江苏徐州街南村村民家与一位 59 岁男性生产队长的访谈记录

由此可见，法律虽然在维护乡村公共秩序等方面能够起到一定积极作用，但在处理村民具体矛盾与纠纷时，尚未获得村民的普遍认同，甚至在某些问题上会被钻法律空子的人利用，从而对乡村治理造成负面影响。

第三章

中国乡村治理目标的理性重建

实施乡村振兴战略需要以理性的治理目标为引领。在当前乡村工业化、城镇化、市场化的转型过程中，乡村治理目标存在着一些伦理缺失的问题。保障“安全第一”的生存底线，强化公平正义的现实要求，满足美好生活的价值旨归，是构建乡村治理目标应有的三个基本维度。

第一节
“安全第一”：乡村治理的底线目标

乡村治理首先需要保障农民的基本生存。对于农民而言，安全是其一切生产生活行为必须优先考虑的问题。然而，在具体乡村治理实践中，相当一部分村庄将经济增长作为自身发展的决定性（甚至唯一性）目标，此种“经济至上”及其所引发的片面追求经济增长、刻意强化功利人情、过度追求“面子竞争”等问题，使乡村治理偏离了应有的伦理价值目标。基于这一现实，新时代乡村治理需要首先关注农民生存问题，重塑“安全第一”的生存伦理观念，实现乡村治理的底线目标。

一、“安全第一”的伦理内涵

“安全”是农民基本生产生活的最低限度，也是乡村治理过程中首先需要实现的底线目标。“安全第一”的概念由J. 罗马赛特在分析菲律宾农业问题时于《农民农业技术的风险与选择：菲律宾的安全第一与水稻生产》一文中率先提出，后经詹姆斯·C. 斯科特（James C. Scott）在《农民的道义经济学：东南亚的反叛与生存》一书得到进一步阐释。斯科特借助已有的经济学和人类学研究成果，首先强调了“生存伦理”对于农民经济生活的价值和意义，在此基础上阐释“安全第一”原则对东南亚农民的适用性。尽管这一观点存有争议，但是“安全第一”的生存伦理，确实也对农民行为选择有着重要影响，是确立乡村治理目标的底线伦理原则。农民的生存伦理观念是基于“安全第一”的价值原则而建构的，他们的一切行为都是以首先保障生存安全为底线，并围绕这一基本目标展开日常实践。

“安全”与“风险”紧密相关，从一定意义而言，“安全第一”就是“风险最小”。因此，“安全第一”的生存伦理观念首先应该是规避风险，而不是创造价值。斯科特强调：“农民耕种者力图避免的是可能毁灭自己的歉收，并不想通过冒险而获得大成功、发横财。用决策语言来说，他的行为是不冒风险的；他要尽量缩小最大损失的主观概率。”①也就是说，农民追求的不是收入的最大化，而是较低的风险分配和较高的生存保障。东南亚农民正是基于“安全第一”的生存伦理观念才会接受“谷物分成”交租而不是“固定地租”②。在他们看来，虽然收成好的时候“固定地租”能够使自身获得更多收益，但收成不好的年景，即使是颗粒无收的情况下，也要缴纳和正常年景一样的地租，而这种风险恰恰是普通农民不能承受的。相比之下，按“谷物分成”交租，即使在收成好的年景也不能获得额外收益，但当遇到颗粒无收的年景，农民并不需要交租，从而能够使农民的生存安全得到保障。在传统农业社会，农民的主要生活资料都来自土地，对农民而言，“‘土’是他们的命根”，土地是“在数量上占着最高地位的神”，“这位最近于人性的神，老夫老妻白首偕老的一对，管着乡间一切的闲事”③，土地能让农民“心安”，守着土地就是守着生存的希望。因此，农民对土地有着特别的感情，即便是在社会主义市场经济不断发展、城镇化水平不断提高的背景下，仍有一部分农民不愿意离开土地。在他们看来，土地是自身生存的安全底线，拥有土地就“掌握着维持自己生存的手段”④，工厂的工作、城镇

① ［美］詹姆斯·C.斯科特：《农民的道义经济学：东南亚的反叛与生存》，程立显、刘建译，译林出版社2013年版，第6页。

② “谷物分成”交租：根据当年产量按既定比例进行交租；“固定地租”：按固定值进行交租，与当年收成没有直接关系。

③ 费孝通：《乡土中国 生育制度 乡土重建》，商务印书馆2011年版，第7页。

④ ［美］詹姆斯·C.斯科特：《农民的道义经济学：东南亚的反叛与生存》，程立显、刘建译，译林出版社2013年版，第45页。

的住房都具有不确定性，不能保障自身的生存需要，只有土地是固定不变的，别人既搬不走也偷不去，只要自己肯劳动，土地总归会给予相应的回报。

农民"安全第一"的生存伦理观念还在于以"剩下多少"来协调自身与外界尤其是与统治者的关系。一般情况下，耕种土地并接受国家保护的传统农民并不反对统治者征收赋税，他们主要关注的是缴纳税费之后，剩下部分能否保障生存安全。当剩下部分能够保障生存安全时，即便缴纳再多税费，农民大多也只是口头上表示抱怨，而一旦剩下部分不足以保障自身生存安全时，农民往往会采取各种形式的措施进行反抗。因此，在丰收年景里，虽然需要缴纳高额赋税，但农民剩下的部分足以维持生存，他们最终还是会足额缴纳统治者提出的高额税费；而在收成欠佳的年景，即使需要缴纳的赋税相对较低，但剩下部分通常无法满足农民的生存需要，甚至有时会严重威胁农民的生存安全，从而造成揭竿而起的社会现象。当然，农民的这种做法并非为了推翻现有统治，而仅仅是希望统治者能够关心自身生存状况，使自身生存安全能够得到保证。

应当看到，农民"安全第一"的生存伦理观念并非拒绝追求经济利益，但农民对经济利益的追求是在自身生存安全得到保障的前提下做出的。对于缺少变化的村庄而言，农民"不但可以信任自己的经验，而且可以信任若祖若父的经验"[①]，他们根据这些经验能够比较准确地判断出土地在何种时间以何种方式适合种植何种作物，甚至能够根据以往经验推算出今后种植某种作物的详细成本，进而权衡不同的耕作品种和方法，规避可能的风险，获取最优的回报。需要强调的是，农民对利益最大化的追求是在自身生存安全得到保障的前提下做出的，并不同于一般意义上的追求利益最大化。在舒尔茨、波普金等人看来，"农民也是理性的经济人，追求利益的最大化以及最优的资源分配是其行为的现实动机"[②]，传统农业中的农民和商人一样，能够通过精确的计算准确控制自身经济行为的投入与产出，农民对经济效益的追求并不亚于商人，从这种意义而言，农民也是"理性的经济人"。这种看法实质上忽视了农民对生存安全的需要，没有意识到生存对于农民的重要价值。

---

① 费孝通：《乡土中国 生育制度 乡土重建》，商务印书馆 2011 年版，第 54 页。

② S. Popkin, The Rational Peasant: *The Political Economy of Rural Society in Vietnam*, Berkeley: University of California Press, 1979, pp. 3-4.

二、“安全第一”生存底线的解构

“安全第一”作为农民的生存底线要求，是乡村治理的底线目标。然而，在乡村转型过程中，村庄以经济发展作为宰制性目标并由此导致乡村人际关系的功利化、“面子竞争”的异常化等问题，不断解构着农民“安全第一”的底线要求。

“安全第一”生存底线的解构主要表现在农民风险的增加和“剩下多少”的减少。转型期的乡村治理实践中，村庄对经济的片面追求往往忽视了经济增长带来的风险问题。以让渡资源为代价的“招商引资”为例，村庄在一味强调引进企业能够带来经济效益的同时，对其可能引发的环境污染等问题置若罔闻，从长期来看，容易增加农民的生存风险。与此同时，在片面强调经济发展过程中，对于农民而言“尽管平均工资率也许很高，但失业的可能性很大；尽管农民出售产品的平均价格也许很高，但价格剧烈波动；尽管税收也许是适当的，但对于可变性极大的农民收入来说，这是一笔固定支出；尽管出口型经济创造了新的就业机会，但也集中了生产资源的所有权，同时侵蚀了古老的乡村经济中的平衡机制”①，致使农民处在风险之中，直接影响农民的生存安全。需要指出的是，强调经济增长对农民“安全第一”生存底线的解构并非意味着经济增长与农民生存安全之间存在某种悖论，恰恰相反，“安全第一”生存底线的维护离不开经济增长的支持。在一些村庄里，农民之所以能够容忍村干部在带领村民致富过程中产生的道德瑕疵，往往是因为这种行为尚未威胁到农民的生存安全，并且能够在短期内为农民带来利益。但从长远来看，村干部的道德缺失行为不但会阻碍乡村经济的发展，而且会不断侵蚀农民的合法利益，增加农民生产生活的风险。我们不难看出，经济水平的提升能够保障农民的生存安全底线，但片面强调经济增长而对其实现途径不加控制，则会对农民生存安全造成威胁。

此外，日益增长的人情支出已经成为部分农民的严重负担，甚至对其基本

---

① ［美］詹姆斯·C.斯科特：《农民的道义经济学：东南亚的反叛与生存》，程立显、刘建译，译林出版社2013年版，第13页。

生存安全造成威胁。人情作为一种双向交换行为，只有在既有馈赠又有回馈的逻辑链条中，人情关系才能够得到维持。值得注意的是，人情关系的维持并不是即时性的，而是一种不定期但可预期的时间存续。在这个过程中，施惠的人不能主动提及自己的付出，而受惠的人则需要经常提起以证明自己记得。伴随乡村社会的转型，在片面追求经济增长的刺激下，村庄人口流动的加快打破了农民以往对收回人情的良好预期，增加了农民人情投资的风险，从而对农民生存安全造成了进一步威胁。以人生的完整周期作为传统乡村人情投资的预期时效，在这一周期内每个个体基本都会存在结婚、生子、盖房、去世等重要节点，因此，从总体而言，能够保证礼尚往来的一致性。但在乡村转型过程中，这种预期周期明显缩短，并且还出现众多新增名目，从而使得一部分农民难以在可预期内收回以往的人情投资。以近些年村庄新出现的子女升学办酒为例，如果将人情投资的周期定为10年，有些人的子女可能刚刚大学毕业，就已经错过了办酒的机会，而有些人的子女因为没有读书，所以也没有办升学酒的理由，从而导致这些人在礼尚往来的人情关系中处于劣势。在这种状况下，又有可能催生另外的办酒名目，以此保证这部分农民能够在短期内收回礼金，但这势必又会导致另外一部分农民因难以在可预期内收回人情投资而另立办酒名目，从而造成恶性循环，致使村庄人情往来负担不断增加，最终威胁到农民的生存安全。

村庄中异化的“面子竞争”也在不同程度上影响着农民的生存安全。在异化的“面子竞争”过程中，农民容易将面子的载体与面子的内在精神价值相分离，将大量生产生活资料用于追求面子的表现形式，导致“剩下”的物质生活资料不足以维持最低生活标准，进而出现生存危机。通常而言，乡村中的“面子竞争”都有一定的载体和内在精神。“面子竞争”的载体是农民表现出来的对特定物或事的关切，诸如“大房子”“小轿车”“高额礼金”“高档婚礼”“豪华葬礼”等，这些载体在乡村因农民关于面子的竞争而变得更加具有交往意义。与此同时，载体背后的内在精神则更多地体现为农民的尊严、品格、能力等价值意义。农民在异化的面子竞争中，人为隔断了面子的载体与内在精神之间的关系，将“面子竞争”演变为面子载体之间的纯粹攀比，忽视面子载体背后隐藏的道德价值。当农民错误地将拥有“大房子”作为获得面子的本质时，便很有可能为此缩衣紧食甚至借贷，从而使自身缺少必要的物质财富来抵御未知的风险，将自身生产生活暴露在危险之中。有些农民在访谈中表示：

> 当初为了翻新这房子，把家里值钱的东西能卖的都卖了，还向亲戚借了一大笔钱。现在房子盖好了，家里一点闲钱也没有了，还欠一屁股的债。整天提心吊胆，生怕有点事拿不出来钱。现在想想当初住平房也蛮好的，最起码日子过得不像现在这么紧巴，担惊受怕的同时，还要看人脸色。
>
> ——2016年7月12日下午于江苏徐州街南村村委会办公室与一位54岁女性村民的访谈记录

由此可见，异化的“面子竞争”促使农民非理性地追求面子的载体，从而影响其“剩下多少”的部分，最终对农民的生存安全造成威胁。

三、重塑“安全第一”的底线目标

农民的生存伦理观念是基于“安全第一”的价值原则而建构的，他们的一切行为都是以首先保障生存安全为底线，并围绕这一基本目标展开日常实践。在传统农业社会中，相对稳定的生产和生活方式能够给农民带来心理上的安全，他们可以基于以往的习惯和经验应付可能遇到的状况。但在社会转型过程中，传统农业的基础正在逐渐削弱，现代化农业正在以不可逆的形式出现在乡村，“从经济上看，农业现代化意味着市场关系扩展到前所未有的广阔领域”①，面对变迁带来的陌生领域，抗风险能力较弱的农民难免会对自身生存安全产生忧虑。当农民作为个体无法有效规避由变迁带来的风险时，村庄需要从农民现实处境出发，主动保障农民最低生活水平、维护农民现有生存土地、提高农民工作稳定性，帮助农民重建“安全第一”的生存伦理观念。

需要指出的是，在传统农业社会中，当农民遇到不可抗力危及自身生存安

---

① [美]巴林顿·摩尔：《民主与专制的社会起源》，拓夫、张东东、杨念群等译，华夏出版社1987年版，第379页。

全时，往往认为“自救或许是最为可靠的办法”，他们不愿意依赖他人尤其是国家的保护从事生产和生活实践。在他们看来，“一旦农民依赖亲属或保护人而不是靠自己的力量，他就让渡了对方对于自己的劳动和资源的索要权”[①]，从而使自身生存在控制之中。这种援助一方面解决了农民的燃眉之急，能够帮助农民度过生存危机，但另一方面“对农民的人力财力资源提出了索要”[②]，时刻可能危及农民的生存安全。但在社会主义新时期，尤其是新时代的中国特色社会主义环境下，国家早已取消了延续千年的农业税，并且正以各种可能的形式使农民获益，国家不会因向农民提供保障而非法向农民索取人力和财力资源，从而使农民在接受国家援助时没有后顾之忧，并且成为农民最为坚实的后盾，为实现“安全第一”的生存底线目标提供客观基础。

以“安全第一”作为乡村治理的底线目标，必须从农民现实处境出发，切实保障农民的最低生活水平。最低生活保障对于农民而言并不仅仅是生理上的满足，也是农民参与乡村治理的物质基础。正如斯科特所指出的，农民“为了充分发挥自己作为乡村社会成员的作用，每家人都需要达到一定水平的财力，以便履行必要的礼仪和社会义务，同时吃饱肚子、继续耕作。倘若低于这一水平，那就不但有饿肚子的危险，还要遭受在社区内失去身份、地位的深远危害，也许从此永远陷入依赖性境地”[③]。农民只有在满足自身生存安全的基础之上才有机会参与到村庄具体治理中来，才能在与人平等交流的同时形成良好的价值观。当前，我国农村贫困人口已经全部脱贫，农民的物质生活水平有了极大提高，但“脱贫摘帽不是终点，而是新生活、新奋斗的起点”。乡村应“切实做好巩固拓展脱贫攻坚成果同乡村振兴有效衔接各项工作，让脱贫基础更加稳固、成效更可持续”[④]，彻底解决农民生存问题，使农民不再为生存问题担忧，从而有能力参与到乡村治理的实践中，为解决治理中的伦理困境提供最为直接的现实经验。

---

① ［美］詹姆斯·C. 斯科特：《农民的道义经济学：东南亚的反叛与生存》，程立显、刘建译，译林出版社 2013 年版，第 35 页。

② ［美］詹姆斯·C. 斯科特：《农民的道义经济学：东南亚的反叛与生存》，程立显、刘建译，译林出版社 2013 年版，第 36 页。

③ ［美］詹姆斯·C. 斯科特：《农民的道义经济学：东南亚的反叛与生存》，程立显、刘建译，译林出版社 2013 年版，第 12 页。

④ 习近平：《在全国脱贫攻坚总结表彰大会上的讲话》，《人民日报》2021 年 2 月 26 日。

以“安全第一”为乡村治理的底线目标，还应当尽可能稳定农民最基本的生产和生活资料，解决农民的后顾之忧。在当前的社会环境下，虽然一部分村民已经离开村庄外出打工，留守在村庄的村民也并非全部从事农业生产，但是，土地对于绝大多数农民而言仍然具有一种重要的归属和安全意义。“赋予土地一种情感和神秘价值是全世界农民所特有的态度”①，土地作为最基本的生产和生活资料，能够使农民在遭遇疾病、灾害和失业等风险时保持基本生存的能力。在农民看来，土地是生存安全的最低保障，失去了土地便意味着失去了保障生存安全的最后退路，从某种意义上而言，土地承包权的不稳定便代表着自身生存安全的不稳定。我国当前大多数农村土地承包权即将到期，在这一背景下，农民基于土地的生存安全问题更为敏感。党中央及时做出“保持土地承包关系稳定并长久不变，第二轮土地承包到期后再延长三十年”②的重要决定，有效保障了村民的生存安全，为稳定村庄关系和促进乡村治理打下了坚实的基础。

除此之外，促进村庄经济发展，保障农民劳动力市场的稳定也是以“安全第一”为乡村治理的底线目标的重要内容。在社会主义市场经济不断发展的背景下，进入工厂打工成为当前更多村民的选择，这部分村民最为关心的便是经济形势对工厂效益的影响，担心工厂会由于效益受损甚至倒闭而使他们失去工作，减少收入来源，无法有效应对各种日常生活开销，最终影响到自身生存安全。面对这种状况，国家应该合理引导、支持村庄经济，在直接向村庄转移资源的过程中注重村民的参与度，让村民切实体会到通过自身劳动带来的改变，用村民自身力量稳定村民劳动力市场，促进乡村发展。调研地甘肃定西辘辘村所在岷县曾因普遍贫困，被称为“乞丐之乡”，甚至有些村庄在刚进入21世纪时，每家年收入大概也只有百元，一些村庄没有通电，到晚上也只能靠煤油灯照明。此外，该县在政府资源转移的背景下，结合当地特殊的地理气候环境，改变以往农作物的种植种类，开始大面积种植当归等中药材。十多年间，这里的村民依靠种植中药材彻底改变了村庄以往贫穷落后的面貌，逐渐从

---

① Robert Redfield, *Peasant Society and Culture*, Chicago: Chicago University Press, 1956, p. 112.

② 习近平：《决胜全面建成小康社会 夺取新时代中国特色社会主义伟大胜利——在中国共产党第十九次全国代表大会上的报告》，人民出版社2017年版，第32页。

生存安全的底线中解脱出来。在调研过程中，我们发现，辘辘村不少村民对房屋进行了修缮，有些条件较好的村民还住上了楼房；手机和网络也进入普通村民家中，成为村民日常交往的工具和载体。从调研数据中我们发现，2016 年辘辘村村民全家收入在 8 000—19 999 元之间的人口最为集中，占到全村人口的 33.7%，甚至有 18.8%的村民家庭收入能够达到 20 000—49 999 元。这些数据和其他相对富裕的村庄相比可能还存在明显差距，但已经明显高于 10 多年前辘辘村的收入状况，当地村民能够基本脱离生存危险，实现“安全第一”的底线目标。

第二节
公平正义：乡村治理的现实要求

让改革发展成果更多更公平惠及全体人民，是当前我国改革进程中强调的基本要求。伴随乡村生产、生活方式的多样化，农民的自主性逐渐增强，村庄社会的同质性不断减弱，各种不同的价值观念、情感认识、日常实践等涌入村庄，对传统乡村长期形成的稳定秩序构成了一定的冲击。在这一背景下，如何保障村民公平的经济权利和政治权利，如何实现村庄的正义秩序，成为乡村治理的现实要求。

一、不同视角下的公平正义观念

公平正义作为人类社会的重要价值目标，是乡村治理过程中必须面对的现实问题。在政治哲学中，不同时期的诸多思想家从不同角度对公平正义都进行过细致论证，这些理论资源对当前乡村治理构建何种公平正义目标具有重要的指导价值。

（一）强调“分工”与“中庸”的古希腊公平正义观念

古希腊时期，柏拉图、亚里士多德等思想家的政治正义价值理念，代表了西方政治正义的原初状态，显示出政治正义在政治活动中的重要意义，对我国转型期村庄公平正义的建构具有重要的理论价值。

柏拉图的政治正义观念主要表现在由合理分工促成的社会良序价值。在《理想国》中，柏拉图将国家分为统治者、守卫者和劳动者三个阶级。在他看来，政治正义就是三个阶级的各司其职、各尽其责。他认为统治者凭借自身智慧可以治理好国家、守卫者依靠自身的勇敢守卫国土、劳动者则借助自身的节制从事具体生产，三个阶级的人以自身职责为界，共同维持国家良序运转。柏拉图的这种政治正义观念着力于维护奴隶主贵族的利益，不同阶级各司其职、各尽其责的实质是愚化被统治者、巩固统治者地位。但不可否认的是，“社会各成员各安其分，各尽其责，履行好自己的职业，这相对于以下犯上或以上犯下、工不工、农不农、商不商、官不官等社会角色倒错等现象，无疑是一种正义的秩序”①。

亚里士多德作为柏拉图的学生，将正义从形式上分为普遍的正义和特殊的正义两个部分。从每个社会成员与城邦整体的关系而言，普遍的正义是指政治正义。亚里士多德认为，政治正义是寻求集体的善，是对集体中庸德性的实践。中庸是亚里士多德伦理学的核心，也是其政治正义的应有之义，是一切政体善恶的衡量标准。在亚氏看来，“愈接近合乎中庸政体的政体必然愈好，而离之愈远的政体必然愈恶劣”②。中庸作为一种德性，“是最高的善和极端的正确”③，过度和不及与中庸相比都是恶，只有适度才是中庸，才是善的德性。当然，中庸并不是折中主义，并不是在善与恶之间寻求第三种路径，不是对恶的稀释，中庸是德性范畴下的概念，只能在德性的价值上使用，不能在恶中寻找中庸，也不能用中庸调和善与恶的绝对分歧。总体而言，“‘中庸之道’被亚里士多德誉为人类的至高善德，成为正义的一个重要范畴，它不仅要求人们的行为要符合中庸，而且国家政体也需追求‘中道’，中产阶级成为其理想政体的支柱，这就使得以‘均平’为特色的中庸正义观构成了其整个政治和伦理思想的基础”④。

---

① 李建华：《现代德治论：国家治理中的法治与德治关系》，北京大学出版社 2015 年版，第 362 页。
② [古希腊]亚里士多德：《政治学》，颜一、秦典华译，中国人民大学出版社 2003 年版，第 141 页。
③ [古希腊]亚里士多德：《尼各马可伦理学》，廖申白译注，商务印书馆 2003 年版，第 32 页。
④ 王岩：《亚里士多德的政治正义观研究》，《政治学研究》2003 年第 1 期。

(二)西方近代以来有关公平正义的一对矛盾

自启蒙运动以来,西方思想家无论是从概念上还是在实践上,对有关公平正义问题都格外关注。这其中既有相对一致的见解,又有比较独特甚至相互矛盾的观点,从而能够为我们重构转型期乡村公平正义提供较为全面的理论借鉴。

威廉·葛德文作为西方近代承前启后的政治哲学家,对启蒙思想家有关公平正义的理论进行了批判继承,并在此基础上形成独具特色的公平正义观念,对后来思想家产生重要影响。威廉·葛德文在《政治正义论》(全名为《论政治正义及其对道德和幸福的影响》)中,首先从普遍意义上的道德角度将正义与个体的幸福相关联,指出"在同每一个人的幸福有关的事情上,公平地对待他,衡量这种对待的唯一标准是考虑受者的特性和施者的能力"①,强调正义的原则就是"一视同仁"②。值得注意的是,这里的"一视同仁"并非是肯定每个个体具有同等地位,仅仅是从一般的意义上说明正义与个体幸福的关系。在具体个人价值方面,葛德文认为,每个个体的价值并不相同,正义并不是对每个个体价值同等的关照,而是着力保护能够为社会整体带来更大幸福与快乐的价值,在难以两全的情况下,"最能增进一般福利的人的生命是应该被保全的"③,否则就是对正义的违背。

然而在罗尔斯看来,"正义否认为了一些人分享更大利益而剥夺另一些人的自由是正当的,不承认许多人享受的较大利益能绰绰有余地补偿强加于少数人的牺牲"④。罗尔斯将正义限定为"作为公平的正义",其实质是政治上的正义,"是不依赖于其他的形而上学观念或广包学说"⑤,"在罗尔斯的政治哲学中,政治正义不仅被看做是最基本的核心概念,而且也被看做是政治哲学的全部主题"⑥。罗尔斯认为,政治正义首先是符合道德的观念,是一种为特定政治

---

① [英]威廉·葛德文:《政治正义论》第1卷,何慕李译,商务印书馆1980年版,第84页。

② [英]威廉·葛德文:《政治正义论》第1卷,何慕李译,商务印书馆1980年版,第84-85页。

③ [英]威廉·葛德文:《政治正义论》第1卷,何慕李译,商务印书馆1980年版,第85页。

④ [美]罗尔斯:《正义论》,何怀宏、何包钢、廖申白译,中国社会科学出版社1988年版,第1-2页。

⑤ 顾肃:《罗尔斯正义理论的道德根基》,《道德与文明》2017年第4期。

⑥ 万俊人:《从政治正义到社会和谐——以罗尔斯为中心的当代政治哲学反思》,《哲学动态》2005年第6期。

文化所构建的道德价值，由具体社会的经济、政治、文化等内容组成。政治正义不依赖任何其他学说的支撑，但其基本观念是大众政治文化所能够熟知的。[①] 罗尔斯的政治正义实质上是在一种原初状态中进行的选择，"原初状态建立了一种理想的选择环境，以克服偏见、形而上学说和利害关系给人们带来的影响"[②]，在原初状态营造的"无知之幕"中，平等自由原则作为第一原则优先于差别原则和机会的公正平等原则。在差别原则中，罗尔斯着重强调"最少受惠者的最大利益"，事实上，罗尔斯"总是从最少受惠者的地位来看待和衡量任何一种不平等，换言之，他的理论反映了一种对最少受惠者的偏爱，一种尽力想通过某种补偿或再分配使一个社会的所有成员都处于一种平等的地位的愿望"[③]。

葛德文与罗尔斯的公平正义观一个强调对强者的保护，一个强调对弱者的保障，二者对公平正义的阐释虽然存在差别，但其实是对不同时期经济状况的反映。葛德文处在资本主义不断积累时期，这一阶段尤其需要强调效率的作用，需要对能够产生更大利益的个体与组织进行额外关照，从而形成葛德文保护强者的公平正义观。罗尔斯则相对处于资本主义发展取得一定成就的时期，在资本主义社会的经济实力获得显著提升的同时，社会贫富差距等问题接踵而至，这一阶段需要强调对弱势群体生活的保障，从而为罗尔斯公平正义观念的形成提供现实基础。

（三）建立在消灭私有制基础上的马克思主义公平正义观

20世纪中后期以来，以罗伯特·塔克、艾伦·伍德等人为代表的西方马克思主义者对马克思主义是否存在公平正义问题提出质疑，并形成"塔克—伍德命题"。事实上，马克思虽然没有对公平正义进行过系统论证，但其始终没有抛开公平正义谈论问题，他将有关公平正义的价值观念内化到对具体问题的剖析之中，以更加全面而深刻的视角阐释公平正义的内涵。

---

① See John Rawls, "Justice as Fairness: Political not Metaphysical", *Philosophy and Public Affairs*, Vol. 14, No. 3(1985), pp. 223-251.

② 姚大志：《从〈正义论〉到〈政治自由主义〉——罗尔斯的后期政治哲学》，《中国人民大学学报》2010年第1期。

③ [美]罗尔斯：《正义论》，何怀宏、何包钢、廖申白译，中国社会科学出版社1988年版，"译者前言"第8页。

马克思主义公平正义观建立在批判资本主义剥削制度基础之上，“不是用公平、正义的政治法律概念解释分配关系，而是用生产关系来解释分配关系，用生产劳动解释生产关系，用经济基础解释上层建筑”①。马克思主义者以批判私有制和私有财产的方式，从根本上否定了私有者与私有财产之间的必然联系，为人类建立平等的经济地位提供前提，并力求在此基础上实现政治地位和权利的正义。马克思主义公平正义理论与其他以古典政治经济学为基础的公平正义观念的区别关键在于立论基础的差异，该理论不同于以往仅片面强调政治权利平等而肯定经济区别的公平正义理论。马克思主义公平正义理论建立在经济地位平等基础之上，并且认为“从政治上宣布私有财产无效不仅没有废除私有财产，反而以私有财产为前提”②，财产私有必然会影响政治权利的公正，不否定财产私有就不可能实现真正的公平正义，只有从经济上实现平等，政治上才有机会获得正义。“从古典政治经济学向我们提供的事实出发揭示其理论矛盾，进而揭示资本主义本身的矛盾，再进而说明资本主义的非正义性和社会主义的正义性，这便是马克思正义理论的逻辑线索”③，在马克思主义者看来，生产资料私人占有是一切剥削、奴役、压榨等非正义的根源，正是经济上的私有制导致个人财富的不平等，从而使得以往正义理论所强调的个人权利自由与平等沦为一种形式化的公平正义，不可避免地表现出虚妄性。《共产党宣言》强调，“共产党人可以把自己的理论概括为一句话：消灭私有制”④，这恰恰是马克思主义公平正义观的理论前提。在对资本主义私有制剥削进行批判的基础上，马克思主义者试图通过经济上的平等建构人类政治权利的平等，从而克服以往政治正义理论的弊端，实现形式正义与实质正义的有机融合。

二、公平正义现实要求的淡化

公平正义作为乡村治理的现实要求，能够有效解决乡村治理实践中的伦理问题，促进乡村治理水平的提升。然而，从传统向现代的转型过程中，村庄

① 王新生：《马克思正义理论的四重辩护》，《中国社会科学》2014 年第 4 期。
② 《马克思恩格斯文集》第 1 卷，人民出版社 2009 年版，第 29 页。
③ 王新生：《马克思正义理论的四重辩护》，《中国社会科学》2014 年第 4 期。
④ 《马克思恩格斯文集》第 2 卷，人民出版社 2009 年版，第 45 页。

对经济指标的片面强调淡化了公平正义的价值观念，由此产生的功利性人情关系、异化的“面子竞争”等问题也在不同程度上挑战着公平正义的现实要求。

首先，转型过程中村庄对经济的过分强调，使得富人阶层在乡村治理实践中具有更多主动权，普通村民合理参与乡村治理、维护自身利益的权利受到忽视。一方面，部分村庄的村干部选举越来越成为富人之间的游戏竞争，普通村民既无法通过成为村干部获得可靠收入，又难以在选举中获得胜利。在村庄转型过程中，相当一部分村干部并没有稳定的工资收入，作为工作回报，他们拿的仅是微薄的误工补贴。即使在一些资源比较丰富的地方，政府也只能给予村干部低于科级标准的收入。此外，在强调坐班制的背景下，大部分村干部拿到的钱远少于同等层次外出务工人员的收入。通常而言，村干部单靠政府提供的微薄收入难以支撑家庭的正常运转。因此，从物质生活的角度出发，当选村干部并不是普通村民改善生活质量的明智之举。但对于富人而言，他们自身有着较好的经济条件，并不在意政府能够给予多少收入，甚至有些富人在当选村干部后会主动捐献自身的部分收入，他们有着当选村干部的经济实力。有学者在陕西省眉县横渠镇调研时发现，先后访谈的六位村支书中就有五人办产业，其收入均超过当地平均水平。① 笔者调研的江苏无锡华宏村、江苏徐州街南村也是由企业老板担任村支书，其他几地的村支书自身虽没有企业，但其家庭收入总额基本处于当地中等水平之上。需要注意的是，富人获得村庄权力并不一定会为普通村民服务，村庄有可能因权钱结合而出现排斥普通村民的现象，从而使得“一般村民更加缺少表达意见的机会，村庄治理更为围绕强势群体的诉求在进行，村民在各个方面都被进一步边缘化”②，严重影响村庄的公平正义。与此同时，有些地方的村两委选举公然沦为金钱竞争。早在2003年河北省涉县上巷村就出现过富人通过贿选争当村干部的情况。在该村2003年12月19日的村委会选举中，WJY和LFY成为村委会主任候选人，虽然此前村民对LFY寄予厚望，认为他更适合担任村委会主任，但最终是WJY胜出。笔者通过调查发现，WJY在选举之前向部分村民承诺，如果能够顺利当选，就会给每一位支持的选民发放3 000元现金，并且表示在正式上任之后

① 贺雪峰：《治村》，北京大学出版社2017年版，第39页。
② 贺雪峰：《治村》，北京大学出版社2017年版，第8页。

还会再向每位村民发放 2 000 元现金。近年来，在一些资源比较丰富的地区，富人对村干部这一职位更是垂涎已久，不惜以高价收买选票。有学者在调研中发现，有些村干部候选人为了顺利当选村主任甚至需要花费 1 200 万元用于买选票，在一些村庄，三张选票竟能卖到 10 万元。这些学者在贿选地调研中还发现，“因为几乎无村不贿选，且都是支付现金，在选举期间，据说市银行现金全被提空，而从省城紧急调运现金过来。而且，村委会选举期间，镇上所有中华烟都被买光，因为除了送钱外，一条一条地送中华烟也是选举的一个部分”①。面对如此巨额的选举支出，没有一定经济实力的村民对此只能望尘莫及，从而失去通过公平竞选获得村干部职位的可能。另一方面，在乡村治理实践中，经济上占优势的富人具有绝对话语权，普通村民无法与之抗衡，自身合理利益难以获得公正的维护。在强调经济增长的背景下，“有钱”不仅仅代表着经济地位，也意味着资源的充分聚集，富人能够利用自身拥有的资源办成他人难办的事情。在具体操作过程中，基层政府和村两委为了发挥富人对村庄的经济带动作用，通常会尽可能满足他们提出的要求，当富人利益与普通村民利益发生冲突时，也往往会优先考虑富人利益，以此获得富人对当地建设的支持。此外，富人还可以通过自己结交的关系网络对阻碍自身利益的村民进行制约，他们可以联合其他富人拒绝向这部分村民提供工作机会，甚至可以动员在工厂工作的员工与阻碍富人利益的村民绝交，以此孤立这部分村民。

其次，由片面强调经济增长而引发的功利性人情关系也对村庄公平正义的现实要求造成挑战。人情作为中国乡村社会的重要概念，能够在乡村治理实践中产生关键作用。良好的人情关系可以激发村庄内生力量，维护乡村公平秩序；功利性的人情关系则会以某种特殊利益为导向，对村庄的公共性价值造成损害，从而破坏乡村公平正义的秩序。转型期的乡村社会以功利性为目的的人情关系主要存在于“托关系”和“感恩情”之中，这种以功利为目的的人情交换常常涉及公共利益，无论是一方接受另一方的馈赠而对其进行帮助，还是一方主动帮助另一方之后获得回馈，其本质上都是对公共利益的侵蚀，是对村庄公平正义现实要求的消解。事实上，围绕“托关系”“感恩情”建立起的人情伦理关系只能是私人属性的，并不具备公共领域对公平正义的要求，“理想

① 贺雪峰：《治村》，北京大学出版社 2017 年版，第 21 页。

的'人情'伦理所推崇的是在私人交往领域不带功利色彩而且感情上彼此关怀和帮助的行为"①。功利性的人情关系将私人领域的人情伦理扩展到公共领域,容易导致个体在参与公共生活时,将公共事务分为有人情参与的一方和没有人情参与的一方,从而更多地参与有人情关系的一方,或者将资源更多地向有人情参与的一方转移,对没有人情参与的一方造成事实上的不公。当前乡村社会中,有些个体出于功利性目的与村干部建立人情关系,用"托关系""感恩情"的方式向村干部施惠。当村干部收受这部分馈赠时,便会在具体治理乡村过程中直接或间接地给予施惠者帮助,从而将其他没有施惠的村民置于不公平的处境,这不利于乡村治理公平正义目标的实现。

最后,异化的"面子竞争"也在不同程度上弱化了村庄的公平正义目标。乡村社会在从传统向现代的转型过程中,"有面子"始终是村民力求实现的状态。然而,在异化的"面子竞争"中,越来越多的村民忽视了获得"面子"手段的合理性,简单地将金钱作为实现"面子"的途径,违背了公平正义的现实要求。对于一些富人而言,他们通过贿选成为村干部可能并不仅是为了获取经济利益,还为了使自身"有面子"。在一些经济发展较为迅速的村庄,"好媳妇""好婆婆""好夫妻"等有关"面子"的选举也都成为滋生贿选的场所。在这些村民看来,选举程序的公正仅仅是一种形式,没有金钱买不来的"面子",只要是需要选举获得的荣誉,他们都乐意投入大量资金,以期在"面子竞争"中获得胜出。此外,一些村庄在发展过程中为了追求经济增长的"面子",不惜以牺牲环境资源为代价的做法也是异化"面子竞争"的一种,这种做法不但难以真正实现村庄的长久发展,而且违背了与下一代乃至以后若干代村民之间的公平正义,为乡村后续发展留下隐患。

三、建构公平正义的现实要求

新时代乡村振兴离不开公平正义的现实要求,在当前乡村治理实践中既要努力协调全体村民之间的利益关系,促使所有村民都能够有尊严地享受村庄发展成果;又要保障村民代际之间的公平正义,将当代人的发展限定在合理

① 孙春晨:《"人情"伦理与市场经济秩序》,《道德与文明》1999 年第 1 期。

范围之内，维护村庄的可持续发展；还要注重平衡本村村民与外来村民之间的关系，在公平正义原则之下有效凝聚村庄价值，提升乡村的内在向心力。

第一，公平正义的现实要求需要保障全体村民能够有尊严地共享村庄发展成果。共享“是公平正义理念在现代社会生活和公共秩序中的集中体现”，强调“人是发展的终极目的，社会应该让所有的人受益，消除贫困，让所有人享有平等的发展机会，以使他们能够获得充分和全面的发展”。[①] 就我国乡村社会而言，生产资料公有制的建立保障了农民在经济地位上的平等，也使每一位农民不论其财富多寡都可以享有平等的政治权利。对一个村庄而言，一方面，应该保证全体村庄成员能够从村庄发展中普遍受益，共同享有村庄发展提供的利益，并有机会参与到乡村治理的实践中，实现自身应有的价值；另一方面，还应当注重对村庄弱势群体的保护，将村庄贫富差距控制在合理范围之内。通过各种有效的再分配政策，充分缩小村庄成员的收入差距，增加最少受惠者的利益，“以‘利益补差’的方式补偿由于历史因素、先天因素及社会因素所造成的不平等，使已成为‘弱势群体’的农民获得共享社会经济发展成果的机会”[②]，让所有村民的生产生活都能得到有力保障，从而推进村庄整体协调发展。

第二，公平正义的现实要求需要保障村民代际间的平等。乡村治理实践中，公平正义的现实要求不仅仅是对同代人之间的制约，还是对代际关系的规范。代际平等理念强调每一代人都应当具有属于自身时代的发展资源，当代人的发展不应该以牺牲下一代的资源为手段。在乡村治理实践中，过度开发资源换取经济增长的做法打破了代际之间的平等关系，从本质而言是对下一代合理利益的掠夺。符合公平正义要求的乡村治理必须始终以村庄的现实条件为基础，既不拒绝社会发展带来的机遇，又不片面追求眼前的物质利益增长，注重代际之间的平衡，合理利用村庄资源，将村庄发展控制在适度范围之内。

第三，公平正义的现实要求需要协调本村人口与外来人口之间的关系。

---

① 何建华：《共享理论的当代建构》，《伦理学研究》2017 年第 4 期。

② 王露璐：《新乡土伦理——社会转型期的中国乡村伦理问题研究》，人民出版社 2016 年版，第 180 页。

在当前乡村工业化、城镇化、市场化的进程中，部分村庄出现了大量的外来人口。由此，如何处理村庄本地人口和外来人口的关系也成为当前乡村治理中的重要问题。对于良性的乡村治理而言，公平正义的现实要求并非强调以绝对同一的标准对待本村人口与外来人口，而是允许产生一种基于“差序格局”的“地缘优先性”原则。① 其原因在于，乡村首先是长期生活在村庄的本村村民的乡村，“地缘优先性”原则能够充分保障本村村民在乡村治理中的公平地位。当然，从理论上而言，“地缘优先性”原则并非乡村治理中协调关系和解决冲突最为合理的方式，但是这一原则能够充分保障本村村民在乡村治理中的合理利益，有效增强村庄的内部凝聚力，从而弥补“地缘优先性”原则可能带来的风险和损失，进一步促进乡村治理的有序实施。需要说明的是，这里所谓的“地缘优先性”原则仅是针对部分乡村利益分配而言，在面对法律规范等正式制度时，本地人口和外来人口都应该以同等的标准对待。

第三节
“美好生活”：乡村治理的价值旨归

农民对美好生活的向往和要求，是乡村治理的价值旨归。乡村振兴以“产业兴旺、生态宜居、乡风文明、治理有效、生活富裕”②为总要求，契合了农民对“美好生活”的向往。

一、“美好生活”的应然价值

新时代乡村振兴战略的实施离不开农民对美好生活的向往，“产业兴旺、生态宜居、乡风文明、治理有效、生活富裕”的总要求蕴含着农民对美好生活的期盼，是乡村治理的应然价值。在具体的乡村治理实践中，必须充分认识产业

① 参见王露璐：《新乡土伦理——社会转型期的中国乡村伦理问题研究》，人民出版社2016年版，第115页。

② 习近平：《决胜全面建成小康社会 夺取新时代中国特色社会主义伟大胜利——在中国共产党第十九次全国代表大会上的报告》，人民出版社2017年版，第32页。

兴旺的经济内涵、生态宜居的生态价值、乡风文明的文化意义、治理有效的政治原则以及生活富裕的社会目标，始终以实现农民的美好生活为价值旨归。

产业兴旺是农民实现美好生活的经济要求，现代化农业产业体系、生产体系、经营体系能够为农民实现美好生活提供物质基础，保障乡村振兴战略的顺利实施。“物质生活的生产方式制约着整个社会生活、政治生活和精神生活的过程。不是人们的意识决定人们的存在，相反，是人们的社会存在决定人们的意识。”[①]就经济发展在乡村治理中的基础性地位而言，无论是村庄整体，还是农民个体，他们在发展过程中都离不开乡村产业的支持。村庄产业是乡村治理的经济基础，没有产业支撑，乡村治理最终只能是一潭死水，难以有效发挥村庄的内生动力。与此同时，乡村治理终归是关乎村民的治理，村民作为治理的主体不可能仅是一种精神的存在，还必须是一种有着物质生活和生产需求的客观存在。良好的村庄产业能够为村民提供必要的就业机会与劳动报酬，有利于村民生活水平的改善与自身价值的实现。在质量兴农、绿色兴农的背景下，农业创新力、竞争力、全要素生产率的不断提升，能够实现乡村产业的转型升级，从而为农民实现美好生活提供坚实的物质基础。

村民美好生活的实现离不开乡村产业的兴旺，但产业兴旺仅仅为乡村发展提供必要的物质基础，没有生态宜居的生存环境，村民美好生活最终只能是虚无缥缈。“面对全球性的环境污染、生态破坏和气候变化，人类必须在器物和技术维度改变‘大量生产、大量消费、大量排放’的生产—生活方式”，在乡村振兴实践中，更需要凸显生态宜居的价值内涵，发挥超越物质主义的精神，“认识到人类幸福和进步不需要物质财富的无止境增长，大自然不容许几十亿人继续‘大量生产、大量消费、大量排放’，物质简朴(相对的)而精神丰富的生活才是大自然容许的正确选择”。[②] 相比于工业文明较为发达的城市生活，乡村生活的最大优势在于其良好的生态环境，破坏了村庄的良好生态，乡村治理将失去特色、陷入困境，难以得到长远的真正的发展。在乡村振兴实践中，乡村治理的过程就是重新认识村庄生态环境的过程，在挖掘村庄特有生态资源的前提下，“以对话的方式叩问自然、理解自然，以敬畏自然的情怀谋求人类文明

---

① 《马克思恩格斯文集》第2卷，人民出版社2009年版，第591页。

② 卢风：《超越物质主义》，《清华大学学报》(哲学社会科学版)2016年第4期。

与自然的协同进化，以保护地球和谋求人类福祉为技术创新的根本目标，以意义创新的方式超越物质主义”①，将生态宜居作为乡村发展的价值要求，努力打造城市居民更加向往、乡村村民不愿离去的村庄生态生活，是实现村民美好生活的应有之义。

乡风文明是村民实现美好生活的文化依托，村民美好生活的实现需要良好的乡村风貌。乡村治理理性目标的实现离不开坚实的物质文明和可靠的精神文明，需要“文明乡风、良好家风、淳朴民风”的共同指引。在乡村治理实践中，乡风是村民日常精神生活的风向标，文明乡风能够为村民日常精神生活提供良好的价值引领，丰富村民日常精神文化生活，提升村民精神风貌；家风是村民家庭生活的指示牌，“良好的家风、家教和家庭建设有利于引导家庭成员遵守家庭道德规范，形成父慈子孝、兄友弟恭、夫义妇顺、勤俭持家、和睦友善的家庭氛围，形成守护个人健康成长和家庭幸福、社会和谐的重要力量”②，以家庭整体力量为乡村治理提供支持；民风是村民社会生活的催化剂，淳朴的民风有利于村庄内在凝聚力的加强，是乡村治理内生性动力的源泉，也是村民情感纽带的维系基础。新时代乡村治理必须围绕“文明乡风、良好家风、淳朴民风”的精神文化要求不断推进，努力提高乡村社会整体文明程度，为村民美好生活的实现提供文化支撑。

治理有效是村民实现美好生活的关键要素。首先，有效的乡村治理是以村民为中心的治理，村民生活状况的改善是乡村治理的迫切希望，村庄经济的发展只能是实现这一目标的手段而不是目的本身；其次，有效的乡村治理还应具有多元化的治理主体，能够充分协调国家权力、村庄干部以及村庄民众等不同治理主体之间的关系，调动各方主体的积极性，共同致力于提升乡村治理效率；最后，有效的乡村治理蕴含着完善的治理制度，既有以现代“法治”为基础的正式制度，又有以传统“礼治”为核心的非正式制度，二者在村民自治的背景下能够相互融合，构成“自治、法治、德治相结合的乡村治理体系”③。总体而言，有效的乡村治理能够以村民为中心，调动不同主体之间的积极性，最终以

---

① 卢风：《整体主义环境哲学对现代性的挑战》，《中国社会科学》2012 年第 9 期。

② 陈延斌、田旭明：《新时代加强家庭建设的几个方面》，《求是》2015 年第 21 期。

③ 习近平：《决胜全面建成小康社会 夺取新时代中国特色社会主义伟大胜利——在中国共产党第十九次全国代表大会上的报告》，人民出版社 2017 年版，第 32 页。

自治为基础、以法治为保障、以德治为内核，促进村民美好生活的顺利实现。

民生问题是乡村治理的根本问题，生活富裕并不仅仅指增加村民的物质财富，更体现在乡村教育、村民就业、村庄基础设施建设等各方面的社会指标上，这些社会指标是对村民合理利益的全方位保障。一方面，村民基本物质利益的满足是其发挥道德主体作用的前提，是生活富裕的基本表现形式。“一切人类生存的第一个前提，也就是一切历史的第一个前提，这个前提是：人们为了能够‘创造历史’，必须能够生活。但是为了生活，首先就需要吃喝住穿以及其他一些东西。”[①]吃喝住穿需要的满足便是村民生活富裕的最基本的表现，“是人们从几千年前直到今天单是为了维持生活就必须每日每时从事的历史活动，是一切历史的基本条件”[②]。另一方面，乡村社会各项事业的发展是对村民个体富裕生活的促进与保障，村民个体生活富裕的实现必须建立在村庄整体利益完善过程之中，只有在乡村社会整体发展的背景下，村民才能够顺利实现美好生活的愿景。

二、“美好生活”价值目标的偏离

村民的美好生活蕴含了对乡村治理经济、生态、文化、政治和社会各个方面的期盼，是乡村治理的最高价值。然而，在社会转型过程中，一些乡村的治理实践尚未充分认识“产业兴旺、生态宜居、乡风文明、治理有效、生活富裕”等价值要求的深刻含义与内在关系，在某种程度上偏离了村民追求美好生活的价值目标。

在产业发展方面，转型期我国一些乡村的产业体系、生产体系、经营体系等存在规划不当、发展滞后的问题，影响着村民美好生活价值旨归的实现。诸如，一些村庄过于强调工业产业体系的发展，而忽视了农业产业的基础性地位。笔者调研的江苏无锡华宏村作为经济强村主要由工业产业进行支撑，缺少对农产品的加工和处理，尚未实现一、二、三产业的融合发展。对于欠发达地区的村庄而言，“许多适龄男子外出打工，妇女和老人在家种地，不利于农业

① 《马克思恩格斯文集》第1卷，人民出版社2009年版，第531页。
② 《马克思恩格斯文集》第1卷，人民出版社2009年版，第531页。

产业发展”[①]。一般而言,村庄留守人群无力从事大规模的精细化农业生产,他们无论对农业生产能力的提升,还是对农产品质量的改善,都难以起到关键的促进作用。总体来看,一些地区的农业产业仅仅停留在初始生产状况,没有形成相对合理的产业链条,农产品价值尚未得到有效挖掘,从而影响农民从农业产业中获得利益分成,同样不利于农民美好生活的实现。

在生态环境方面,一些村庄的自然环境受到工业生产方式的严重冲击,存在重要的生态隐患。传统乡村社会是人与自然和谐相处的生态模式,村民按照自然规律从事生产劳动。但在社会转型过程中,现代工业生产方式不断对传统乡村生态模式造成影响。一方面,乡村在发展过程中对经济指标的片面强调通常忽视了村庄环境的承受能力,对乡村生态环境造成破坏。以村庄企业为例,他们虽然在乡村经济增长过程中有着毋庸置疑的作用,但有些企业为了在短期内追求更高的经济回报率,常常以牺牲环境为代价。通常而言,村庄企业由于其前期投入与规模的限制,使用的生产设备一般较为简陋,难以对生产过程中产生的污染进行自我净化。在这种情况下,一些村庄企业常常以节约经济成本为原则,直接将工业垃圾排向村庄,从而导致一些村庄经济越是增长,乡村环境越是恶化的状况。另一方面,农民作为乡村道德主体,缺少必要的生态保护意识。农民在“经济至上”的价值理念影响下,为了提升农产品产量,在生产过程中常常使用化肥和农药,从而对土壤造成破坏。在秋收时节,大量遗留在田地里的秸秆也被农民直接烧掉,严重影响村庄空气质量。总体而言,“中国乡村在现代化进程中受到工业生产方式的冲击,使得这块环境伦理不曾设防的净土受到严重的污染与破坏”[②],村庄生态问题与村民对美好生活的价值追求发生偏离。

在文化建设方面,一些村庄的乡风文明状况不容乐观。在过分强调经济导向的影响下,村民诸多活动均围绕金钱展开,甚至在部分村庄,只要能赚到钱的行为,均被村民赋予正面价值,而他们对赚钱的手段不加过问。有学者在调研中发现,一些村庄从事性工作的女性因为有钱不但不会被村民指指点点,

---

① Siu, Helen F. *Agents and Victims in South China: Accomplices in Rural Revolution*. New Haven and London: Yale University Press, 1989, p.284.

② 曹孟勤:《对中国乡村环境伦理建设的哲学思考》,《中州学刊》2017年第6期。

反而被一些人羡慕。“这些妇女在外挣到了钱，家人吃穿用度都可以上档次，在村里的地位也可以大大提高，说话做事都比以前更硬气，更放得开”①，很少有村民会针对她们赚钱的手段进行评价，反而那些守着礼义廉耻但家庭经济条件较差的村民却成为村民议论的对象。与此同时，日益功利化的人情关系导致传统淳朴的民风发生转变，村民之间的交往不再是单纯的礼尚往来，而是掺杂了过多的利益权衡。在江苏徐州街南村调研时，村民介绍：

> 现在村里人也都是人心隔肚皮，你有本事的时候，大家都巴结你；你一旦对他没有用了，他和你见面都不会打一声招呼。
>
> ——2016 年 7 月 15 日上午于江苏徐州街南村关帝庙与一位 63 岁男性退休村干部的访谈记录

除此之外，异化的“面子竞争”使得一些村庄攀比成风，部分村民为了追求所谓的面子，甚至不惜背上高利贷，从而严重影响自身生活质量，不利于文明乡风、良好家风、淳朴民风的形成。

在治理规范方面，部分村庄存在低效甚至无效治理的状况。村庄从传统向现代的转型过程中，一些村干部要么机械地照搬正式制度文件，用生涩的文字搪塞村民，以此回避乡村治理中的矛盾；要么停留在传统的村规民约之中，故步自封，用脱离时代要求的陈规陋习处理乡村问题；甚至还有一些村霸将自身利益凌驾于全体村民利益之上，根据自身喜好控制村庄，将村庄变为一姓王国，视村民为服务自身的“奴隶”。这些现象都在不同程度上为转型期乡村治理制造了障碍，阻碍了村民对美好生活的追求，不利于高效乡村治理的实现。

在保障民生方面，村民生活富裕的目标尚未得到充分实现。“‘富裕’反映了社会对财富的拥有，是社会生产力发展水平的集中体现”②。改革开放 40 多年来，乡村社会生产力发展水平有了明显提升，村民的生活质量得到了有效改善，过上了小康生活，但由于各种原因仍有部分村民难以依靠自身力量获得足够的物质保障。与此同时，一些村庄仅仅注重对村民物质财富的培育，对村庄

① 陈柏峰：《去道德化的乡村世界》，《文化纵横》2010 年第 3 期。

② 王泽应：《共同富裕的伦理内涵及实现路径》，《齐鲁学刊》2015 年第 2 期。

教育、村民就业、乡村基础设施建设等问题缺少必要的关注，从而难以为村民物质财富的可持续发展提供长效保障机制，最终不利于村民生活富裕目标的实现。

三、实现"美好生活"的价值旨归

新时代乡村治理实践，必须立足国情农情，以农民对美好生活的向往为价值旨归，围绕"产业兴旺、生态宜居、乡风文明、治理有效、生活富裕"的总要求，逐渐解决村庄在转型期出现的伦理问题，促进乡村治理水平的提升和农民群体的全面发展。

第一，以产业兴旺作为乡村治理的物质基础。美好生活的实现离不开乡村产业的发展，缺少乡村产业作为经济支撑，乡村治理只能是无源之水。"构建现代农业产业体系、生产体系、经营体系，完善农业支持保护制度，发展多种形式适度规模经营，培育新型农业经营主体，健全农业社会化服务体系，实现小农户和现代农业发展有机衔接。促进农村一、二、三产业融合发展，支持和鼓励农民就业创业，拓宽增收渠道。"①党的十九大报告为推动产业兴旺提供了既具有方向引领又具有实践操作性的具体指南。在这一规划下，乡村可以通过进一步"夯实农业生产能力基础、实施质量兴农战略、构建农村一二三产业融合发展体系、构建农业对外开放新格局、促进小农户和现代农业发展有机衔接"②，坚守农业产量红线、提升农产品技术含量、完善农产品利益链条、增强农产品国际竞争力、规范小农户发展轨迹，不断发展壮大村庄产业，实现乡村产业的稳步提升，从而为村民美好生活的实现提供坚实的物质保障。

第二，以生态宜居作为乡村治理的基本指向。农民的美好生活离不开基本的空间要求，生态宜居的村庄是农民美好生活的题中应有之义。生态宜居的乡村是人与自然和谐相处的村庄，这就需要在绿色发展理念的指引下，"尊重自然、顺应自然、保护自然，推动乡村自然资本加快增值，实现百姓富、生态

---

① 习近平：《决胜全面建成小康社会 夺取新时代中国特色社会主义伟大胜利——在中国共产党第十九次全国代表大会上的报告》，人民出版社 2017 年版，第 32 页。

② 《中共中央国务院关于实施乡村振兴战略的意见》，《人民日报》2018 年 2 月 5 日。

美的统一"[①]，促进乡村工业向生态经济转型，平衡经济发展与生态保护之间的关系，实现"绿水青山"就是"金山银山"的跨越式转变。在打造生态宜居的村庄生活环境过程中，必须改变以往高能耗、高污染、低产出的经济增长方式和产业结构，不断从粗放型经济向集约型、循环型的生态经济转变。此外，还应强化农民在乡村生态治理中的主体道德责任感，提高生态伦理意识，增强绿色生产技能，主动拒绝高污染的生产生活模式。在乡村生态建设过程中，应根据乡村自身发展规律，拒绝万村一貌的样板式发展，注重整体布局，合理规划，打造具有传统特色、地域内涵、生态价值的美丽乡村。

第三，以乡风文明作为乡村治理的精神指引。乡风是村庄内在的价值根基，也是农民美好生活不可或缺的维度。培育文明乡风应"加强农村思想道德建设、传承发展提升农村优秀传统文化、加强农村公共文化建设、开展移风易俗行动"[②]。具体而言，需要坚持以社会主义核心价值观为引领，在保护优秀传统文化的同时，依托新时代发展背景，为优秀传统文化注入活力。与此同时，要以村民为本，发展广大村民喜闻乐见、与其生活息息相关的文化，并通过定期开展各种文明评选工作，以评促建，有效改变村庄陋习，提升村民科学文化水平。此外，伴随村民生活水平的不断提升，其对文化的需求也越发多样化，以往"自上而下"的乡村文化建设模式越来越不能满足村民的需求。当前的乡村文化建设应当以村民的实际需要为导向，鼓励和引导他们亲身参与，从而形成真正满足村民文化需求的乡村文化。并且，在乡村文化建设过程中，村民通过实践参与，能够更好地建立起道德共识，从而增强对村庄的认同感和归属感，形成家园意识。

第四，以治理有效作为乡村治理的实践要求。如何不断提高乡村治理的有效性，是当前乡村治理在具体实践上的重点和难点问题。在新时代乡村治理实践中，"必须把夯实基层基础作为固本之策，建立健全党委领导、政府负责、社会协同、公众参与、法治保障的现代乡村社会治理体制，坚持自治、法治、德治相结合，确保乡村社会充满活力、和谐有序"，在"加强农村基层党组织建设"的前提下，"深化村民自治实践""建设法治乡村""提升乡村德治水平""建

---

① 《中共中央国务院关于实施乡村振兴战略的意见》，《人民日报》2018 年 2 月 5 日。

② Dhawan, M. L. ed. , *Rural Development Priorities*. Delhi: Isha Books, 2005, p. 164.

设平安乡村”。一方面，要使国家权力、村庄干部和村庄成员在乡村治理中形成合力，国家权力以“服务”的观念、“给予”的角色、“补短”的方式在乡村治理中发挥价值引领作用，村庄干部通过以农民利益为基础、以乡村发展为前提、以回馈村庄为方向的德性力量强化其道德权威，村庄民众更好地发挥自身作为治理主体的作用。[①] 另一方面，在乡村治理制度层面，既要引导以“礼治”为核心的传统非正式制度“移风易俗”，又要鼓励以“法治”为基础的现代正式制度“入乡随俗”，从而促进正式制度与非正式制度的相互融合，共同为乡村治理提供良好的制度支撑。

第五，以生活富裕作为乡村治理的现实任务。生活水平的不断提高是农民美好生活的直接体现，“村庄发展离不开农民就业、工资、以及收入等状况的改善”[②]，广大农民也只有在不断走向富裕的过程中才有可能真正投入到乡村治理实践之中。近年来，为了提高广大农民的生活水平，国家已经有针对性地向乡村转移资源，并且取得了一定的效果。但如何更好地支持和鼓励农民就业创业，不断拓宽增收渠道，仍然是今后一段时期乡村治理中最为现实和最为直接的要求。党的十九届五中全会把“优先发展农业农村，全面推进乡村振兴”作为“十四五”时期我国经济社会发展的重要任务之一，提出“实现巩固拓展脱贫攻坚成果同乡村振兴有效衔接”。从全面脱贫到巩固拓展脱贫攻坚成果，再到实现巩固拓展脱贫攻坚成果同乡村振兴有效衔接，良好的乡村治理是重要抓手。在此过程中，乡村要努力促进各项事业蓬勃发展，不断完善村庄整体利益，帮助村民早日实现富裕生活。

概而言之，在乡村治理的目标建构及实践中，应当以保障农民生存要求的“安全第一”原则作为底线伦理，以公平正义作为当前乡村治理最为迫切的现实要求，并以满足农民对美好生活的向往作为乡村治理的价值旨归。

---

① See Dhawan, M. L. ed. , *Rural Development Priorities*. Delhi: Isha Books, 2005, p. 164.

② Dhawan, M. L. ed. , *Rural Development Priorities*. Delhi: Isha Books, 2005, p. 164.

第四章

中国乡村治理主体的道德要求

社会转型过程中,乡村治理主体的道德困境主要在于部分主体对自身德性的忽视。新时代乡村治理实践中,国家权力应该发挥自身价值引领作用,为乡村治理提供正确方向;村庄干部需要在乡村树立道德权威,切实维护农民利益、促进农业增长、助推乡村发展;乡村民众则要发挥伦理基础地位,以更加积极的态度参与乡村治理。不同主体以自身德性为要求,发挥各自在乡村治理中的不同作用,共同促进乡村治理水平的提升。

第一节
坚持国家权力的价值引领

国家权力作为乡村治理多元主体之一,既是国家权力自上而下的必然需求,又是乡村社会自下而上的迫切需要。在乡村振兴战略的指引下,国家权力应该注重从“管控”到“服务”的观念转变、从“汲取”到“给予”的角色转换、从“培优”到“补短”的方式转化,从而为提升乡村治理水平提供价值引领。

一、国家权力在乡村治理中的必要性

社会转型过程中,乡镇政府作为国家权力末梢,其“要钱、要粮、要命”①等主要职责逐渐消逝,乡镇政府以及国家权力在乡村治理中的必要性地位受到动摇。事实上,国家权力参与乡村治理既是自身发展的必然需求,也是乡村社会的迫切需要。

① “要钱、要粮、要命”分别指收缴农业税、征收定购粮、防止超生。“农业税”于2006年1月1日起全面取消,“定购粮”伴随社会主义市场经济的发展不再通行,“防止超生”的压力在全面放开二孩政策后得到有效缓解。

（一）国家权力自上而下的必然需求

国家作为垄断“合法暴力和强制机构的统治团体”①，具有“统一和理性”的特征。这是“国家在早期确立其独特性时所具有的两个特征——也是它的优越性——即国家作为一种制度化的政治权力中心的特征”②，从而能够确保国家通过强制力量维护统治阶级的利益，整合社会各方力量。值得注意的是，国家“不是一个具有独立发展的独立领域”，从某种意义而言，国家的“存在和发展归根到底都应该从社会的经济生活条件中得到解释”③。这也就意味着，国家不能仅靠暴力进行强制统治，其必须依托具体社会生活实现存续，而各级政府就起到了国家与不同社会群体之间的桥梁作用。乡镇政府是处于国家权力末梢的机构，担负着将国家权力融入乡村社会的使命。

国家权力与乡村社会融合的程度需要从范围与力量两个方面进行考量。通常而言，国家权力范围是指“政府不同的功能和目标”，而国家权力的力量则主要指实施这种功能和目标的“能力”④。需要指出的是，国家权力的执行能力并非与权力范围呈现正相关关系，良好的国家权力运行模式应该是“一边缩小范围，一边同时提高实力”⑤。缩小政府职能范围并不是无限制地使政府丧失职能，当政府不具备职能范围时，执行政府职能的实力也就无从谈起。就国家与乡村的关系而言，不能将缩小国家在村庄的权力范围等同于将国家权力从乡村治理中撤离，国家权力范围的缩小是为了提升权力执行实力，而不是取消权力对乡村的影响。在社会转型过程中，国家根据村庄发展需要将过去延伸到乡村具体事务中的国家权力范围收回到乡镇一级，在乡镇建立最低一级政府，改变人民公社时期“全能政府”的泛化职能，并不是将乡村作为外在于国家权力的存在，而是为了在给予村庄充分自治的前提下，更为有效地对乡村治理进行价值引领，提升国家权力在村庄的实施效力。在当前背景下，撤销乡镇政

---

① ［德］马克斯·韦伯：《经济与社会》（下卷），林荣远译，商务印书馆1997年版，第730页。

② Gianfranco Poggi, *The Development of the Modern State: A Sociological Introduction*, California: Stanford University Press, 1978, p.186.

③ 《马克思恩格斯文集》第4卷，人民出版社2009年版，第306页。

④ ［美］弗朗西斯·福山：《国家构建：21世纪的国家治理与世界秩序》，郭华译，学林出版社2017年版，第19页。

⑤ ［美］弗朗西斯·福山：《国家构建：21世纪的国家治理与世界秩序》，郭华译，学林出版社2017年版，第27页。

府使国家权力排除在村庄之外，国家将难以对乡村各种分散的社会资源进行有效整合，无法在村庄提升自身权力的执行效力，从而难以融入乡村社会，最终不利于国家及其权力的构建。

（二）乡村社会自下而上的迫切需要

国家权力在乡村治理中的必要性还来自村庄的迫切需要。不可否认，在社会转型过程中，一些乡镇政府作为国家权力在基层的代表，出于自身利益考虑，不断向村庄汲取资源，侵蚀村民的合法利益。但需要注意的是，部分乡镇政府在运行过程中出现的不足并不是国家权力本身的缺陷，而是具体行政人员及其操作机制的问题。我们应当看到，在乡村治理实践中，“组织机构的产生和发展，为实现那些仅凭个人力量根本不可能完成的目标，提供了重要保障”①，乡村社会的经济发展、资源配置、公共服务等都离不开代表国家权力的乡镇政府的支持。

经济水平是乡村治理的基础，乡村经济的发展离不开乡镇政府的支持。在社会主义市场经济条件下，虽然市场机制应该对经济发展、产业调整等内容发挥基础性作用，但市场调节的自发性、盲目性、滞后性等弊端，致使市场机制难以对社会经济发展做出及时有效的指导。“现实世界中，还没有一种经济能够完全依照‘看不见的手’的原则而顺利运行，相反，每个市场经济都会遭受其不完备性之苦”②，经济的良好运行，必须依靠国家力量的合理介入。乡镇政府作为国家权力在基层的代表，能够充分利用国家的宏观政策对乡村经济进行调控，保障村庄经济发展中的公平竞争，维护良好市场秩序。

乡村作为国家的一部分，其资源需求必须在国家整体权力运行的框架内进行调配，既不能片面地以某个村庄的发展为理由而牺牲社会整体的利益，又不能一味地强调城市利益而忽视村庄利益。在具体资源配置过程中，每个群体对资源都有不同程度的依赖，单个村庄难以凭借自身力量与不同乡村和城镇进行博弈。面对一定区域内资源总量相对固定的客观实际，如何将资源在

---

① Talcott Parsons, *A Sociological Approach to the Theory of Organizations*: *In Structure and Process in Modern Societies*, Glencoe IL: Free Press, 1960, p. 41.

② [美]保罗·萨缪尔森、威廉·诺德豪斯：《经济学》（第16版），萧琛等译，华夏出版社1999年版，第27页。

不同群体间进行调配，则要求这一区域的权威机构进行合理统筹。乡镇政府作为一定区域内的国家权力代表，能够对不同城镇与乡村的发展需求进行合理权衡，从而既保证城镇发展的现实需要，又关注乡村振兴的合理利益，促使资源在城镇与乡村之间得到合理配置。

乡村良好的公共服务能够满足全体农民基本的生产生活需求，有利于回应农民在公共利益方面的诉求，展现出让农民共享发展成果、促进城乡一体化的要求。在现代化进程中，乡镇政府为村庄提供的公共服务日益成为乡村正常运转的迫切需求。后税费时代，在乡村振兴背景下，乡镇政府借助国家对村庄的投入，能够有针对性地在不同村庄开展公共服务，诸如选派具有经验的人员参与乡村社区服务工作、为村民委员会自我服务提供相关信息与技术指导、为乡村兴建公共服务设施提供资金支持等。

二、从“管控”到“服务”的观念转变

在社会转型过程中，国家权力在观念上应该主动从“管控”到“服务”进行转变，改变以往事无巨细、大包大揽的大政府价值观，以服务的姿态参与到乡村治理之中。

20 世纪中后期，国家权力出于整体发展需要，逐渐将权力渗透到乡村之中，对村庄进行较为严格的管控。新中国成立初期，国家百废待兴，为了能够实现快速发展，国家权力先后通过合作化、集体化等方式将分散的农民组织起来，并建立“政社合一”的人民公社体制。这一体制是一种集权的治理结构，具有“全能式”的特征。“人民公社体制的突出特点就是‘统’，由政社合一、权力高度集中的集体组织全面直接管理农村社会，农民的生产生活完全依靠集体，统一生产，统一分配，统一思想，一度还统一消费，从而形成国家行政强力主导乡村社会的全权全能型体制。”[①]新中国诞生，在当时的政治背景下，既要面对国内一穷二白的经济形势，又要与国外反动势力相较量，国家权力寄希望于通过集权式的方式，以“命令—服从”为运行模式，实现对社会的管控。在乡村社会，国家权力以“三级所有，队为基础”的形式，将管控范围延伸至生产队，而

① 徐勇:《乡村治理与中国政治》，中国社会科学出版社 2003 年版，第 113 页。

“生产队就像一个集体企业，生产资料归集体所有，农民干活挣工分，工分的数量决定年终的分配，生产队与农民的关系是一种强关系”①。在这种强关系的管控下，国家权力“对农业经济的干预远远超过单纯的提取剩余，而是进而囊括了经济管理权和分配权”②，几乎将农民所有的个人生产生活活动全面纳入国家权力管控范围之内，从而期望能够为新中国政权顺利发展提供可能基础。

在国家权力对乡村社会的严格管控下，人民公社体制虽然将社会转型过程中分散的农民组织起来，并依靠政治运动在农村兴建了水库、堤坝等水利设施，但这种国家权力对乡村社会是一种强制性的、低效的、违背乡村客观发展规律的管控关系，不利于乡村社会良序运转。首先，国家权力对农民的管控是一种强制性的控制，并非是农民自由选择的结果。在人民公社的体制下，“乡村的社会生活军事化、经济生活行政化、精神生活一统化，国家的政权建设达到了前所未有的程度”③，农民的人身自由受到严重限制，他们被迫参与集体活动，从事日常生产仅仅是为了执行上级命令，没有直接享受自身劳动成果的权利，从而在具体实践中农民将乡村集体作为异化于自身的存在。其次，国家权力对乡村经济的管控致使村庄经济处于低效状况。作为政社合一的人民公社体制，其既是乡村的基层政权组织，也是村庄社会的经济组织。在具体实践中，人民公社常常利用政治权力干预乡村经济发展，将村庄经济作为国家权力的附属品，这不利于乡村经济的良好发展。最后，国家权力对乡村社会的管控不符合村庄发展的客观规律，不利于乡村治理水平的提升。乡村既是国家的组成部分又是农民生活的载体，国家权力对乡村社会的管控片面强调了作为国家的乡村，而忽视了作为农民的乡村。对于乡村而言，农民给予村庄的内生性动力是乡村发展的关键性力量，也是村庄必须遵循的客观规律。人民公社时期国家权力对乡村社会的严格管控忽视了村庄的内生性力量，违背了乡村发展的客观规律。

在社会转型过程中，提升乡村治理水平，促进乡村振兴，国家权力需要改

---

① 王亚华、高瑞：《走向稳定、秩序与良治——现代化进程中的乡村公共事务治理》，《人民论坛·学术前沿》2015 年第 3 期。

② ［美］黄宗智：《长江三角洲小农家庭与乡村发展》，中华书局 1992 年版，第 194 页。

③ 刘涛、王震：《中国乡村治理中“国家—社会”的研究路径——新时期国家介入乡村治理的必要性分析》，《中国农村观察》2007 年第 5 期。

变以往“管控”式的观念，以“服务”的姿态参与乡村发展。第一，以农民需求为目标，培育自身的服务意识。国家权力的获得离不开农民群体的支持，农民意志是国家权力的重要组成部分，国家权力在参与乡村治理过程中应该注重对农民利益的维护，畅通农民表达意愿的渠道，尽可能地将农民的合理意愿吸收到相关政策文件之中，切实保障农民群众参与乡村治理的积极性与合法性。第二，以市场为导向，为乡村经济发展提供公正平台。在市场经济条件下，市场是经济运行的主体，国家权力的主要职责是“为经济主体提供一个公平的竞争环境，而不是直接参与竞争，管理经济”①。在乡村经济建设中，国家权力需要放弃“运动员”的身份，将具体经济建设问题交给乡村，让乡村在国家权力提供的公正市场环境中发挥自身能动性。第三，以简政放权为重点，保障乡村社会自治环境。国家权力要实现从“管控”型到“服务”型的转变，必须处理好国家权力与乡村社会之间的关系，既不能事无巨细地“全能式”管控乡村社会，又不能推卸自身责任，对乡村放任自流。“全能式”的国家权力一方面容易导致权力过于集中和垄断，另一方面也会助长乡村社会的惰性，致使乡村社会过于依赖国家权力。为此，国家权力在为乡村社会提供服务的过程中，需要将简政放权作为重点，“对于专门针对特定背景下的特殊需要而进行的地方性实验，政府高层需要做的是尽量克制，不过多干预”②，为乡村提供更为宽松的自治环境。值得注意的是，强调国家权力对村庄的简政放权，并不意味着国家权力在乡村社会中的责任减少。国家权力为乡村社会提供服务的同时，也承担着治理乡村的责任，在乡村治理实践中发挥着价值引领作用。

三、从“汲取”到“给予”的角色转换

国家权力在从“管控”到“服务”的观念转变中暗含着从“汲取”到“给予”的角色转变。在社会转型过程中，国家权力需要根据乡村实际生产、生活要求，主动为村庄发展提供帮助，引领乡村治理的具体实践。

在社会转型初期，国家权力之所以执着于向农村渗透，主要是因为国家总

① 鄯爱红：《服务型政府的伦理精神》，《哲学动态》2005 年第 2 期。

② ［加］贝淡宁：《贤能政治》，吴万伟、宋冰译，中信出版社 2016 年版，第 173 页。

体经济力量较为薄弱。在我国传统农业社会甚至在近代以来的一段时间内，农业一直是支撑国家发展的重要力量。长期以来，国家在经济上通过农业税的形式向村庄汲取资源。早在春秋时期鲁国便有“初税亩”制度，规定在管辖范围内不论公田、私田，全部按亩征收赋税，首次将私田纳入国家税收体系，使其成为农业税的源头。进入20世纪，为了帝国主义的赔款，国家权力更为迫切地深入到农村，对村庄资源进行深度挤压。纵观20世纪前期的中国政权，不论是腐朽的清王朝还是在动荡中成立的国民党政府，都将对乡村资源的汲取作为国家权力扩张的重要组成部分。在当时的背景下，国家权力将巨额赔款不断向农民摊派，用农村资源支持无休止的战争开支。此外，作为国家权力末梢的乡镇政府虽然与村庄有着较为直接的联系，但其往往由于自身财政紧张而不得不向村庄汲取资源。20世纪后期，我国乡镇政府之所以加紧对农村地区的汲取，是因为入不敷出的财政困难。面对逐渐增加的公共事业支出，乡镇政府在无法控制农业税税率又无权增收新税的情况下，将一部分财政压力通过“三提五统”的形式转移到农民身上。“三提”主要是指农民向村级组织上交的公积金、公益金和管理费三项提留；“五统”主要是指农民上缴给乡镇政府的乡村道德建设费、教育引入费、计划生育费、民兵训练费、优抚费等。“三提”虽然是农民上交给村级组织的提留，但在“村财乡（镇）管”的背景下，乡镇政府拥有对这部分费用的实际控制权。“三提五统”作为乡镇自收自用费用，国家虽然没有明确规定统一的标准，但为了不过于增加农民负担，曾对“三提五统”的最高标准有过限制，强调不能超过上一年度农民人均纯收入的5%，然而，一些乡镇政府在具体操作过程中，常常通过虚报农民收入等方式提高收费标准，从而造成对村庄的过度汲取。

国家权力对农村资源的汲取只能是特殊时期的特殊手段，从长远来看，在社会主义市场经济不断发展的背景下，对村庄资源的汲取既不符合政治正义，又难以满足经济德性，国家权力只有变汲取为给予才能为转型期的乡村治理提供良好的价值指引，推动乡村振兴战略的实施。政治正义要求政治活动应该公正地对待所有政治参与者，不应以强制牺牲某一群体的合理利益去成全他人利益。就国家对农民征收的农业税而言，农业税在本质上并不是一种所得税或财产税，而是国家权力在经济薄弱时期对农民的一种强制行为。“在经济还很不发达的时候，依靠市场交换方式，国家的非农部门的生存和发展不能得到足够的粮食，不得不对农民实行强制，向农民征收粮食。市场关系改善以后，'公粮'转变为'农业税'。"[①]从这个角度而言，在国家整体经济得到明显发展的背景下，农业税的征收便是对农民的一种非正义汲取，是一种历史遗留问题。与此同时，乡镇政府借助国家权力在村庄过度汲取的"三提五统"费用更是以为农民服务的名义缓解自身财政困境，在本质上造成对农民利益的侵占，违背政治正义的要求。此外，经济德性要求经济发展必须处在良性运转之中，经济行为不能长期处于非理性状况。在经济发展水平较为落后的情况下，农业税及其附加费用的征收能够在一定程度上促进工业化及其城镇化建设，促进经济水平的提升。但伴随国家经济水平的整体提升，农业税及其附加费用不再对经济发展起到正向作用，甚至出现征缴到的农业税及其附加费用无法维系相关部门为征缴这些税费所付出的成本，从而导致"入不敷出"的非理性状态。在此背景下，国家权力对乡村资源的汲取既不利于村庄自身的发展，又难以为国家整体经济实力的提升起到促进作用。

因此，坚持国家权力在乡村治理中的价值引领效用，必须废除农业税及其附加费并不断向村庄进行资源转移，使其从"汲取"向"给予"转变。废除农业税及其附加费对调整国家权力与乡村社会关系具有重要意义，能够有效改变国家权力对乡村社会的控制状态，为乡村治理释放活力。在徐州街南村调研时，有村干部介绍道：

> 以前让农民交公粮是村干部的头等大事，俺年轻的时候就感觉村干部整天就逼着农民交钱交粮，还时不时要和老百姓动粗，根本没有时间干其他事情。现在好了，不要再去想着怎样让农民交公粮了，可以把更多的精力放在村庄发展上，为老百姓做点实事。
>
> ——2016 年 7 月 16 日下午于江苏徐州街南村村委会办公室与一位 48 岁男性村干部的访谈记录

与此同时，国家通过转移支付的形式，为村庄发展提供支持，能够充分缓

① 党国英：《废除农业税条件下的乡村治理》，《科学社会主义》2006 年第 1 期。

解乡村因资源不足而可能面临的治理困境，进而提升治理水平。21 世纪以来，国家权力通过“工业反哺农业”“城市反哺乡村”的形式，将工业化与城市化的成果向村庄合理转移，这是国家权力重视乡村利益的体现，表现出国家权力将乡村发展摆在政治正义与经济德性之中的价值倾向。

四、从“培优”到“补短”的方式转化

进入 21 世纪后，国家在经济发展取得重大进展，工业化、城镇化建设得到明显改善的前提下，做出全面取消“农业税”的决定，结束了延续千年的交皇粮制度，并不断以工业化促进农业，用城市带动乡村，向村庄转移资源，支持乡村建设。国家以“给予”者的角色，通过“发包”“打包”“抓包”的形式向乡村转移资源的操作方式，有效解决了基层财政紧张的困境，“使得地方政府在财政收入减少的情况下能够维持公共服务的供给”①，促使国家权力为乡村治理提供帮助。

然而，在具体实践中，国家难以对“发包”之后的项目运行进行完全把控，通常只要基层能做到专款专用便基本表示认可，对于基层如何使用专款则难以过问。基于这一现实，基层政府和有关部门常常将上级政府和部门“发包”的资源进行“打包”。在这一过程中，地方虽然能够根据自身特色，有针对性地对上级划拨的资源进行整合，但是这种“打包”往往更倾向于某些特定的乡村，村庄也只有符合一定条件，才有可能在“抓包”过程中，获得真正有利于乡村发展的项目，从而使村庄优势或劣势发生累积，形成马太效应。

国家基层权力之所以倾向于给示范村更好的“抓包”机会，主要是因为示范村有更为优越的资源条件、得力的村干部以及较为成熟的治理经验。将各种转移资源集中于示范村，有利于降低项目具体实施的风险，从而更有可能在短时间内做出成绩，获得预期价值。然而，示范村仅是众多村庄中的特例，其本身就拥有较为优越的治理条件，加之较为集中的资源转移，其取得的成绩既难以代表普遍性的村庄，又无法被一般性的村庄复制。在这些村庄的治理实践中，“即使成绩看得见，即使项目资金可以安全落地，即使治理成本低，示范

① 陈家建：《项目制与基层政府动员——对社会管理项目化运作的社会学考察》，《中国社会科学》2013 年第 2 期。

点的作用毕竟只是为了示范”①,无法成为普遍性的规律,推广到众多一般性乡村之中,难以为其他乡村治理提供具有实际价值的意见。

在社会转型期背景下,国家权力在乡村治理实践中,需要将以往注重“培优”的价值理念转变为“补短”。有效提升整体乡村治理水平不能仅靠某些特殊示范村庄的作用,而是要做到既有“高峰”又有“高原”,在示范点治理水平明显领先,达到“高峰”的条件下,也应将资源向一般性村庄倾斜,补足村庄建设短板,使一般性乡村的治理至少达到“高原”水平,缩小乡村之间治理水平的差距,共同促进乡村振兴的实现。一方面,国家权力应从制度层面规定固定周期内同一村庄获得项目的数量以及资金总量,从而确保国家转移的资源能够有机会为更多村庄发展提供帮助,为最大多数村庄的最大幸福谋利益。“凡有利益攸关的人们的最大幸福,这种幸福是人类行为(各种情况下的人类行为,特别是执行政府职权的一个或一批官员的行为)的正确适当的目标,并且是唯一正确适当并为人们普遍欲求的目标”②,国家权力向乡村的资源转移是关系每一位农民切身利益的举措,这一举措必须以最大多数农民的最大利益为原则,而不是以少数示范村的农民利益为标准。通过限定固定周期内同一村庄获得项目的数量和资金总数,既能有效规避示范村集中获得转移资源的可能,又能够有效激发一般性村庄申请项目的积极性,从而促使国家转移的资源能够为更多村庄带来发展动力。另一方面,国家权力在向村庄“发包”资源时,应更加关注一般性村庄的短板,使项目能够合乎“最少受惠者的最大利益”。“所有的社会基本善——自由和机会、收入和财富及自尊的基础——都应被平等地分配,除非对一些或所有社会基本善的一种不平等分配有利于最不利者。”③一般性村庄相比于示范村而言,明显处于一种不利地位,这种不利地位使得一般性村庄难以在公平竞争中获得和示范村一样的资源,无法借助国家的转移资源弥补自身短板,从而陷入恶性循环。在这种背景下,国家权力基于全面提升乡村治理水平的现实要求,应该在“发包”过程中,加强向一般性村庄的倾斜力度,帮助一般性村庄补齐自身短板,从而获得进一步发展的机会。

---

① 贺雪峰:《治村》,北京大学出版社 2017 年版,第 137 页。

② 周辅成编:《西方伦理学名著选辑》(下卷),商务印书馆 1987 年版,第 211 页。

③ [美]罗尔斯:《正义论》,何怀宏、何包钢、廖申白译,中国社会科学出版社 1988 年版,第 303 页。

第二节
树立村庄干部的道德权威

村庄干部作为乡村治理的实际执行者，在国家权力的价值引领下担负着带领农民一同振兴乡村的使命。当前，村庄干部在依靠政治权威、经济权威等力量维护自身地位的同时，还应自觉遵循底线伦理、责任伦理、美德伦理等价值原则的要求，增强农民对自身的认同，从而树立道德威信。

一、以农民利益为基础的底线伦理

农民是乡村的核心，村庄干部在乡村治理过程中必须始终将保护农民利益作为自身的底线伦理要求。道德底线虽然只是一种基础性的东西，但是具有一种逻辑的优先性。这一底线可以最一般地概括为"己所不欲，勿施于人"。一个社会的稳定和发展确实极大地依赖于把这种逾越底线的行为控制在一个很小的、不至蔓延的范围内，这不仅要靠健全的法律和制度规范，也要靠良心，靠我们内心的道德信念。[①] 在乡村治理实践中，对于村庄干部而言，以农民利益为基础，既是底线伦理对其行为正当性的内在要求，又是一种最重要的伦理规范，同时还是一种治理乡村的积极态度。

首先，以农民利益为基础是村庄干部行为正当性的内在要求。底线伦理主要考虑的是行为或行为准则本身的性质，"主张行为或行为准则的'正当性'(right)并不依赖于行为的目的或结果的'好'(good)，而是主要根据行为或行为准则的性质"[②]，从而将行为的正当与否与行为后果相区分，强调对行为过程及其原则的正当性分析。当然，底线伦理对行为过程的强调也并非是对行为结果的排斥，只是在讨论行为正当性与否时，更加侧重对行为性质的分析而不是结果。在乡村社会，农民是乡村的主要群体，农民赋予了村庄干部实际治理

① 参见何怀宏：《底线伦理》，辽宁人民出版社 1998 年版，第 4-5 页。
② 何怀宏：《底线伦理的概念、含义与方法》，《道德与文明》2010 年第 1 期。

乡村的权力，因此村庄干部的行为以农民利益为基础，向农民负责具有内在正当性。在社会转型过程中，一些村霸型村庄干部在基层政府的压力下，错误地将对上级负责作为治理乡村的出发点。在这种行为准则的指引下，村霸型的村庄干部以完成上级任务为由，侵占农民利益，从而无法在村庄树立道德威信。当前的乡村治理实践中，村庄干部应该摆正自身与农民、基层政府之间的关系，将是否有利于维护农民利益作为指导自身行为的标准。

其次，以农民利益为基础是对村庄干部提出的底线性伦理规范。需要指出的是，底线性伦理规范并非最低的道德要求，也不是最不重要的规范，恰恰相反，底线性伦理规范是一种最重要的道德准则。所谓底线，即一种最基础的、必须遵守的、不可跨越的边界，是“一生二，二生三，三生万物”（《道德经·第四十二章》）中的“一”，在逻辑上具有优先性。没有底线作为前提，一切道德原则终将是空中楼阁。从这个意义上讲，底线伦理所强调的恰恰不是最可有可无的，而是最重要的伦理规范，“在我们道德要求的次序上倒应该是‘最先的’、‘第一位的’”①。将维护农民利益作为村庄干部的底线性伦理准则，就是要求村庄干部在具体实践过程中不能以任何理由践踏或忽视农民利益。村庄干部应树立清晰的边界意识，在明确乡村治理的底线基础之上，审慎地做出决策和行动。对于转型期乡村社会出现的分利型村干部而言，他们恰恰将农民利益作为最不重要的部分，在借农民名义向国家申请资源的同时，不断蚕食国家向村庄转移的资源。分利型村干部阻碍了国家与农民之间的联系，国家向村庄转移的资源越多，村庄干部获取的利益就越多，农民难以充分享受国家转移的资源。这一困境的解决必须依赖村庄干部对底线性伦理规范的遵守，将农民利益作为乡村治理的最高道德要求，从而在村庄赢得道德威望。

最后，以农民利益为基础的底线伦理要求并不是一种消极被动的状态，而是一种积极的道德态度。底线伦理并不是消极的、被动地遵守最低行为原则，而是一种对底线的积极巩固与维护。底线伦理要求行为主体应遵守底线，尽可能在底线的基础上提高自身道德水平，通过对更高道德原则的追求实现对底线伦理的积极实践。底线伦理要求村庄干部以积极的态度维护农民利益，杜绝懒政行为。在转型期的乡村治理实践中，有些村庄干部为了回避矛盾，常

① 何怀宏：《底线伦理的概念、含义与方法》，《道德与文明》2010年第1期。

常对损害农民利益的行为置之不理，困囿于村庄现有水平，将不出事作为最高原则。村庄干部的懒政行为会延伸出敷衍的乡村治理怪象，侵害农民利益。事实上，农民的诸多利益正是在“争吵”中达成共识的。诸如，土地流转必然会涉及农民的直接利益，有农民会因不满或误解而争吵，但正是在解决这些争吵中才能进一步理顺农民之间的关系，调动农民参与乡村治理的积极性。为此，村庄干部不能将维持现状、不出事作为维护农民利益的方式，而是要充分发挥自身在乡村治理中的应然价值。村庄干部只有以积极的态度面对乡村治理中的问题，才能够真正维护农民的利益，才能够提高自身在乡村中的道德地位。

二、以乡村发展为前提的责任伦理

乡村发展对于村庄干部而言是最为现实的问题。在乡村治理实践中，村庄干部道德权威的树立离不开以乡村发展为前提的责任伦理价值的支撑，村庄干部必须时刻以乡村发展作为自身使命，勇于承担发展村庄的职责。

“责任伦理”是与“信念伦理”相对的一种价值理念，正如韦伯所言，“指导行为的准则，可以是‘信念伦理’(Gesinnungsethik)，也可以是‘责任伦理’(Verantwortungsethik)”，当然，这并非是说信念伦理不讲责任，责任伦理毫无信念，而是“恪守信念伦理的行为，即宗教意义上的‘基督行公正，让上帝管结果’，同遵循责任伦理的行为，即必须顾及自己行为的可能后果，这两者之间却有着极其深刻的对立”。[①] 韦伯通过对信念伦理的批判，肯定责任伦理的价值。在韦伯看来，“如果有人在一场信仰之战中，遵照纯粹的信念伦理去追求一种终极的善，这个目标很可能会因此受到伤害，失信于好几代人”[②]。信念伦理强调的是行动的原则，对行为带来的后果缺少考量，容易对客观现实造成重大灾难。信奉责任伦理的权力执行者“会考虑到人们身上习见的缺点，就像费希特正确说过的那样，他没有丝毫权利假定他们是善良和完美的，他不会以自己所

① [德]马克斯·韦伯：《学术与政治：韦伯的两篇演说》，冯克利译，生活·读书·新知三联书店1998年版，第107页。

② [德]马克斯·韦伯：《学术与政治：韦伯的两篇演说》，冯克利译，生活·读书·新知三联书店1998年版，第115页。

处的位置，使他可以让别人来承担他本人的行为后果——如果他已预见到这一后果的话。他会说：这些后果归因于我的行为”①，能够对可能出现的后果进行规避，最大限度地保护自身权力范围所涉及的每个个体。对信念伦理与责任伦理的区分以及对信念伦理的批判主要在于突显责任伦理对可预见后果的规避，强调责任伦理的效果价值，并没有否认责任伦理对信念价值的坚守。虽然信念伦理与责任伦理在一定意义上具有“极其深刻的对立”，但“一个能够担当‘政治使命’的人”在坚守责任伦理的同时必须保有信念价值和效果价值，“能够深深打动人心的，是一个成熟的人（无论年龄大小），他意识到了对自己行为后果的责任，真正发自内心地感受着这一责任。然后他遵照责任伦理采取行动，在做到一定的时候，他说：‘这就是我的立场，我只能如此。’这才是真正符合人性的、令人感动的表现”②。真正的政治家必须将信念伦理的价值内化为责任伦理的道德要求，选择适当的手段规避行为可能的后果，履行对自己、他人以及群体的责任。

责任伦理要求个体要将自身从事的职业视为一种“天职”。对于村庄干部而言，促进村庄发展理应成为其“天职”。然而，无论是“村霸型”村干部，还是“分利型”村干部，抑或“懒政型”村干部，都没有将村庄发展作为自身职责。“村霸型”村干部以片面执行上级交代的任务，并借机为自己谋取利益为“天职”；“分利型”村干部将“天职”定位于蚕食国家向村庄转移的资源；“懒政型”村干部则以“多一事不如少一事”的心态将“天职”理解为“不出事”。这部分村干部既不会主动解决村庄发展中出现的伦理问题，又难以使村民对自己产生道德认同。事实上，村庄干部道德权威的树立必须立足于自身对乡村发展的职责，只有将村庄发展视为“天职”，“以一种真正超然的态度、超越的精神，通过勤勉敬业、尽忠奉献的工作，在入世的热诚中展现出世的情怀”③，才有可能得到村民的认同，进而提升自身在村庄的道德威信。

与此同时，责任伦理还要求个体要勇于承担责任。村庄干部以村庄发展

① ［德］马克斯·韦伯：《学术与政治：韦伯的两篇演说》，冯克利译，生活·读书·新知三联书店1998年版，第108页。

② ［德］马克斯·韦伯：《学术与政治：韦伯的两篇演说》，冯克利译，生活·读书·新知三联书店1998年版，第116页。

③ 贺来：《现代人的价值处境与“责任伦理”的自觉》，《江海学刊》2004年第4期。

作为自身职责不能仅仅停留于内心的信念，还应该能够切实做出最有利于村庄发展的决策，并对可能的后果负责。在具体实践过程中，村庄干部需要了解乡村发展的不同路径，并对这些路径可能出现的不利后果做出规避，在充分比较并征求村民意见的基础上作出最适合本村发展的决策。责任伦理主要是一种对可预见后果规避的行为选择，更具道德价值的是这种后果并非仅仅对自身产生影响，而且会对其权力范围内的他人或群体产生作用。“从个人行为的选择到政治家的决策，一种考虑长远和全面后果的‘明智’（明智的自爱）会转变为一种道德：即当他不再只是考虑自己的利益和后果，而是顾及他人、甚至他国。”[①]从这种角度而言，村庄干部将村庄发展作为自身职责进行考量显然已经超越了对自身负责的界限，其将这种责任扩展到乡村所有村民以及与村庄有关的若干群体，这种“明智”已经转变为道德，为其在村庄树立道德权威提供了有利因素。

三、以回馈村庄为方向的美德伦理

村庄干部道德权威的生成离不开美德伦理的要求。“一个拥有高超智识能力和社交技能的领袖可能是最糟糕的领袖，因为他或她很可能会找到实现其不道德目的的最佳办法。”[②]领袖只有自觉将美德伦理作为其内在要求，才可能真正为他人服务，从而获得道德权威。对村庄干部而言，在带领村民进行乡村治理实践过程中，积极践行美德伦理要求，自觉以回馈村庄作为行动方向，有利于自身更好地在村庄树立道德权威，发挥领袖作用。

美德伦理（the ethic of virtue）作为一种道德目的论，是指“生活在某一特殊道德文化共同体中的个人，在承诺并实践其独特的‘特性角色’的过程中，所获得的卓越成就及其显示的优异品质”[③]。美德与主体的卓越成就有关，是对个体行为价值的肯定。“每种德性都既使得它是其德性的那事物的状态好，又使得那事物的活动完成得好”“人的德性就是既使得一个人好又使得他出色地

① 何怀宏：《政治家的责任伦理》，《伦理学研究》2005年第1期。

② [加]贝淡宁：《贤能政治》，吴万伟、宋冰译，中信出版社2016年版，第83页。

③ 万俊人：《重建美德伦理如何可能》，《政治与美德》，北京师范大学出版社2017年版，第190页。

完成他的活动的品质"①。因此,村庄干部在乡村治理中的美德必然与其个人德性相关。"一个行为是正确的,当且仅当,一位美德行为者在这种环境中将会出于个人品质而采取的实际行动"②,村庄干部只有先成为一位"美德行为者",然后才可能在治理乡村过程中践行美德伦理。"美德行为者"的养成并非有固定范式,而是要在具体实践中不断完善。"美德伦理学相信,要做出道德正确的决定,行为者应当培养和发挥包括道德的敏锐性、感知力与想象力在内的实践智慧,而不是去制定单一的规则系统或推演公式。"③村庄干部需要在实践中养成良好的道德习惯,"加强道德修养,追求健康情趣,慎重对待朋友交往,时刻检点自己生活的方方面面"④,以主动奉献的姿态对待他人,提升自身道德操守。"历史的经验告诉我们,一个社会的'道德绅士'和'文化精英'或'社会精英',其实是引领人类群体不断寻求更高文明、更高文化精神境界所必需的"⑤,村庄干部在成为"美德行为者"的背景下,有机会也有使命带领村民不断追求更为卓越的精神境界,从而逐渐成为道德权威。

通过调研笔者了解到,时任江苏无锡华宏村村支部书记 HSY 正是在回馈村庄过程中树立起自身的道德威信。2017 年,华宏村共有 26 个自然村、66 个小组、2 263 户人家、8 000 多位村民、7 000 多名外来务工人员,实际居住人口超过 15 000 人,并且拥有 60 多家企业和 2 家上市公司。无论从人口规模,还是经济产量来看,华宏村都居于全国村庄前列。面对村庄发展取得的成绩,华宏村村民在访谈中都不约而同地认为,没有胡士勇对乡村的奉献,就不可能有华宏村的发展。访谈中村民表示:

> HSY 书记的口碑很好,他经常考虑村民的福利待遇。他把村庄经济搞上去了,村民收入也提高了,村民得到了实惠。
>
> ——2017 年 8 月 20 日下午于江苏无锡华宏村村委会办公室与一位 61 岁女性退休村干部的访谈记录

---

① [古希腊]亚里士多德:《尼各马可伦理学》,廖申白译注,商务印书馆 2003 年版,第 45 页。

② Rosalind Hursthouse, *On Virtue Ethics*, New York: Oxford University Press, 1999, p. 28.

③ 李义天:《美德、心灵与行动》,中央编译出版社 2016 年版,第 99 页。

④ 习近平:《习近平谈治国理政》第 2 卷,外文出版社 2017 年版,第 148 页。

⑤ 万俊人:《传统美德伦理的当代境遇与意义》,《南京大学学报》(哲学·人文科学·社会科学)2017 年第 3 期。

HSY作为华宏村村支部书记的同时，他也是上市集团的董事长，于20世纪90年代初创立企业，依靠机械、化纤、铜合金等传统行业致富，2011年带领集团，年收入突破百亿大关。在企业成长过程中，HSY始终没有放弃自身作为村支书的身份，经常以不同形式回馈村庄。当被问及“更希望别人称呼自己为书记还是董事长”时，HSY生动地形容自己是“一个脑袋，两个屁股”，但表示“更看重村支书身上的责任，还是希望别人叫自己书记”。在HSY看来：

> 企业发展只是为乡村服务，保证村庄有良好的发展环境，让自己为村民做贡献。为了华宏村更好，我要把企业弄好。没有企业，华宏村就是空的。
>
> ——2017年8月22日上午于江苏无锡华宏村某集团会议室与HSY的访谈记录

作为村支部书记，胡士勇除了带领村民致富，为乡村发展提供更多有利机会外，还出钱在乡村建立了老年活动中心，并且每年春节都会去老年公寓和活动中心拜年，关心老年人的身体状况和生活条件，尽己所能，解决村民困难。胡士勇在治理乡村过程中主动对村庄做出的回馈正是“美德行为者”对自身的要求，是对美德伦理的践行。

第三节
确立村庄民众的自治根基

村庄民众作为乡村生活的主要群体，具有参与乡村治理的理论与现实依据。在乡村治理实践中，应通过培育“新乡贤”群体、优化村民自治形式、激发内生性力量等途径，增强村庄道德感召力、构建理性化自治平台、完善村民道德价值，进而确立村庄民众的自治根基。

一、村庄民众参与乡村治理的理论与现实依据

从理论上而言，村庄民众首先是作为一般意义上的人而存在，天生就是一种“政治动物”，具有参与乡村治理的理论可行性。此外，在乡村社会的转型过程中，村庄民众的身份又逐渐从“臣民”向“公民”转变，从而获得了参与乡村治理的现实必要性。

（一）理论可行性：“人天生是一种政治动物”

亚里士多德在《政治学》中提出“人天生是一种政治动物”，认为脱离政治生活的人，“要么是一位超人，要么是一个鄙夫；就像荷马所指责的那种人：无族、无法、无家之人，这种人是卑贱的，具有这种本性的人乃是好战之人，这种人就仿佛棋盘中的孤子”①。亚里士多德从抽象的人性论出发，清晰地刻画出个体与政治之间的关系，强调人无法脱离政治生活而存在。

亚里士多德关于人是政治动物的论述受到其后思想家们的重视，后人也从不同角度对其进行过阐释与肯定。中世纪神学家托马斯·阿奎那从君主专制的立场出发也同样得出“人天然是个社会的和政治的动物，注定比其他一切动物要过更多的合群生活”②的结论；18世纪法国百科全书派代表人物狄德罗对人从自然状态进入社会状态的过程进行分析，提出“政治上的人”的观点。在他看来，“人从单独或个人的状态，进而到社会状态，于是他订出了许多普遍原则，拥有至高无上主权的统治者，就根据这些原则，由人的手里取得尽可能取得的一切利益，我们已经把这条叫做‘政治上的人’”③。狄德罗虽然没有指明究竟是统治者还是社会状态中的每个个体是“政治上的人”，但他至少说明个体在政治生活中的地位，即使在他看来只有统治者才是“政治上的人”，也是因为统治者拥有由个体制定的普遍规则，从一定意义上说，正是因为个体参与到政治生活中来，统治者才能成为“政治上的人”，因此，社会状态下的每个个

① ［古希腊］亚里士多德：《政治学》，颜一、秦典华译，中国人民大学出版社2003年版，第4页。
② ［意］托马斯·阿奎那：《阿奎那政治著作选》，马清槐译，商务印书馆1963年版，第44页。
③ 周辅成编：《西方伦理学名著选辑》（下卷），商务印书馆1987年版，第34-35页。

体也应该具有“政治上的人”的特性。

马克思从人的社会性出发，对 18 世纪资本家将人的自然状态视为人类应然状态进行批判，认为“吃、喝、性行为等等，固然也是真正的人的机能。但是，如果使这些机能脱离了人的其他活动，并使它们成为最后的和唯一的终极目的，那么，在这种抽象中，它们就是动物的机能”①，指出人的自然本能只是人作为生物存在的依据，人之为人还需要其他活动的支撑。在马克思看来，“人的本质不是单个人所固有的抽象物，在其现实性上，它是一切社会关系的总和”②。社会关系是一种“许多个人的共同活动”③，这种活动不仅涉及经济领域、文化领域，也必然包括政治领域，因此，人正是在参与政治活动、经济活动、文化活动等社会共同活动中才确立自身的本质。作为真正的人而存在的个体，必须参与到政治实践之中。

在我国古代也早有“君者，舟也；庶人者，水也。水则载舟，水则覆舟”（《荀子·哀公》）等以民为本的思想。这种思想在当时社会虽然不具备政治实践的可能，但毕竟表达了古代先贤对于政治现实的期许，“至少它提示我们必须牢牢记住，人民才是政治的‘本体’，他们既然是‘国家的主人’，也就理所当然地是国家政治生活的主体，他们的政治认同、政治参与、政治监督和政治行动，不仅决定着政府治理的正当合法性程度，也是检验政治制度运作和政治官僚政绩之政治合理性和政治有效性的最终圭臬，更是决定国家政治前途和命运的终极政治力量”④。

无论是亚里士多德认为的“人天生是政治动物”，还是狄德罗强调的个体是“政治上的人”，抑或是马克思指出的人是“一切社会关系的总和”以及我国古代哲人宣称的“水则载舟，水则覆舟”等观点，都在强调个体与政治生活的紧密关系，在理论上确立了村庄民众参与乡村治理的可行性。

（二）现实必要性：村民身份从“臣民”到“公民”的转变

公民与臣民的主要区别在于是否拥有政治权利，“是否意识到这种权利的

① 《马克思恩格斯全集》第 42 卷，人民出版社 1979 年版，第 94 页。
② 《马克思恩格斯文集》第 1 卷，人民出版社 2009 年版，第 501 页。
③ 《马克思恩格斯文集》第 1 卷，人民出版社 2009 年版，第 532 页。
④ 万俊人：《路难岂止是长安》，《政治与美德》，北京师范大学出版社 2017 年版，第 89 页。

神圣不可剥夺，并自觉行使法律规定的权利；是否具有独立的人格精神和以平视角度理性地对待政治权威”①。在社会转型过程中，包括农民在内的广大人民群众实现了从“臣民”向“公民”的身份转变，为参与乡村治理提供了现实基础。

臣民主要是封建王权统治下的概念。“臣”作为象形字，原本为竖立的眼睛形状，是对人低头时眼睛状况的描绘，意在俯首屈从。在王权至上的封建时代，王所辖范围内的所有民众都是王的臣民，听命于王，依附于王，不存在所谓的政治权利。在封建社会，村庄民众作为臣民不具备独立的人格，仅仅是“只有被动(消极)服从王朝的义务，而无独立自主之政治权利的政治奴隶”②。不可否认，在传统社会，统治者为了巩固封建统治，也往往会采取一些亲民政策，注重对民众权利的保护，开创过“贞观之治”“康乾盛世”等政治昌明的时代，但这些仅仅是统治者为了维护自身统治而采取的措施。在传统社会，“为民者根本没有什么政治地位和政治作用可言，其在传统政治话语中的分量更是微乎其微”③。民众作为臣民，仅仅是统治者实现其目的的手段而非目的本身，只能被动消极地服从于王权。

在社会转型过程中，村庄民众逐渐获得“具有高度觉悟的类存在”④的公民身份，其具有参与一定政治事务的义务与权利。与此同时，公民的政治伦理素养日益成为“检验一个国家、一届政府和行政官僚之政治文明水平的根本的和最终的评价尺度”⑤。从这一意义而言，村庄民众作为公民，是否真正参与到治理乡村的实践之中，本身就是评判乡村治理状况的标准之一。

二、培育“新乡贤”群体，增强村庄道德感召力

新乡贤作为村庄民众的一部分，拥有不同于普通村民的知识谱系、人脉关系、经济实力，具有丰富的“资源”和开阔的“视野”，具备良好的道德感召力，能

① 董敏志:《从臣民到公民:角色转换界及其生成与发展》,《江苏行政学院学报》2003 年第 3 期。
② 万俊人:《路难岂止是长安》,《政治与美德》,北京师范大学出版社 2017 年版,第 88-89 页。
③ 万俊人:《路难岂止是长安》,《政治与美德》,北京师范大学出版社 2017 年版,第 89 页。
④ 陆晓禾:《社会主义核心价值观中的人权概念探讨》,《毛泽东邓小平理论研究》2015 年第 4 期。
⑤ 万俊人:《路难岂止是长安》,《政治与美德》,北京师范大学出版社 2017 年版,第 89 页。

够带动更多村庄民众自觉参与到乡村治理之中。当前,培育新乡贤群体,必须保障新乡贤的经济地位、健全新乡贤参与乡村治理的机制、营造良好的新乡贤文化氛围。

第一,保障新乡贤的经济地位。一方面,新乡贤在乡村治理中主体价值的发挥并不以牟利为目的,其行为更多具备义务性、无偿性、奉献性的性质,缺少一定经济基础的支撑,新乡贤不但无法为乡村治理提供物质帮助,而且难以有效维持自身最基本的生产生活需求。另一方面,在经济理性的刺激下,村民容易将个人财富的多寡与其能力大小关联,经济上无法自主的个体难以获得村民的认可。在乡村治理过程中应结合村庄实际特色,合理、有序、适当发展乡村经济,努力“培育一批家庭工场、手工作坊、乡村车间,鼓励在乡村地区兴办环境友好型企业,实现乡村经济多元化,提供更多就业岗位”①。在此基础上促使新乡贤实现“多样化的收入渠道”“稳定性的收入保障”,以及“较高的收入水平”②,从而保障新乡贤的经济地位,为其在村庄充分发挥主体价值提供物质基础。

第二,健全新乡贤的参与机制。首先,村庄应结合发展需要,积极吸纳新乡贤进入村“两委”组织,“研究制定管理办法,允许符合要求的公职人员回乡任职”③,改善村庄干部权力结构,合理赋予新乡贤更多治理村庄的权力。其次,应充分发挥新乡贤作为民情、民意代言人的作用,有效拓宽新乡贤参与乡村事务的途径。在当前乡村治理中,需要注重从多种渠道凝聚新乡贤群体,发挥离退休干部、致富能手、专家学者等具有良好政治资源、经济背景、知识储备的乡村能人的积极性。一方面,可以主动邀请新乡贤以“顾问”身份直接参与到乡村治理之中。笔者在调研过程中发现,有些村庄会利用春节、中秋等传统节日大量村民返乡的契机,邀请回村的新乡贤就有关村庄发展事宜提出意见和建议。另一方面,应鼓励新乡贤成立各种有利于促进乡村治理的社会组织,搭建新乡贤与村庄联系的平台,支持新乡贤参与乡村公共事务讨论、基础设施建设以及村级项目实施等具体治理环节。诸如新乡贤在政策允许范围内成立

---

① 《中共中央国务院关于实施乡村振兴战略的意见》,《人民日报》2018 年 2 月 5 日。
② 李铜山:《论乡村振兴战略的政策底蕴》,《中州学刊》2017 年第 12 期。
③ 《中共中央国务院关于实施乡村振兴战略的意见》,《人民日报》2018 年 2 月 5 日。

的乡贤研究会、传统村落文化协会等研究性组织，在一定程度上能够促进村庄传统文化的传承与发扬，有利于乡村对优秀传统文化的保护；乡贤议事堂等协商性组织则能够为化解村民间利益冲突提供调解空间，从而既减轻村"两委"的工作负担，也为发挥新乡贤主体价值提供现实基础。最后，应主动接受新乡贤的监督。新乡贤作为经济、政治、文化等某一方面或多方面的能人，具有相对专业的知识和丰富的实践，能够对村"两委"进行更为有效的监督。在具体实践过程中，村级组织应该对村庄财务、重大决策等有关乡村发展的事情进行公开处理，自觉接受并配合新乡贤的监督。

第三，营造良好的村庄新乡贤文化氛围。营造新乡贤文化氛围是激发新乡贤主体价值的关键环节。乡贤文化根植于村庄具体实践之中，是村民日常生产与生活方式的表达。乡村社会在转型过程中，传统乡贤文化与现代文明共同存在，二者既有冲突也有融合。营造新乡贤文化氛围，需要对传统乡贤文化进行批判性继承。一方面要坚决摒弃传统乡贤文化中"大家长"式的专制集权、男尊女卑、妖魔鬼怪等不适应现代社会发展的封建迷信内容，不断移风易俗，"遏制大操大办、厚葬薄养、人情攀比等陈规陋习"；另一方面要传承发展传统乡贤文化中的优秀成果，将新思想、新观念、新要求融入其中。"深入挖掘乡村熟人社会蕴含的道德规范，结合时代要求进行创新，强化道德教化作用，引导农民向上向善、孝老爱亲、重义守信、勤俭持家。"①与此同时，在营造新乡贤文化氛围的过程中还应注重对村庄地方性道德知识的运用，"保护乡村风貌、传承乡土文化，培育形态各异、功能健全的农村社区"②，利用儿时记忆、家乡味道等乡土性因素，唤起新乡贤对村庄的依恋情结。除此之外，营造新乡贤文化还必须以村民能够接受的方法开展工作，在充分把握村民生活方式特点的基础上，有针对性地进行文化宣传与教育。在具体实践过程中，要以村民喜闻乐见的形式对传统乡贤先进事迹和重要思想进行整理，对新乡贤为乡村治理做出的善举进行宣传，从而增强村民的情感认同，提升新乡贤在村庄的道德感召力，进一步促进其主体价值的实现。

① 《中共中央国务院关于实施乡村振兴战略的意见》，《人民日报》2018年2月5日。

② 李诗悦：《农村社区治理创新的现实困境与对策研究——基于湖南23个实验区的调查》，《江西社会科学》2017年第10期。

“道之统在圣，而其寄在贤。”新乡贤作为具有标准性与典型性的地域性道德榜样，能够利用血缘、地缘、人缘等优势，在传递政策、反映民生、协调村民关系等方面发挥有效作用。与此同时，新乡贤还能够“用自己的知识和人格修养成为乡民维系情感联络的纽带，让村民有村落的归属感和社区的荣誉感”[①]。村庄通过经济、政治、文化等方面的举措，能够有效凝聚新乡贤力量，增强村庄的道德感召力，带动全体村民积极参与乡村治理。

三、优化村民自治形式，构建理性化自治平台

在社会转型过程中，村民自治与农民利益的疏离是造成农民不愿参与乡村治理的重要原因。基于这一现实，新时代乡村治理应通过优化村民自治的形式，建立起与农民的实际联系，构建更为理性化的平台，促使农民能够主动参与到与自身利益紧密相连的村民自治之中。村民自治作为乡村培育农民主体地位的重要途径，其“内在价值一定要通过有效的形式加以实现。没有有效的实现形式，村民自治的内在价值再大也无从反映，只能被‘悬空’”[②]。乡村治理应该充分利用村民自治这一载体，以有效的实现形式激发其内在价值。就当前村民自治而言，可以通过创新民主选举方式、合理划分自治单元等做法，优化村民自治实现形式，提高村民在乡村治理实践中的参与度。

在村民自治实践中，民主选举是农民选出村庄当家人的重要形式。社会转型过程中，部分农民之所以不愿行使这一权利，主要是因为在他们看来，这一选举形式并非能选出自身认可的村干部。一般而言，村民自治所指的村是“建制村”，也就是通常意义上的行政村，其规模远大于以往的自然村。尤其是取消农业税之后，为缩减财政支出，有些地方开始“合村并组”，行政村的规模进一步扩大，同一行政村的村民很难做到相互了解。在村民彼此不熟悉的客观条件下，“他们缺乏将那些不良干部选下去的默契，也没有公认可以代替在任村干部的村庄能人”[③]。为此，一些村民逐渐将民主选举视为一种异己的存

① 张颐武：《重视现代乡贤》，《人民日报》2015 年 9 月 30 日。

② 徐勇、赵德健：《找回自治：对村民自治有效实现形式的探索》，《华中师范大学学报》（人文社会科学版）2014 年第 4 期。

③ 贺雪峰：《新乡土中国》（修订版），北京大学出版社 2013 年版，第 4 页。

在，认为自己参与与否不会影响最终选举结果。针对这一现实，可以尝试采用“普遍了解—相互推荐—民主审议”的方式，优化民主选举过程。具体而言，可以先由村民小组推选出代表，再由这些代表在相互之间推荐出村干部候选人，最后由全体村民对村干部候选人进行审议。一般而言，同一村民小组成员之间有着更为密切的交往，他们能够在相互了解的基础上推选出较为合适的小组代表。不同小组的代表可以通过充分讨论、协商的方式在其内部推选出村干部候选人；然后再由村民对推荐出的候选人进行审议，如果大部分村民对其表示认可，他就正式成为村干部，否则由各村民小组代表再次进行推荐。

自治单元是村民自治的有效区域，合理的自治单元有利于促进村民主体地位的提升。“探索不同情况下村民自治的有效实现形式，农村社区建设试点单位和集体土地所有权在村民小组的地方，可开展以社区、村民小组为基本单元的村民自治试点。”①在一些以行政村为自治单位无法发挥自治效果的区域，可以根据现实条件，尝试以自然村或村民小组为自治单位。相比于行政村，自然村或村民小组所辖范围与村民日常生产和生活更为直接，与村民有着较为紧密的利益联系，因此能够更为有效地激发村民参与民主决策、民主管理、民主监督的积极性，发挥村民在乡村治理中的主体地位。

江西抚州下聂村实为自然村，笔者在以该自然村为单位进行调研时发现，村民对村庄的认同感要明显高于其他行政村，更能够将自身利益与村庄整体利益相联系，具有较高的主体意识。我们在八地调研的问卷中均设计了“您认为这些年来街南村的人变得怎么样?”这一问题，下聂村选择“为村里事和大伙着想的人越来越多，为大家想就是为自己想”“心里全装着乡亲们，没有私心”等表示积极认同意义选项的村民，总计人数占比 46.2%，高于其他调研地村民对相关选项的选择。此外，江苏徐州街南村由之前两个行政村的 11 个小组组成，其中有一个小组为自然村。作为由不同行政村组成的新的行政村，街南村仅有 15.8%村民选择了“为村里事和大伙着想的人越来越多，为大家想就是为自己想”“心里全装着乡亲们，没有私心”，绝大多数村民认为村里人“越来越会为自己算计，各家自扫门前雪”。然而，在对街南村中的自然村村民进行访谈

① 《中共中央国务院印发〈关于全面深化农村改革加快推进农业现代化的若干意见〉》，《人民日报》2014 年 1 月 20 日。

时，他们表示出自身对所属自然村的认同，并且能够在自然村的治理中发挥一定主体作用：

> 我们庄里人(笔者注：自然村)之间还是比较团结的，谁家有什么事能帮的就帮一把。俺们庄人祖祖辈辈都生活在这，这里也没什么变化，一直都是4排半。以前每排中间都是泥路，一下雨根本进不来人，上年纪的人都不能出家门。俺们庄人就主动去找村里，后来村里买了车石渣铺在路上。
>
> ——2016年7月14日下午于江苏徐州街南村村民家与一位67岁男性生产队长的访谈记录

需要注意的是，强调合理划分自治单元并不是一定要将自治单元缩小到自然村或村民小组。虽然较小的自治单元在一定程度上能够有效激发村民参与乡村治理的主体意识，但绝不是所有村庄在任何时间节点都适合如此。自治单位越小，在某种程度上受到限制也会越多，发挥作用的范围就越窄。为此，以自然村或村民小组为自治单元的尝试需要审慎而为。此外，自治范围与主体在自治活动中的表现存在密切联系。当个体“把一个村的事情管好了，逐渐就会管一个乡的事情；把一个乡的事情管好了，逐渐就会管一个县的事情，逐步锻炼、提高议政能力”①。在乡村治理过程中，自治的范围会伴随主体自觉性及其能力的提升而得以扩展。事实上，无论是将村民自治范围限定在自然村还是村民小组抑或是行政村，都不是问题的关键。村民自治的核心在于充分发挥村民参与乡村治理的积极性，从这一角度而言，选取何种自治单元，主要是看这一范畴能够在多大程度上激发村民的主体地位，促进村民自觉参与到乡村自治之中。

四、激发内生性力量，完善村民道德价值

在社会转型过程中，国家力量越来越多地参与到乡村治理之中，其中最为

① 彭真：《彭真文选》，人民出版社1991年版，第608页。

典型的就是国家以各种形式向村庄转移资源，但这并不意味着村民可以坐享其成。事实上，国家力量虽然能够为村庄提供大量物质资源，但在没有村民参与的情况下，这些资源难以有效转化为村庄内生性需求，无法充分发挥应有的价值和作用。大量乡村的事情需要村庄内部力量解决，国家对乡村的扶持也同样需要村庄内部主体的参与。乡村应该利用国家转移资源的契机，激发村庄内生性力量，不断完善村民道德价值，充分调动村民作为乡村治理主体的积极性。

国家在决定是否向乡村进行资源转移时，可以尝试将村民参与度纳入考察范围，倒逼村民以主体地位参与到乡村治理之中。“国家转移到村社的公共资源可能撬动的是农村社会内生的活力和组织能力”①，在此过程中，应促使农民意识到自身根本利益与村庄整体利益的内在一致性，从而完善自身道德价值。缺少村民的参与，国家向乡村转移的资源既有可能遇到村民的抵触，又有可能给相关人员提供从中牟利的机会，最终难以实现提高村民生活水平、改善乡村治理状况的初衷。在当前普遍以“项目制”形式向国家申请资源的过程中，村民只有以主体地位参与到项目的具体申报、落实，资金的实际使用等各个环节，才有可能意识到国家转移的资源与自身之间的密切关系，才能够对项目运行过程中的各种关系进行有效监督。“自下而上的农民需求偏好与自上而下的转移资源在村庄平台通过民主的方式对接，就可能不仅有效使用了国家资源，而且可以提升农民民主自治能力，这种自治能力的提升又会进一步提高农民自己解决自己事务、解决农村生产生活基本秩序的能力。”②当然，村民参与项目的申报与落实，有可能会因利益差异而难以形成统一目标，但这并不能成为排斥村民参与乡村治理的理由。事实上，村民作为乡村的主体，具有解决和协调村庄内部问题的价值优势。正是在村民因利益不同而产生的相互争论中，村庄的整体利益才会越来越清晰地被大多数村民认识，“只要让群众充分发表意见，群众中那些极端的不合理的意见就可能越来越没有市场，一个人讲的话、提的要求有没有道理，其他村民都在看，也都会议论，没有道理的意见就越讲越没有底气，讲不下去”③。

---

① 贺雪峰：《治村》，北京大学出版社 2017 年版，第 144 页。
② 贺雪峰：《治村》，北京大学出版社 2017 年版，第 133-134 页。
③ 贺雪峰：《治村》，北京大学出版社 2017 年版，第 114 页。

第五章 中国乡村治理制度的伦理嵌入

良好的乡村治理制度是完善乡村治理的关键。在新时代乡村治理实践中，治理制度应该保持何种价值原则，现有制度在何种程度上偏离了应有价值，如何构建具有伦理内涵的乡村治理制度等，都是解决转型期乡村治理的伦理问题、完善乡村治理伦理需要考虑的内容。

第一节
乡村治理制度的伦理内涵

乡村治理制度作为调节村庄利益、规范村民日常生产生活的重要环节，应该以正义价值为基础，在兼顾特殊性价值原则的基础上，不断追求更大范围内的普遍性。

一、以正义为基础的制度

“正义是社会制度的首要价值”[①]，离开了正义性价值原则，制度便失去存在意义。伴随自给自足的生产和生活方式的解体，日常生活的满足与改善必须依靠社会成员相互间的协作才能完成，从而使社会成员之间的交往开始由“礼仪性”向“利益性”转变。在利益相互交织的场域中，每个理性主体都希望自身能够获得足够丰厚的利益回馈，而在利益总量固定的情况下，每个个体对利益最大化的需求必然是对他人利益的侵蚀，从而无法实现相互间利益关系的稳定，最终影响对利益的追求与享受。因此，为了最大限度地保护每个利益主体的应得权益，必须使利益分配的标准、过程和结果符合正义，“社会制度不

① [美]罗尔斯：《正义论》，何怀宏、何包钢、廖申白译，中国社会科学出版社 1988 年版，第 1 页。

公,或者,社会制度难以履行其正义分配和正义保护的规范职能,不仅无法获得广泛的社会民意支持,而且会变成社会革命的直接对象"[1],只有充满正义的制度内容、遵循正义的制度操作、符合正义的实践效果,才能保证社会成员相互间利益关系的长久稳定,保障社会整体的安定有序。对于制度而言,其正义性价值原则既体现在制度本身的内涵之中,也蕴含于制度的具体操作之中。

就"制度"的词源意义而言,"制,裁也。从刀,从未。未,物成有滋味,可裁断。一曰止也"(《说文解字》)。"制"作为会意字,左侧为"未",右侧为"刀",表示用工具修剪、裁断,引申为制止、限制、约束等义。"度,法制也。从又,庶省声。"(《说文解字》)"度"作为形声字,表示用手丈量,可引申为法度、度量、标准等义。"度"是"制"的标准,其本身便含有正义性价值原则,"制度本身的正义就是制度对正义性的考虑"[2],只有"度"做到公正,"制"才能够被普遍接受,进而起到有效规范秩序的作用。

制度作为由人制定的规则,蕴含着制定者的正义观,每一种正义观都要求建立相应的制度,什么样的正义观必然存在与之匹配的制度设计。在乡村治理过程中,无论是以"法治"为基础的正式制度还是以"礼治"为核心的非正式制度,二者的制定都是一定正义观的反映,都是建立在一定正义观基础之上的制度要求。与此同时,正义观作为一种意识形态,其本质上是社会生产力状况的反映。既然是一种反映,那么便有可能是全面的、正确的、恰当的反映,也有可能是片面的、错误的、不当的反映,只有"既合规律性又和目的性的、正确地解决了个人与社会整体之间关系的、以维持人类社会存在发展为根本内容"的正义观才是符合社会生产力发展要求的正义观,从根本上而言是"对人与人的关系及人与对象物(包括自然界和社会)的关系的正确把握,它所要求建立的制度是一种兼顾权利与义务(包括对个人、对保护自然环境、对社会的前途的义务)、社会秩序和社会发展的制度"[3],包含着"社会基本结构和基本制度安排及其运作过程的平等安排和分配"[4]。在转型期的乡村治理实践中,制度制定

① 万俊人:《制度伦理与当代伦理学范式转移——从知识社会学的视角看》,《浙江学刊》2002 年第 4 期。

② 彭定光:《论制度正义的两个层次》,《道德与文明》2002 年第 1 期。

③ 彭定光:《论制度正义的两个层次》,《道德与文明》2002 年第 1 期。

④ 万俊人:《论正义之为社会制度的第一美德》,《哲学研究》2009 年第 2 期。

者的正义观应该是一种建立在所有村民都具有同等参与权基础之上的、能够合理权衡村民个体与村庄整体利益关系的价值观念。只有在这种正义观指导下建立的制度，才能够对村庄各种关系进行准确把握，对不同利益主体进行合理分配，充分体现出制度的正义性价值原则。

制度的正义性价值原则还表现在制度的具体运行之中。首先，制度的操作过程应确立"赏罚分明"和"一视同仁"的原则，拒绝随意性、任意性。制度作为一种公开的规范体系，能够指定"某些行为类型为能允许的，另一些则为被禁止的，并在违反出现时，给出某些惩罚和保护措施"①，从而体现制度的规范与制约作用。面对转型期乡村治理复杂的利益关系，无论是运用正式制度还是非正式制度，都应该坚守原则，努力做到赏罚分明，既不能对违背制度的言行置若罔闻，又不能使遵守制度的善举受到埋没。此外，在执行制度过程中，还应做到一视同仁，不能因执行者和被执行者之间的亲疏关系而有所差别。乡村治理制度在具体执行过程中，必须以统一的标准对待所有村民，只要有村民做出挑战制度的行为都应该受到制止。其次，制度的具体操作方案应做到"切实可行"。面对复杂多变的现实环境，制度仅仅"照章办事"并不一定能够取得预期效果，甚至在转型期的乡村社会中，部分以社会整体为测度的正式制度，如果完全"照章办事"一定不能完成既定目标。在这种背景下，制度必须在坚持原则的前提下做好预案，选取"切实可行"的操作方式执行制度。最后，还应当做到"用制度监督制度"。由人执行的制度，难免在操作过程中会渗透个体的主观意志，只有用制度进行监督，才能保证制度操作的正义性。

正义性原则是制度的首要价值，由正义为准绳形成的礼治和法治能够对社会的是非曲直做出判断，是政治共同体秩序的基础。② 无论是从乡村治理制度的内涵来看还是从具体操作过程来看，只有以正义性价值原则为基准，才能有效应对社会成员间复杂的利益关系，维护社会良好秩序。

二、制度的普遍性与特殊性价值

制度的伦理内涵还要求制度既要具有普遍性，又要体现特殊性，双方相互

① ［美］罗尔斯：《正义论》，何怀宏、何包钢、廖申白译，中国社会科学出版社1988年版，第54页。

② 参见［古希腊］亚里士多德：《政治学》，颜一、秦典华译，中国人民大学出版社2003年版，第5页。

促进、相互补充。制度的普遍性价值原则主要表现在制度的普遍适用性和普遍建立制度两个方面，二者共同构成制度的普遍性价值原则；制度的特殊性价值原则既体现在根据不同利益关系建构特殊的制度，又表现为对初次分配的矫正。

制度的正义性价值原则内在的要求制度的普遍适用性。正义的社会制度“必须首先达成普遍认同的正义原则”①，从这个角度而言，制度只有具有普遍适用性，才能实现其作为基础性价值的正义原则，才能有效规范不同利益主体之间的关系。制度建立在社会成员普遍交往的前提之下，不同利益主体通过自由的讨论和协商共同制定出能够被普遍接受的具体规则。虽然在形式上制度会限制个体对利益的追求，但正因为制度对所有个体都具有普遍约束性，才能使得个体“免受强迫、威胁、歧视或者不公平的竞争”②，从而在根本上能够保障个体更大程度的利益。因此，只有当制度普遍适用于社会成员时，制度才能公正地调解个体间的相互利益，最大程度保障个体利益。

制度的有效实施建立在制度的普遍适用性基础之上，脱离了这一前提，制度便无法得到广泛的认可。在制度经济学领域，舒尔茨将制度定义为“一种行为规则”③，并根据规则发挥作用的不同领域对其进行分类。在舒尔茨看来，日常社会生活、政治行为以及经济交往等都离不开制度这种规则的约束作用。在政治学领域中，有学者更为明确地表示，制度是“政治生活和经济社会之中对人与人之间关系的一种规范、程序乃至标准”④。国内有学者认为，“制度是至少在特定社会范围内统一的，对单个社会成员的各种行为起约束作用的一系列规则”⑤。制度在这种特定范围内的统一性便是其普遍性价值的体现，正是这种普遍性赋予了制度在该范围实施的效力。还有学者将这种普遍性扩展

① 万俊人：《制度伦理与当代伦理学范式转移——从知识社会学的视角看》，《浙江学刊》2002年第4期。

② ［美］康芒斯：《制度经济学》（上册），于树生译，商务印书馆1962版，第87页。

③ ［美］T. W. 舒尔茨：《制度与人的经济价值的不断提高》，［美］R. 科斯、［美］A. 阿尔钦、［美］D. 诺斯等：《财产权利与制度变迁：产权学派与新制度学派译文集》，刘守英译，上海三联书店、上海人民出版社1994年版，第253页。

④ Peters, B. Guy, *Institutional Theory in Political Science: The New Institutionalism*, London & New York: Pinter, 1999, p. 43.

⑤ 黄少安：《产权经济学导论》，山东人民出版社1995年版，第90页。

到整个人类,认为"制度是人类相互交往的规则"①。事实上,制度在何种范围内得到认可与其普遍性空间的大小有着密切关联。当制度在较大空间范围内具有普遍性时,其效力范围也可以跟随空间的扩大而得到延伸,反之则只能在相对较小的范围内发挥效用。

此外,制度的普遍性价值原则还要求在社会生活的各个领域普遍建立制度。虽然制度需要普遍地适用于社会成员即社会各个领域的成员都被普遍的制度约束,但每个领域均有不同于其他领域的利益关系,能够普遍约束个体的制度难以普遍满足不同领域的特殊需要。为此,只有在不同系统中普遍建立制度,才能在社会整体范围内真正发挥制度的优越性。

对制度的特殊性而言,根据不同利益关系建构特殊的制度在本质上与在各个领域普遍建立制度具有一致性。二者都要求立足于不同实践环境考虑具体的制度,只不过普遍建立制度主要强调建立制度的必要性,而建立特殊的制度则更侧重制度的内容,不同领域只有基于各自利益关系建立起的特殊制度才能满足自身多元化的需求。制度不是抽象的,而是处于具体历史情境之中的人的制度。人又必然是社会中的人,是生活于某一特定群体之中的具体的人。因此,脱离具体的历史情境和实践环境,制度便不具有意义。每一种制度的形成都不是无意之为,必须受到生产力的制约,但某一种生产力水平并不必然产生某种具体的制度,"一定的生产力水平只是规定了社会形态的基本性质,从而规定了与这一社会形态相适应的社会制度的基本性质"②。从社会制度的基本性质到某种特殊制度的形成,需要"扬弃社会关系对主体说来的随意性、不确定性和不合理性,将人们认为合理的社会关系及利益关系固定化、秩序化,使之具有某种稳定的形式和结构"③。在乡村治理实践中,必须基于不同村庄现有的生产力发展水平,在准确把握村民之间、村民与村庄整体之间特殊利益关系的基础上,合理制定具有地方性特色的制度,促使以"法治"为基础的正式制度和以"礼治"为核心的非正式制度都能充分反映村庄的特殊性需求,

① [德]柯武刚、史漫飞:《制度经济学》,韩朝华译,商务印书馆 2000 年版,第 35 页。

② 杨清荣:《制度的伦理与伦理的制度——兼论我国当前道德建设的基本途径》,《马克思主义与现实》2002 年第 4 期。

③ 杨清荣:《制度的伦理与伦理的制度——兼论我国当前道德建设的基本途径》,《马克思主义与现实》2002 年第 4 期。

为解决村庄具体问题提供切实可行的依据。

制度对初次分配的矫正主要体现为效率与公平的问题。在理想环境下，通过合理制度的安排，各种利益主体都应该能够获得相对于自身现实条件的良好发展。然而，由于某些无法抗拒的客观原因，有些个体即使尽到自身最大努力参与劳动也仍然无法获得足够的生活保障，甚至一些个体根本无法通过参与正常劳动的途径获得生活所需，从而造成某种事实上的不公平。针对这种情况，制度应充分发挥有效调节不同主体间利益关系的功能，在初次分配的基础上，采取适当措施保障弱势群体的必要利益，"通过合法正当的制度调整和行政政策安排，实行合法的制度性再分配或政策调整，使社会基本制度的（重新）安排和运作最有利于那些处于社会最不利地位的人"[①]，尽量弥补这部分群体因不可抗力而造成的客观损失，从而在保证效率的同时兼顾公平，维护社会秩序的稳定与和谐。在转型期的乡村社会，难免有些个体因各种原因导致无法通过正常劳动获得足够的生活保障，对于这部分个体就应充分发挥制度的特殊性价值原则，确保他们能够公平地享受乡村发展带来的红利。

乡村治理制度的特殊性价值原则并不是对普遍性价值原则的背离，而是强调在乡村社会转型背景下，乡村治理制度需要立足于各具特色的地方性知识和传统习惯，承认不同村庄具有的丰富多样的治理实践，从而有针对性地建构能够解决乡村治理问题的制度。乡村治理制度的特殊性价值原则包含着普遍性价值原则，与此同时，乡村治理制度的普遍性价值原则又贯穿于特殊性价值原则之中，二者相互关联、相互制约，并在一定条件下相互转化。

第二节 转型期乡村治理的非正式制度和正式制度

对乡村治理而言，无论是以"礼治"为核心的非正式制度，还是以"法治"为基础的正式制度，都具有重要作用。然而，在乡村社会转型过程中，非正式制度和正式制度在某种程度上缺少对其伦理内涵的深刻把握，在客观上导致了

① 万俊人：《论正义之为社会制度的第一美德》，《哲学研究》2009 年第 2 期。

治理制度的现实困境，从而对提升乡村治理水平、完善乡村治理伦理造成一定阻力。

一、缺少关注村民根本利益的非正式制度

转型期乡村治理中，一些非正式制度在内容设置和实际操作方面，没有充分履行制度的应然价值，损害了村民的根本利益。

一方面，在内容设置上偏离村民发展的价值需求。传统乡村社会中“前人所用来解决生活问题的方案，尽可抄袭来作自己生活的指南”，世代相传，逐渐形成一套足以应付日常生活的规矩，后人“不必知之，只要照办，生活就能得到保障”①。伴随乡村的发展，这种规矩逐渐演化为凝聚村民共同价值的非正式制度。村庄中的非正式制度植根于传统村民的精神观念和日常生活之中，是乡村生活秩序的标准，能够对村民生活实践起到强有力的约束作用，在传统乡村治理中发挥着举足轻重的作用。然而，在村庄转型过程中，传统非正式制度越来越无法适应不断变化的村庄治理实践。具体而言，当前一些村庄中的非正式制度缺乏对村民现实生活的观照，缺少对村庄共同价值的凝练，要么纯粹迎合正式制度，成为正式制度的附庸，无法体现制度的普遍性和特殊性价值原则；要么被封建糟粕所蒙蔽，缺少对制度内容正义性价值原则的考量。在社会转型过程中，一些村庄村规民约更倾向于政治化和口号化，以笼统、抽象的条文进行道德宣教，尚未切实履行在不同领域普遍建立制度的价值要求。笔者将某一调研地现有的村规民约传到网络上，竟然发现该村庄的村规民约与贵州、内蒙古、江苏等多地村庄的村规民约具有高度重合之处。这些村规民约都提到“学习科学文化知识，提高自身素质”，但学习何种科学文化知识？如何学习知识？怎样提高自身素质？这些具体问题并没有涉及。众所周知，内蒙古与江苏拥有不同的地理环境，作为与自然交换的农民，其需要掌握的知识各不相同。内蒙古的农民可能需要知道如何更好地使草场更加茂盛、如何更好地喂养牛羊、如何储存乳制品等极具草原特色的知识，而这些知识对于江苏的大多数农民而言可能一生都不会用到。他们更加关心的则是如何提高水稻、小

---

① 费孝通：《乡土中国 生育制度 乡土重建》，商务出版社 2011 年版，第 54 页。

麦等农作物产量的相关知识，但这些知识在极具概括的村规民约中并没有体现。制度的普遍性和特殊性价值原则，内在的要求制度应该反映所涉及群体的特殊利益关系和不同利益需求。当具体制度与这一要求发生冲突时，其便难以获得他人的充分认可，无法在治理实践中发挥应有的价值。从这一意义而言，当这种无法体现村民迫切要求的约定以“村规民约”形式出现时，就已经注定其得不到村民的认可，村民以视而不见的态度对待这样的非正式制度就变得不难理解。除此之外，与成为正式制度的附庸不同，还有些村规民约被封建迷信所充斥。在转型期的乡村社会，一些封建迷信活动借助村规民约的外衣，在表面上主动迎合村民日常生产生活需要，为村民营造良好的心理预期，并在一定程度上能够规范村民的行为，但其在本质上仍包含封建残余的思想，是对村民根本利益的欺骗与压榨，与制度的正义性价值原则相违背。

另一方面，在实际操作中尚未兼顾不同村民的利益诉求。乡村治理实践中，一些非正式制度的操作并非完全基于正义性价值，而是受到不同村民之间“关系”的影响。中国乡村的人际关系可以用费孝通先生的“差序格局”进行概括，村民之间“好像把一块石头丢在水面上所发生的一圈圈推出去的波纹。每个人都是他社会影响所推出去的圈子的中心。被圈子的波纹所推及的就发生联系”①，圈子离中心的远近就是村民间关系的亲疏，不同距离的圈子有着不同的相处规则。相同的非正式制度对同一圈子中的不同圈层有着差异化的操作标准，“得看所施的对象和‘自己’的关系而加以程度上的伸缩”“一切普遍的标准并不发生作用，一定要问清了，对象是谁，和自己是什么关系之后，才能决定拿出什么标准来”②。非正式制度这种根据关系亲疏远近划定操作标准的做法，在本质上违背了制度的正义性价值原则，没有做到“一视同仁”的要求，从根本上不利于良好乡村治理效果的实现。

在乡村社会，圈子的中心是“亲属关系”，这种关系依靠的是“生育和婚姻事实所发生的社会关系”③，并且可以根据需要进行伸缩。对于大多数村庄而言，这种亲属关系可以扩大到父姓五辈人之间，通过本家人对共同祖先的认

---

① 费孝通:《乡土中国 生育制度 乡土重建》，商务印书馆 2011 年版，第 27 页。
② 费孝通:《乡土中国 生育制度 乡土重建》，商务印书馆 2011 年版，第 38 页。
③ 费孝通:《乡土中国 生育制度 乡土重建》，商务印书馆 2011 年版，第 27 页。

同，建立起稳定的“小亲族”关系。在小亲族内部，村民“被要求是集体主义的，自利行为在这样的环境下被视为是不道德的”①，小亲族可以有效凝聚本家人的价值意识，组织内部成员进行有利于家族发展的生产生活实践，在一定程度上能够对乡村治理起到良好的促进作用。然而，当小亲族以一个团体参与到乡村治理中时，则表现出强大的自利性。小亲族成员不会将对内的集体主义扩大到全体村民，并且当村庄整体利益与小亲族内部利益发生矛盾时，小亲族则会组织本家所有成员，凭借强大的组织动员能力与村庄整体利益进行对抗。总体上看，村庄非正式制度在操作过程中，受小亲族秩序等影响，并非以一致的标准对待全体村民以及村庄事务，从而导致一些非正式制度成为只为部分人牟利的不正义的制度，最终不利于村民根本利益的实现，对乡村治理造成负面影响。

二、难以兼顾“地方性道德知识”的正式制度

乡村治理的正式制度主要包括国家和地方为乡村提供的法律法规以及政策文件等，其主要以强制力作为保障并以成文的形式表现出来。正式制度为乡村治理提供了良好的法律支撑和政策环境，是推进乡村治理体系和治理能力现代化的关键。然而，正式制度在村庄具体实施过程中，难免会遭遇“水土不服”的尴尬处境。从制度自身的应然价值分析，造成这一困境的主要原因在于一些正式制度模糊了不同村庄的“地方性道德知识”，从而在内容上难以充分考虑特殊性价值原则，在操作过程中容易偏离正义性价值原则。

在乡村治理实践中，以现代性“法治”为核心的正式制度，在内容上注重强调国家权力对村庄的统一的调适，能够从宏观上保障村庄的有序运行。但值得注意的是，正式制度作为外在于村庄的规范，其具体内容既难以对村民基于村庄现实做出的道德判断给予充分考量，又无法针对不同村庄特殊的治理环境给出可以直接操作的现实规定。

伴随转型期人口的持续流动，村庄熟人社会虽然被逐渐打破，但基于以往

① 罗家德等：《译后记——从格兰诺维特理论重新认识中国》，[美]马克·格兰诺维特：《镶嵌：社会网与经济行动》，罗家德等译，社会科学文献出版社2015年版，第191页。

长期共同生活所形成的某些道德判断对当下的村民生活依然具有影响。在当前的乡村社会,村庄尚未形成与正式制度完全一致的价值判断,甚至出现"法律上的'是'在伦理上可能是一种'非',法律上的'非'在伦理上可能是一种'是'"[①]的尴尬处境。诸如"父债子还,天经地义"等道德观念虽然对当前的村民生活依然具有重要影响,但难以获得正式制度的认可,从而容易导致村民对正式制度的质疑。此外,在访谈中,还有村民谈到法律难以有效回应村民诉求的例子:

> 有两个年轻人传完启("传启"意味"定亲")就一起过了,在结婚前,男的竟然有了其他人。女的知道后决定不嫁,但男的还打算把传启的钱要回去。为了这事男的把女的告上法庭,法院竟然让女的把大部分钱退回去。这男的小时候就不正干,这种人打官司还赢了,以后谁还敢打官司了?法律都不帮好人。这要是以前,村里面一人一口唾沫都能把他给淹了,现在也没人好当面说什么,毕竟法律都这样判了。
>
> ——2016年7月12日下午于江苏徐州街南村村民家与一位46岁女性村民的访谈记录

当这种村民基于日常生活经验获得的价值判断无法被正式制度认可时,村民便会质疑正式制度。调研中村民之所以反问"打官司有什么用",正是因为村民认为法律"偏袒"了"不正干"的人,使得老实人吃了亏,而对于法律而言,这却是按照既定法条和实际证据做出的合法判决。这种"乡间认为坏的行为却正可以是合法的行为",破坏了乡村原有的礼治等非正式制度,使得"司法处在乡下人的眼光中成了一个包庇作恶的机构了"[②],造成村民对法治等正式制度的误解,使得正式制度难以获得村民的认可。村民的日常道德判断来自"维护共同体伦理认同和道德共识的形式原则"[③],而正式制度的价值判断则更

① [美]康芒斯:《制度经济学》(上册),于树生译,商务印书馆1962年版,第258页。
② 费孝通:《乡土中国 生育制度 乡土重建》,商务印书馆2011年版,第61页。
③ 王露璐:《伦理视角下中国乡村社会变迁中的"礼"与"法"》,《中国社会科学》2015年第7期。

多的是在“预设个体利益优先的前提下以排除伦理制约的法律形式系统来协调个体间的利益冲突”①，没有将村庄已有的价值共识纳入考虑范围，从纯粹理论的角度对村民关系进行规约，从而成为外在于村庄的制度，无法获得村民的普遍认可，最终难以在乡村治理过程中发挥应有的作用。

与此同时，作为一般性的法规，“不可能将所有事例都精确无误地记载下来”②。当前乡村实施的正式制度大多是在全国普遍推行的制度，这些制度更加着眼于全体社会，难以针对具体村庄做出规定。“当一个全国性的制定法规则，一个主要以城市社会的交往规则为主导的全国性法律的规则体系，被确定为标准的参照系之后，就出现了地方性规则与全国性规则之间的冲突”③，使得村庄中的正式制度并不能很好地解决村民的实际困难，也不能充分满足村民对治理村庄的需要。以调研地的两个村庄为例，甘肃定西辘辘村经济条件较为落后，村庄集体事物也相对较少，而江苏无锡华宏村经济条件相对发达，村庄集体事物也比较繁杂。如果以同样的正式制度要求辘辘村和华宏村村干部都实行坐班制，那么辘辘村的村干部则可能整天坐在办公室而无事可做；如果对这两个村划定统一的经济考核指标，华宏村会轻松完成，而辘辘村可能永远无法企及。对于大部分村庄而言，“村落事务具有不规范不规则性，综合笼统性以及稀薄性，村落治理因此就注定不可能是规范的、精细的，注定无法使用复杂的制度安排，规范的也就必然是复杂的制度必然导致缺少灵活机动与激情，必然无法容纳低成本的治理”④，为此，正式制度对村庄的设计便难免会流于形式，难以得到有效落实。

我们由此不难看出，统一的正式制度内容难以普遍适应于充满各种特殊利益需求的村庄，正式制度所普及的行为准则尚未完全内化为村民自觉的行动依据，其在乡村治理中的效用有待进一步完善。

在正式制度的操作方面，制度的正义性价值原则被简单地解读为“照章办事”，缺少对村民现实的道德习惯和道德情感的考量。面对已有的正式制度规定，一部分执行者抱有“多一事不如少一事”的态度，以“不出事”为底线，机械

---

① 王露璐：《伦理视角下中国乡村社会变迁中的“礼”与“法”》，《中国社会科学》2015 年第 7 期。
② ［古希腊］亚里士多德：《政治学》，颜一、秦典华译，中国人民大学出版社 2003 年版，第 54 页。
③ 苏力：《农村基层法院的纠纷解决与规则之治》，《北大法律评论》1999 年第 1 期。
④ 贺雪峰：《治村》，北京大学出版社 2017 年版，第 197 页。

地按照既定章程处理村庄治理中出现的问题。诸如,在法律进入村庄的过程中,部分法律的执行者仅仅凭借固定法律条文对村庄复杂丰富的利益关系进行判断,忽视了村民基于日常生活经验形成的朴素的道德情感,从而导致执法者做出的判决虽然在法律条文中可能是正确的,但无法获得村民的信服,甚至给人以"法律都不帮好人"的错觉。在乡村治理过程中,一些正式制度的执行者仅仅遵循固定的程式,缺少对村民道德价值的维护,没有将村民是否真正满意作为衡量制度合理性的标准,导致正式制度的实施常常流于形式,过于刻板,从而为乡村治理增添无形障碍。

此外,制度作为一种社会意识无法及时准确地对所有行为进行规约,这种客观性便为正式制度执行者留下操作空间。在习惯"照章办事"的过程中,当"章"只做出原则性规定时,道德素养较高的执行者能够主动以制度的正义性、普遍性、特殊性等原则要求自身,合理解决制度尚未明晰的关系;而欠缺道德素养的执行者则会在"章"的名义下,优先考虑一己私利,以对自身最为有利的方式处理制度尚未规范的利益关系。在江苏徐州街南村调研时,有些村民表示:

> 该吃低保的吃不上,不该吃低保的却都能吃的上,这低保就不是俺们穷人家能吃的。你看俺家住的这房子,一到下雨天,屋里面就能行船。俺一年到头就指望这几只羊,村里面还不给俺低保。
>
> ——2016 年 7 月 12 日上午于江苏徐州街南村村民家与一位 59 岁生产队长的访谈记录

之所以会出现这种状况,某种程度上是因为正式制度难以根据不同村庄生产生活经验对"低保"条件做出明确界定,从而使执行者在具体操作这一正式制度时,有可能出于自身利益考虑将具体低保条件限定在对自身有利的范围。当这种道德素养较低的执行者普遍出现时,正式制度的效用难免会受到阻碍。

总体而言,由于执行者对正式制度的正义性价值原则存在误读,在具体操作过程中有意或无意地忽视村民的道德情感,导致正式制度的实施常常流于形式，过于刻板；在正式制度无法做出明确规范的领域，制度执行者则可能会出于个人利益考虑，将正式制度变为自身潜在资源，从而对乡村治理造成障碍。

第三节
礼法相融：建构具有伦理内涵的乡村治理制度

党的十九大报告提出，“健全自治、法治、德治相结合的乡村治理体系”，这为建构具有伦理内涵的乡村治理制度指明了方向。在社会转型过程中，乡村治理制度伦理困境的解决，必须立足于新时代乡村治理体系，在坚持村民自治的基础上，促使以传统“礼治”为核心的非正式制度与以现代“法治”为基础的正式制度不断融合。

一、非正式制度与正式制度相互融合的可能性

无论是在中国传统观念还是西方价值文化中，非正式制度与正式制度都不是截然孤立的两种制度，非正式制度蕴含的“礼治”思想与正式制度表现出的“法治”价值具有相互融合的可能性，二者能够相互促进，共同作用于转型期乡村社会的治理实践。

“礼”和“法”分别作为村庄非正式制度和正式制度的核心在中国传统文化中有着相互融合的基础，其大体经历了从礼法同源到礼法分离，再到礼法融合的过程。中国传统文化中“礼”具有重要地位，其内涵在不断发展的过程中逐渐包含法的内容与精神。礼最初与宗族祭祀活动有关，“礼，履也，所以事神致福也。从示，从豊”（《说文解字》），体现着祭祀活动中的相关规定。在随后的发展过程中，“礼”逐渐成为“经济、政治和日常生活的行为规范和制度体系，以确立和维护体现长幼、尊卑、贵贱的等级秩序，即所谓‘礼制’，并在两周时期上升到治国方略的高度，而具有了‘礼治’的含义”①。“礼”在治国理政中的绝对

① 王露璐：《伦理视角下中国乡村社会变迁中的“礼”与“法”》，《中国社会科学》2015 年第 7 期。

地位实际上已经蕴含了法的职责，虽然没有以“法”的名义直接出现，但仍然是法的本源。“秉有此种性质和地位之礼，固不同于后世所谓法，却涵摄法意于其中，或者可以说，礼即是三代的根本法”①，礼通过对社会各个方面的规范实现秩序的完善，将法的精神和内容孕育其中。值得注意的是，后期“礼法”作为一个名词单独出现，“它既是最高法、正义法，统率各种国家法律、地方法规和家族规范，也是具体法、有效法、实施中的法。‘礼法’意识就是法律意识、规矩意识”②，但其中的法仍然是礼治意义中的法，是从礼的范围引申出的法，是对礼的制度性价值的表述。

春秋战国时代，各地诸侯为了争夺权力和土地，纷纷以武力对外，周朝建立的礼治逐渐受到破坏，但其中内涵的刑罚因素被法家吸收，成为帮助诸侯国取得战争胜利的思想武器。这一阶段的法治，大多“观时之宜，设救之术”(《韩非子·难三》)，仅仅是解决当下矛盾的权宜之计，无法涵盖春秋时期礼治的内容，更达不到礼的高度。然而，在当时群雄争霸的背景下，法治即使不能从根本上解决社会矛盾，但“刑不善而不赏善”(《商君书·画策》)，其带给人们的恐惧足以使民众不敢直接碰触统治者的底线，能够以简单粗暴的方式解决统治者最为棘手的问题，从而逐渐代替“礼治”成为大多数诸侯国统治的主要工具和手段。汉武帝时期，董仲舒将德与刑嵌入“天人合一”的架构，以此为切入口阐释礼与法的关系。在他看来，“天道之大者在阴阳。阳为德，阴为刑；刑主杀而德主生”(《汉书·董仲舒传》)，其既强调礼的重要性，又对法的作用进行客观评价。董仲舒对礼法关系的判断绝非是简单地向传统复归，而是克服了周朝只见礼不见法的抽象概括，强调“天使阳出布施于上而主岁功，使阴入伏于下而时出佐阳；阳不阴之助，亦不能独成岁”(《汉书·董仲舒传》)，是对礼法关系的否定之否定分析。汉代以来，礼与法相互融合的更直接表现便是将礼的要求编入律法。自东汉起，儒家礼治与法家法治相互影响的观念已经形成，“儒家道德规范在曹魏时期‘以礼入法’的法律改革中正式载入法典”③，最终伴随“以儒家思想为灵魂，‘一准乎礼’，以德礼为本，以刑罚为用，宽严有度，出入

---

① 梁治平：《“礼法”探原》，《清华法学》2015 年第 1 期。

② 俞荣根：《礼法传统与良法善治》，《暨南学报》(哲学社会科学版)2016 年第 4 期。

③ 秦晖、金雁：《田园诗与狂想曲——关中模式与前近代社会的再认识》，语文出版社 2010 年版，第 161 页。

中平”①的《唐律疏议》的完成，标志礼与法在传统中国社会实现融合。

总体而言，自西周时期以礼为法、礼法同源，到春秋战国礼崩乐坏、法出于礼而拒礼，再到秦末以后礼法共存、以礼入法，礼与法的关系在中国传统社会经历了从否定到否定之否定的过程，并最终实现了相互融合，这一过程也正是以“礼治”为核心的非正式制度与以“法治”为基础的正式制度的相互融合的过程。

与传统中国深受儒家礼治文化影响不同，无论是在观念上还是在实践上，西方国家更多表现出一种法治的价值观念，但是在法的内涵以及法的制定中蕴含着丰富的礼法相融思想。早在古希腊时期，人们虽然已经形成了有关法的强烈意识，但当时的法大多包含神的指令、风俗、习惯等非正式制度的含义。“紧握住它，按照宙斯的意愿，捍卫世代相传的法律，——这是一个庄严的誓言。”(《荷马史诗·伊利亚特》)正如《荷马史诗》所描述的那样，那时的法律已经经历了世代相传，并且捍卫这样的法律是一种神圣的誓言，凸显出人们对法的敬畏。然而，这里所指的法律更多强调神的意愿。在《荷马史诗》中，表达“法律”意义时主要是用“themis(忒弥斯)”和“dike(正义)”。忒弥斯来源于tithemi，有“我安排、制定”的含义，是神的法律，有赖于神的创立；dike则是模仿忒弥斯的世俗法律，是通过法官判决而生效的派生的法。② 到古希腊后期，用于指称法律的词汇演变为“nomos”，主要包括“风俗习惯，传统惯例，伦理规范，成文法律，各种协议、条约、契约和章程”③，蕴含了丰富的非正式制度因素。

亚里士多德在文献中所用的法律一词大多由“nomos”翻译而来，他将城邦在发展过程中形成的约定俗成的规矩，以及人们在日常生活中形成的相对稳定的交往习惯等都纳入法的范畴，实现了正式制度与非正式制度的相互融合。在亚里士多德的研究中，他进一步将法律分为“特别法与普通法”。普通法(universal law)指“按照自然法则规定的法律”；特别法(particular law)指“每一个社会制定来约束自己成员的法律，分成文法与不成文法”④。成文法作为用文字确定下来的规范更接近今天意义上的法律，但“成文法不可能细述所有

① 俞荣根：《礼法传统与良法善治》，《暨南学报》(哲学社会科学版)2016年第4期。
② 参见[爱尔兰]J. M. 凯利：《西方法律思想简史》，王笑红译，法律出版社2010年版，第6页。
③ 汪子嵩等：《希腊哲学史》第2卷，人民出版社1993年版，第205页。
④ [古希腊]亚里士多德：《修辞学》，罗念生译，上海人民出版社2006年版，第62页。

的情形，只能提出个概况，这种概况不能包括所有的情形，只能包括大多数的情形”；不成文法则类似于如今的非正式制度，虽然没有明确记载，但在人们相沿成习中树立了威信。亚里士多德还根据不成文法的不同作用将其分成两类，“一类是用来判定出自特别好的美德或特别坏的恶德的法律”，这类作用主要借助非正式因素来实现，通过“称赞、尊敬和奖励”等方式对“特别好的美德”进行肯定，通过“谴责和耻辱”等途径使“特别坏的恶德”受到批判，从而实现惩恶扬善的效果，帮助城邦形成良好的社会风气；“另一类是用来弥补成文法的特别法的缺陷的”，亚里士多德将这类作用称为“平衡法（epieikeia）”，它能够“使我们宽恕人类的弱点；不拘泥于成文法而多考虑立法者的用心；不专注意害人者的行动而多考虑他的选择；不专注意案情的某一方面而多观看全局；不专注意害人者现在是什么样的人而多观看他过去是什么样的人”①，从而规避严格依据成文法等进行审判而造成的形式正义。“现代意义上的法律与伦理规范其实都内含于 nomos 这一概念之中。因此，nomos 不仅是城邦审判的依据，它也反映了城邦共同体内部的伦理习俗”②。亚里士多德基于人们现实生活对成文法进行矫正、借助城邦约定俗成的舆论实现扬善抑恶，在肯定成文法效力的同时也清楚意识到成文法的有效实施离不开不成文法的参与，最终，将非正式制度与正式制度融合与 nomos 之中。

除此之外，礼与法的融合还表现在法的制定之中。柏拉图首先以“哲学王”的形式对法的制定者的品质进行限定，强调其应该“天赋具有良好的记性，敏于理解，豁达大度，温文尔雅，爱好和亲近真理、正义、勇敢和节制”③。在柏拉图看来，只有满足上述条件的人在完成教育、年龄成熟之后才可以胜任制定法的工作，国家才能托付给他们，进而确保制度的有效实施。其次，柏拉图更为直接地指出，制定法律等正式制度时应“注重美德的整体”④，力求实现全体城邦公民的正义，确保法律能够“鼓励趋向德性、追求高尚（高贵）的人，期望那些受过良好教育的公道的人们会接受这种鼓励；惩罚、管束那些不服从者和没

① ［古希腊］亚里士多德：《修辞学》，罗念生译，上海人民出版社 2006 年版，第 63-64 页。
② 陶涛：《城邦的美德——亚里士多德政治伦理思想研究》，上海三联书店 2016 年版，第 92 页。
③ ［古希腊］柏拉图：《理想国》，郭斌和、张竹明译，商务印书馆 1986 年版，第 235 页。
④ ［古希腊］柏拉图：《法律篇》，张智仁、何勤华译，上海人民出版社 2001 年版，第 10 页。

有受过良好教育的人；并完全驱逐那些不可救药的人”①，突显法对德性的追求。柏拉图从法律制定者的道德水平、制定过程中遵循的道德原则等方面对法的制定进行规范，确保法律能够符合城邦的伦理道德要求，能够被反映城邦的风俗习惯，促进正式制度与非正式制度相互融合。

在西方国家，法治虽然有着较为深厚的历史渊源，但法的本身包含着风俗习惯等丰富的非正式制度因素，并且在法的制定过程中也时刻注重对伦理道德水平、风土民俗等因素的考量，事实上促进了正式制度中的“法治”与非正式制度中的“礼治”的相互融合。

二、礼守法：非正式制度的“移风易俗”

“在治国理政中，社会道德是一项基础性的、体现着人民群众意志和社会发展规律的、行之有效的社会规范；社会礼义，则是人类社会在长时期治国理政实践中积淀下来的、有效进行社会治理必须把握和遵行的思想理念、价值观念和行动准则，是治国理政思想观念上的重要保证。”②当前乡村治理实践必须牢牢把握以“礼治”为核心的非正式制度的优越性，“通过社会舆论、风俗习惯、内心信念来激励、引导人们明辨是非、善恶、美丑”③，营造文明乡风。值得注意的是，乡村生活有其特有规律，礼治作为一种社会意识应适应乡村发展的需要，充分反映村民生产生活的现实需求，不断与时俱进，摒弃腐朽落后的封建糟粕，主动使其内容符合法律等正式制度的要求，并合理借助正式制度的力量对其操作过程进行规范，从而完善自身的正义性、普遍性等伦理价值，促进村规民约等非正式制度为乡村治理提供有利条件。

第一，立足乡村生活实践，依法完善礼治内容。在村庄社会转型的过程中，非正式制度实现“移风易俗”必须以村民现实生产生活需要为基础，在法治允许的范围内不断丰富和发展礼治。在传统乡村社会，非正式制度的产生主要是基于村民日常的生产和生活实践，从而能够较为准确地反映村庄的利益

---

① ［古希腊］柏拉图：《法律篇》，张智仁、何勤华译，上海人民出版社 2001 年版，第 130-134 页。
② 奚广庆：《依法治国需与以德治国相结合》，《中国特色社会主义研究》2015 年第 1 期。
③ 周中之：《道德治理与法律治理的反思》，《光明日报》2013 年 7 月 9 日。

关系。然而,在村庄转型的过程中,一部分非正式制度要么纯粹对正式制度进行生搬硬套,完全成为正式制度的附庸;要么被封建迷信侵蚀,逐渐成为腐朽文化的载体。在这一背景下,为了更好地发挥非正式制度在乡村治理中的作用,必须使非正式制度的内容在立足于乡村生活实践的基础上,以正式制度为红线,增加地方性特色。乡村治理中的正式制度能够以国家宏观视角对村庄发展进行顶层设计,是乡村治理全局性、长久性、根本性的制度安排,对村庄秩序具有有效的规范和引导作用。因此,非正式制度的内容必须以正式制度为大政方针,在正式制度的要求下进行操作,对于不符合正式制度要求的内容应该予以修正。

需要指出的是,强调非正式制度遵守正式制度规定,并不是要求非正式制度内容必须与正式制度内容完全重复,而只是保证非正式制度不触碰正式制度的底线,在正式制度允许的范围内发挥效用。诸如,法律虽然规定村规民约"不得与宪法、法律、法规和国家的政策相抵触"①,但并不是要求村规民约要将宪法、法律、法规和国家的政策等正式制度内容写入规定。如果所有非正式制度的内容都要含有正式制度具体条例,那么非正式制度与正式制度的区别将难以显现,非正式制度最终将沦落为正式制度的附庸。为此,乡村社会的非正式制度内容必须以村民实际生产生活为依据,积极吸收新实践、新经验,以正式制度的要求为标准,不断丰富和完善非正式制度,努力实现"移风易俗"。

第二,借助正式制度力量,规范非正式制度操作。正式制度凭借强有力的硬性约束能够有效规范非正式制度的操作过程,提升非正式制度的实际效用。乡村社会非正式制度的操作受"小亲族"等力量的影响,其虽然能够有效凝聚部分群体的力量,但无法统筹全体村民的根本利益,难以在村庄形成良好的治理环境,甚至还会与村庄整体秩序形成对抗,不利于乡村治理的发展。面对非正式制度操作过程中表现出的规范缺失现象,村庄应当借助正式制度规范化的操作机制,使非正式制度不因实施对象的改变而改变,将每一个个体都视为同等的存在,以更加普遍和平等的角度考虑制度的合理性,从而依据相对一致的标准对待乡村事务。

与此同时,以现代性"法治"为基础的正式制度能够增强以传统"礼治"为

① 《中华人民共和国村民委员会组织法》,人民出版社2010年版,第12页。

核心的非正式制度的约束性。非正式制度的实施方式主要是“风俗习惯、舆论和良心等”软性约束，而正式制度的具体实施主要依靠“警察、法院和监狱等”[①]强制性约束。软性约束虽然容易被主体接受，但有时难以有效实施；强制性约束虽然有简单粗暴之嫌，但总体上能够保证实施效果。在社会转型过程中，村民受各种观念的影响，依靠风俗习惯等软性约束的非正式制度影响力逐渐式微。基于这一现实，非正式制度的良性运转必须依靠正式制度的强制性保障，借助“法律规范的确定性、外在强制性”，弥补“道德的抽象性与软弱性”[②]。

三、法合礼：正式制度的“入乡随俗”

以“法治”为基础的正式制度的有效实施，需要借助以“礼治”为核心的非正式制度。“中国现代法治不可能只是一套细密的文字法规加一套严格的司法体系，而是与亿万中国人的价值、观念、心态以及行为相联系的”[③]。正式制度只有做到“入乡随俗”，符合非正式制度的价值原则，并且在操作过程中充分考虑非正式制度的伦理因素，才能获得较为良好的效果。

一方面，吸收礼治价值，完善法治内容。“一个民族的国家制度必须体现这一民族对自己权利和地位的感情，否则国家制度只能在外部存在着，而没有任何意义和价值”[④]。正式制度作为乡村治理的国家力量，应该充分认识到村庄发展的地方性知识，注重对村庄特殊文化资源、文化符号的保护与利用，使村民能够感受到其对自身权利和地位的尊重与维护。具体而言，正式制度首先应该对非正式制度的形成规律、运行原则等内容进行剖析，准确把握非正式制度的价值内核。“在基层社会治理中融入社会传统，并使之成为社会治理体系的真实构成部分，首要的工作不是讨论其理想的状态，而是要努力发现这些传统所依赖之载体的内在运作机制和潜在功能边界。”[⑤]非正式制度的价值内

---

① 李建华：《现代德治论：国家治理中的法治与德治关系》，北京大学出版社 2015 年版，第 367 页。

② 王淑芹、武林杰：《法治与德治相结合的正当性证成》，《伦理学研究》2017 年第 3 期。

③ 苏力：《法治及其本土资源》，中国政法大学出版社 1996 年版，第 19 页。

④ [德]黑格尔：《法哲学原理》，范扬等译，商务印书馆 1982 年版，第 291-292 页。

⑤ 徐林、宋程成、王诗宗：《农村基层治理中的多重社会网络》，《中国社会科学》2017 年第 1 期。

核作为村民内心的印记，即使在外部环境完全改变的情况下，仍然能够以某种特殊的形式存续下来，内化为人们的行为准则。因此，正式制度在制定过程中，应该对村民现有的价值规范、行为习惯等展开深入探讨，从中提炼不同村庄非正式制度的精神内核。除此之外，正式制度应该在非正式制度精神内核的指引下，挖掘村庄中被村民普遍认可的、能够有效促进村庄发展的礼治内容，并通过一定形式将其转变成能够被更大范围群体所认可的规定。比如尝试在相关正式制度中“设置‘民间规范’、‘公序良俗’、‘交易习惯’等词语，使其成为礼治的引入接口，从而更好地体现其合法性和正当性”①，将非正式制度内涵合理有效地转变为正式制度内容。正式制度只有在文本中反映了村民真正的价值观念，才会坚不可摧，才会成为“一种已经内化到个体行动和心理之中的道德伦理责任，甚至是宗教信仰的高度文明人的文化心理”②，村民才有可能变被动服从为主动认同，促进正式制度在村庄的有效实施。

另一方面，尊重礼治惯习，完善法治程序。一般而言，正式制度需要依靠较为固定的流程进行操作，从而在形式上能够最大限度地为践行正义性价值原则提供保障。但值得注意的是，在乡村治理实践中，这些固定的程式难以有效应对不同的个案，“类似情况类似处理并不足以保证实质的正义”③，其只有充分借助非正式制度，才能够真正发挥应有价值。

转型期乡村社会各种不同利益矛盾愈加复杂，正式制度在实施过程中应尊重乡村风土民俗，在充分了解地方性道德知识的前提下，综合考虑乡村特殊的文化内涵，从而作出切实有效的应对方案。事实上，正式制度如果仅仅依靠固定流程，而不考虑具体被执行者所处的生活环境、道德水平等非正式制度因素，那么其虽然可能完全符合法律要求，但难以得到有效实施，甚至最终只会不了了之，造成实质上的不公。此外，在正式制度实施流程没有作出明确规定的环节，其操作过程应充分尊重礼治惯习，合理、合情、合法地处理相互间的利益关系。

“社会制度及其建构只能是基于我们对现实社会生活的有限认识、基于我

① 王露璐:《伦理视角下中国乡村社会变迁中的“礼”与“法”》,《中国社会科学》2015 年第 7 期。
② 万俊人:《制度伦理与政治文明》,《理论导报》2008 年第 6 期。
③ [美]罗尔斯:《正义论》,何怀宏、何包钢、廖申白译,中国社会科学出版社 1988 年版,第 59 页。

们自身独特的文明和文化背景，以及基于我们已有的政治生活经验和所能获得的其他社会或国家的政治生活信息，在反复探索、反复博弈、反复试验的过程中逐步建立起来的。”①当前乡村治理过程中，必须立足村民自治实践，突出地方性道德知识，依时、依势、依情建立符合村庄特色、能够反映村民共同价值的制度，促进以“礼治”为核心的非正式制度与以“法治”为基础的正式制度相互融合。值得注意的是，对礼法相融的强调，并非是要实现正式制度与非正式制度的相互替代。在现代化进程中，面对日益复杂的利益关系和愈发开放的村庄公共环境，以“法治”为基础的正式制度必须成为乡村治理的主导力量，为村民日常生产生活提供保障，而以“礼治”为核心的非正式制度是在村民个人交往与修养中发挥作用，承担起处理乡村复杂多样的道德事务的自治责任，为正式制度更好地融入村庄提供良好基础，不断健全“自治、法治、德治”相结合的乡村治理体系。

① 万俊人：《政治如何进入哲学》，《中国社会科学》2008 年第 2 期。

结　语

“我们坐在高高的谷堆旁边，听妈妈讲那过去的事情……”“过去的事情”已然成为过去，然而，连同“过去的事情”一起成为过去的还有“高高的谷堆”。在村庄不断转型过程中，“谷堆”等传统乡村元素逐渐消逝，各种具有现代性的生产和生活方式不断进入村庄。整体上看，自 1840 年鸦片战争起，乡村就不可避免地成为传统与现代的交织点，这种交织伴随改革开放进程的深化而日益加深。传统与现代的碰撞在为乡村治理带来机遇的同时，也产生了诸多问题。从伦理视角如何认识这些问题、怎样解决这些问题，成为乡村治理伦理研究的重要内容。这些问题的解决能够有效推进乡村治理体系和治理能力现代化，全面推进乡村振兴。

一、中国乡村治理的伦理面向

乡村在由传统向现代转型过程中，“资本”与“权利”不断涌入村庄，逐渐改变了村民以往“面朝黄土背朝天”的生产和生活模式，使越来越多的村民不再被土地束缚，可以根据自身能力和兴趣自由选择职业，从而成为工人或服务者。在此过程中，各种利益纠葛、权利关系也随之而来，对村庄以往“重义轻利”“道德至上”的道德动机与道德评价构成挑战。现实中，一些村民在享受国家赋予的各种利好权利的同时，忽略了自身应该承担的义务，以金钱、权力为生活追求，片面强调个体利益，对他人合理利益及村庄整体利益造成侵蚀。乡村治理伦理问题的解决必须立足于多层次的治理目标、多元化的治理主体以及多样化的治理制度。

首先，乡村治理需要多层次的治理目标。乡村治理应该以“安全第一”为底线目标，确保农民的生存安全不受威胁；在此基础上，进一步以实现村庄“公平正义”为现实要求，依靠公平正义的价值原则从事有关的生产与生活实践；此外，乡村应该以村民的“美好生活”为价值旨归，从产业兴旺、生态宜居、乡风文明、治理有效、生活富裕五个方面着手，引领村民不断向“美好生活”迈进。

其次，乡村治理需要多元化的治理主体。国家权力对村庄具有顶层设计的指引作用，然而受转型期特殊情况的限制，国家权力在部分乡村治理实践中存在价值失衡的状况；村庄干部作为乡村治理的实际执行者，对乡村治理具有“关键少数”的作用，但其在一些具体操作中存在德性缺失的困境；村庄民众虽然是乡村实际生活的主体，但在乡村治理实践中长期处于被动位置。解决这些问题，国家权力需要实现从“管控”向“服务”的观念转变、从“汲取”向“给予”的角色转换、从“培优”向“补短”的方式转化。村庄干部应该树立以农民利益为基础的底线伦理要求、以乡村发展为前提的责任伦理价值、以回馈村庄为方向的美德伦理行为；并且还应通过培育“新乡贤”群体、优化村民自治形式、激发内生性力量等方式，实现增强村庄道德感召力、构建理性化自治平台、完善村民道德价值的目的，发挥村庄民众在乡村治理中的主体作用。

最后，乡村治理离不开多样化的治理制度。在转型期的乡村社会，无论是以传统“礼治”为核心的村规民约等非正式制度，还是以现代“法治”为基础的法律条文、村级制度等正式制度，双方都难以单独完成对乡村秩序的有效制约。非正式制度在内容上要么完全成为空洞的理论说教，要么仅仅强调小群体的价值，难以公正地平衡村庄各方利益；在操作过程中，非正式制度受村庄“差序格局”的影响，无法以统一标准对待村庄的所有个体。对于正式制度而言，其在内容上淡化了村庄特殊的“地方性道德知识”，无法体现不同村庄的特殊价值要求；在操作过程中，正式制度片面强调“照章办事”，忽视村民的道德情感，往往导致实施结果流于形式，无法从根本上被村民接受。因此，乡村治理制度必须强调多样化，在坚持村民自治的基础上，将非正式制度与正式制度相融合，既要让以“礼治”为核心的非正式制度遵守“法治”的精神和要求，引导其“移风易俗”，又要使以“法治”为基础的正式制度尊重“礼治”的价值和规范，鼓励其“入乡随俗”，从而全面提升乡村治理水平。

二、健全乡村治理体系①

新时代乡村治理必须将自治作为法治和德治的前提与基础，将法治作为自治和德治的保障与边界，将德治作为自治和法治的支撑与引领，促进自治、法治、德治相互融合。

第一，在乡村治理实践中，村民自治能够以村民根本利益为出发点，充分调动村民的主体性、积极性，发挥“地方性道德知识”的作用，成为法治和德治的前提与基础。首先，法治在治理乡村过程中需要充分汲取“地方性道德知识”的作用，切实考虑村庄实际情况，既要坚持程序正义也要保证实质正义，提高法治效率。面对不同村庄出现的大量个案，固定不变的法律条文难以做出合理判断。法律只有在充分考虑不同村庄历史传统和现实条件的差异性基础之上，才能做出真正体现公正的裁决。其次，基于村民自治的法治能够有效降低治理成本。尤其需要看到的是，迄今为止，乡村经济活动和日常生活中仍然存在着大量法律尚未给出明确规定的问题，如果诉诸法律，往往出现花费大量人力、物力、财力却无法得到有效解决的结果。通过自治，这些问题能够获得相应的规约和管理，不但可以大大降低法治的成本，而且也能够产生良好的实际效果。最后，德治在治理乡村实践中需要充分发挥村民的主体性价值，尊重村民的自主实践和自我创造。应当注意到，村民基于自身生产和生活实践形成的风俗惯习等在村庄日常道德判断、道德选择和道德认同上具有重要作用，乡村德治应始终关注作为村庄主体的村民的道德认知和实践，从村民日常生产生活中总结和提炼道德规范，从而使其真正得到村民的接受和认同。

第二，法律的优良性和强制性使法治在乡村治理中成为自治和德治的保障与边界。其一，法律的优良性能够为自治提供制度保障。乡村自治是在法

① 参见王露璐、刘昂：《自治、法治、德治相结合的乡村治理》，《绍兴文理学院学报》(哲学社会科学版)2018 年第 5 期。

治规范下的自治，优良的法律能够为乡村自治提供法律规范，从而保障自治的有序实施。法治的本质是对公共权力进行监督，“要求社会组织和成员均按照法律规则行事，政府权力和公民行为均受到法律制约，司法审查具有独立性，司法判决具有权威性，排除社会组织和个人意志的任意性和专横性”①。应当看到，优良的法律“从本质上讲不只是命令，它暗含着正义和权利”②，体现着共同体中全体成员的基本共识，保障着全体成员的基本权利与自由。在乡村治理实践中，优良的法律能够以村民根本利益为基础，对村庄公共权力进行制约，为村民自治提供法律保障。因此，乡村自治应在法律规范下运行，“强化法律在维护农民权益、规范市场运行、农业支持保护、生态环境治理、化解农村社会矛盾等方面的权威地位”③。其二，法律的强制性能够为德治框定有效边界。“中国是一个有深厚道德基础的国家，在历史的演进中，形成了一套庞大而严密的道德文化体系。在这种伦理精神中，不乏作为中国传统文明价值的合理内核，存在着体现东方人文性格的传统道德。但毋庸置疑，以往的伦理道德在现代社会也具有消极的影响。”④德治在治理乡村过程中常常以乡村民俗、村庄惯习、村规民约等内容为依托，这其中既有体现村庄传统文化价值的积极因素，又有诸多需要剔除的腐朽落后文化。对于德治中的消极成分需要依靠法律的强制性予以“移风易俗”。法治作为国家宏观视角下对村庄发展进行顶层设计的制度安排，能够对乡村治理进行全局性、长久性、根本性的指导，在这个过程中，法治可以依靠强制力抑制德治中的不合理因素，从而为德治框定有效边界，使其在法律允许范围内发挥作用。

第三，高效的乡村治理必须发挥德治在村民自治与乡村法治中的支撑和引领作用。一方面，德治可以为自治提供价值指引，通过不断提升村民的思想道德境界来提升自治水平。对于现代德治而言，其基本目的是“通过将社会的伦理原则和道德理想贯彻于社会政治生活和行政实践，使社会基本伦理原则和规范外化为或客观化为社会公共理性基础上的普遍价值原则和行为规范，

---

① 王淑芹、刘畅：《德治与法治：何种关系》，《伦理学研究》2014年第5期。

② John N. Figgis, *Studies of Political Thought: From Gerson to Grotius, 1414 - 1625*. Bristol: Thommes Press, 1998, p. 153.

③ 《中共中央国务院关于实施乡村振兴战略的意见》，《人民日报》2018年2月5日。

④ 李建华：《现代德治论：国家治理中的法治与德治关系》，北京大学出版社2015年版，第9页。

特别是国家政治的行政行为和公民的社会伦理行为的普遍原则和规范”①。伴随乡村工业化、城市化进程的加快和农民流动性的增强，村庄共同体出现了从同质性向异质性的转变，村民基于各自的生产活动和生活实践，形成了多元化的价值判断和多层次的道德境界。其中既有体现发展和进步的道德理念和行为，又存在着一些相对落后的道德观念和诉求。这就需要不断加强乡村道德建设，使体现发展和进步的道德观念和行动被更多的村民所接受和认同，进而转化为村庄共同体的伦理认同和集体行动，从而提升村民自治水平。另一方面，德治能够不断提升村民道德水平，降低法治的实施成本。良好的道德修养是村民参与乡村治理的前提，村民只有具备一定的道德素养才能自觉意识到个体当前利益与村庄整体利益以及长远利益之间的辩证关系，才能在具体治理过程中充分考虑他人的合理利益并对自身利益做出适当取舍，从而促进乡村治理的有效实施。较之法律而言，道德更多运用的是说服、劝导的方式，调节和规范社会利益关系中的种种矛盾。在基层村庄，村民间的一些利益冲突往往是因日常小事而起，如果诉诸法律，既耗费大量人力、物力、财力，又影响了村庄内部的和谐。通过德治加强对村民的道德教化，提升其道德素养，尽可能避免不良行为的产生，能够有效减少村庄内部各种冲突的发生，既降低了法治实施频率和成本，又能够更好地维护村庄共同体的内部团结和良好秩序。因此，法治进入乡村需要吸收德治精神来加以不断完善。尤其应当注意的是，法律在基层村庄的运用需要对村庄道德环境进行深入分析，准确把握村民道德状况，充分考虑村民现有的价值规范、行为习惯等内容，从而使法治最大限度地契合当地的道德文化传统，提高村民的认同度，从而降低法治的运行成本。

三、重构乡村伦理共同体

构建乡村伦理共同体是实现乡村善治的最终归宿。在乡村转型过程中，村民的公共生活相对缺失、村民之间的关系不断疏离、村庄道德共识逐渐瓦

① 万俊人:《“德治”的政治伦理视角》,《学术研究》2001 年第 4 期。

解，这些问题在解构传统乡村伦理共同体的同时，也对乡村治理造成阻碍。事实上，作为与公共生活相对应的私人生活是近代以来的产物。在传统乡村社会，村民对公与私的概念并非有着绝对清晰的界定，村民在村庄中的活动既是个人价值目标的体现，又是村庄作为伦理共同体的整体意志，村民的活动一定意义上既是个体行为，又是村庄公共生活的要求。现代以来，"'公共生活领域'与'私人生活领域'的分界才逐渐变得明朗起来，而迨至今日，公私领域的分界则越来越被人们看作不可逾越的'防火墙'"①，人们开始真正关注私人生活领域的建设，并逐渐从公共领域退守到私人领域，造成村庄公共生活的缺失。与此同时，传统乡村社会，村民长期在固定范围内从事生产和生活，彼此之间有着较多的接触机会，能够从生活的日积月累中积淀出"亲密的感觉"。转型期的乡村社会，村庄原有的熟人关系被逐渐破坏，陌生化程度不断增加。一是大量村民从农民变为工人，经常是白天在工厂上班，晚上直接回家，对村庄的人和事越发生疏；二是根据政策的调整，部分自然村被合并或划分为不同行政村，原有村庄边界发生改变，不同自然村的村民在同一行政村中成为陌生的"同村人"；三是有些资源较为丰富的村庄，吸引了大量外来务工人员，在客观上降低了村庄人际关系的熟悉程度。此外"道德共识"作为传统乡村社会结构的主要特征，在传统乡村生活中能够有效制约村民的日常行为，调节村民相互间的关系，维护乡村社会的稳定与安宁。然而，当前村民正日益表现出异质性与个性化，逐渐瓦解传统乡村中的道德共识。

重构乡村伦理共同体并非是要回到传统时期公私不分的简单熟人社会。应当看到，传统乡村"生于斯，死于斯"的时代已经不可逆转地消失，当时乡村社会人对人的依赖关系也并非是最为完善的共同体模式。如今在村庄生产力逐步发展的背景下，村民作为个体得到不断解放，这一时期村民不再是公私不分地盲目参与乡村治理，而是在对现有生活进行扬弃之后，自觉自愿地参与其中。因此，重构乡村伦理共同体要在充分尊重村民私有生活的前提下，结合当前乡村发展实际，有针对性地优化乡村公共场所、完善乡村社会组织、丰富乡村公共活动。

首先，优化乡村公共场所。村庄应在村民现有居住模式与习惯下，充分整

① 万俊人：《我们为何需要政治哲学》，《政治与美德》，北京师范大学出版社 2017 年版，第 10 页。

合不同场所资源，主动建设能够满足村民需求的公共场所。笔者在调研中发现，一些村庄在原有集体用地或特色建筑基础之上，修缮而成的“百姓大舞台”“道德礼堂”“乡村戏台”等公共场所，既为村民提供了休闲、教育、娱乐的空间，又起到促进村民相互交往和凝聚村民道德共识的作用。

其次，完善乡村社会组织。运行良好的社会组织能够有效解决乡村治理中的难题，为重构乡村伦理共同体提供保障。诸如，有些村庄中的“老人协会”在乡村公共事务发展中就起到了重要作用，“在某些时候的作用比村支部还大，有些事情，特别是涉及民间纠纷的调解，离开了老人协会就是解决不了”[①]。运行良好的“老年协会”等乡村社会组织不但可以凝聚组织内部成员价值，而且可以汇集村庄中的多方力量，为公共事务的协调、村庄资源的调配、村民利益的平衡等提供支持。当前在乡村治理过程中，需要对有利于村民生产、生活需要的社会组织进行积极培育和扶持，“搭建联接农民私人生活与公共生活的组织平台”[②]，促使其在重构乡村伦理共同体中发挥有效作用。

最后，丰富乡村公共活动。公共活动应以能够充分调动村民积极性为原则，让村民自觉从私人空间走向公共空间，能够并且乐意参与到活动中去，以此增强村民间的互动，逐步形成新的道德共识。笔者在各地调研中发现，“广场舞”这一公共活动在当前乡村得到了良好发展，尤其在湖北黄冈赵家湾村，广场舞已经从官方组织发展为村民自发行为，成为村民每天晚饭后的常规活动。当前，村庄应针对新变化新趋势，不断创新公共活动形式，丰富村庄公共文化供给，从而更好满足村民对美好生活的向往，构建新型乡村伦理共同体。

村庄在优化公共场所、完善社会组织、丰富公共活动中，不断吸引村民参与到公共生活之中，促使村民逐渐从陌生向熟悉转变，增加了村民对村庄价值文化的了解、唤醒了保留在村民内心深处的村庄记忆、增强了村民对村庄的归属感，有利于形成新的村庄道德共识，最终实现乡村伦理共同体的重构。

行文至此，笔者需要对本书的现有问题进行说明。乡村治理伦理研究必须立足于具体的田野调查，然而由于人力、物力、精力等条件所限，笔者只能对我国不同区域的典型村庄进行田野调查，而难以完成我国近 50 万个村庄的摸

① 贺雪峰：《新乡土中国》（修订版），北京大学出版社 2013 年版，第 260 页。
② 张良：《乡村公共空间的衰败与重建——兼论乡村社会整合》，《学习与实践》2013 年第 10 期。

底式调研。与此同时，剖析乡村治理的伦理问题需要借助社会学、政治学、伦理学等不同学科的专业知识与研究方法，但每一门学科又都有不同的研究路径与思维方式，其中涉及大量资料与内容需要掌握与学习，这些远不是在短时间内能够通过补课完成的。为此，笔者在写作过程中常常难以兼顾不同学科之间的特点与规律。除此之外，本书尝试用不同理论资源对转型期乡村治理的伦理问题进行阐释，并给出符合伦理要求的解决路径。然而，在具体实践中，乡村治理面临的伦理问题是复杂多样的，任何单一理论都无法精准地契合不断变化的现实，这也就决定了本书难以依循某一固定理论范式展开研究，而只能使用与实际问题相关的理论资源对具体情境进行剖析。因此，在写作过程中，笔者需要对相关理论概念进行阐释，这在一定程度上影响了本书的最终耦合。最后，需要说明的是，本书的主体部分写作于 2017—2018 年，其中一些表述和论证在今天看来缺少一定的实效性和严谨性，但作为乡村治理伦理研究的阶段性成果，本书在某种程度上保留了这一历史印记，这也成为鞭策和警醒笔者不断深化乡村治理伦理研究的持久动力。

以上只是指出本书问题的某些侧面，正如对转型期乡村治理的伦理问题认识，也仅仅是一种“盲人摸象”“管中窥豹”。然而，局部问题必然是整体问题的体现，盲人摸的“象”、管中窥的“豹”，毕竟是“象”和“豹”的一部分。有关本书存在的问题，笔者将在后续研究中努力弥补；对于转型期中国乡村治理中出现的伦理问题，则需要每一位国人共同努力。“不忘初心，方得始终”，乡村是承载每一位中华儿女初心的地方，在新时代乡村振兴背景下，“吾将上下而求索”。

参考文献

一、经典著作和中央文献

《马克思恩格斯全集》第 42 卷，人民出版社 1979 年版。

《马克思恩格斯文集》第 1-5、8-9 卷，人民出版社 2009 年版。

习近平：《高举中国特色社会主义伟大旗帜 为全面建设社会主义现代化国家而团结奋斗——在中国共产党第二十次全国代表大会上的报告》，人民出版社 2022 年版。

习近平：《决胜全面建成小康社会 夺取新时代中国特色社会主义伟大胜利——在中国共产党第十九次全国代表大会上的报告》，人民出版社 2017 年版。

《乡村振兴战略规划（2018—2022 年）》，人民出版社 2018 年版。

《中华人民共和国村民委员会组织法》，人民出版社 2010 年版。

二、论文、著作类

A

［美］艾恺：《最后的儒家——梁漱溟与中国现代化的两难》，王宗昱、冀建中译，江苏人民出版社 2004 年版。

B

B. G. Peters and J. Pierre, “Governing Without Government? Rethink

Public Administration", *Journal of Public Administration Research and Theory*, Vol. 8, No. 2, (1998).

[美]巴林顿·摩尔:《民主与专制的社会起源》,拓夫、张东东、杨念群等译,华夏出版社 1987 年版。

[加]贝淡宁:《贤能政治》,吴万伟、宋冰译,中信出版社 2016 年版。

[古希腊]柏拉图:《法律篇》,张智仁、何勤华译,上海人民出版社 2001 年版。

[古希腊]柏拉图:《理想国》,郭斌和、张竹明译,商务印书馆 1986 年版。

C

Chhotray V. and Stocker G., *Governance Theory and Practice, A Cross-Disciplinary Approach*, Basingstoke: Palgrave Macmillan, 2009.

曹孟勤:《对中国乡村环境伦理建设的哲学思考》,《中州学刊》2017 年第 6 期。

陈柏峰:《去道德化的乡村世界》,《文化纵横》2010 年第 3 期。

陈家建:《项目制与基层政府动员——对社会管理项目化运作的社会学考察》,《中国社会科学》2013 年第 2 期。

陈荣卓、祁中山:《乡村治理伦理的审视与现代转型》,《哲学研究》2015 年第 5 期。

陈荣卓、王珊珊:《农村基层治理现代化进程中的伦理转型》,《伦理学研究》2015 年第 2 期。

陈锡文、罗丹、张征:《中国农村改革 40 年》,人民出版社 2018 年版。

陈延斌、田旭明:《新时代加强家庭建设的几个方面》,《求是》2015 年第 21 期。

陈瑛:《改造和提升小农伦理》,《伦理学研究》2006 年第 2 期。

陈振明、薛澜:《中国公共管理理论研究的重点领域和主题》,《中国社会科学》2007 年 3 期。

D

Dhawan, M. L. ed., *Rural Development Priorities*. Delhi: Isha Books, 2005.

[美]杜赞奇:《文化、权力与国家:1900—1942年的华北农村》,王福明译,江苏人民出版社2010年版。

党国英:《废除农业税条件下的乡村治理》,《科学社会主义》2006年第1期。

党国英:《我国乡村治理改革回顾与展望》,《社会科学战线》2008年第12期。

狄金华、郑丹丹:《伦理沦丧抑或是伦理转向——现代化视域下中国农村家庭资源的代际分配研究》,《社会》2016年第1期。

董磊明、郭俊霞:《乡土社会中的面子观与乡村治理》,《中国社会科学》2017年第8期。

董敏志:《从臣民到公民:角色转换界及其生成与发展》,《江苏行政学院学报》2003年第3期。

杜玉珍:《我国乡村伦理道德的历史演变》,《理论月刊》2010年第9期。

段文阁、袁和静:《村民自治伦理价值追求的困境与超越》,《伦理学研究》2009年第3期。

F

[美]费正清、刘广京编:《剑桥中国晚清史》(上卷),中国社会科学院历史研究所编译室译,中国社会科学出版社1985年版。

[美]弗朗西斯·福山:《国家构建:21世纪的国家治理与世界秩序》,郭华译,学林出版社2017年版。

费孝通、吴晗等:《皇权与绅权》,生活·读书·新知三联书店2013年版。

费孝通:《乡土中国 生育制度 乡土重建》,商务出版社2011年版。

G

Ge Gao, "An Initial Analysis of the Effects of Face and Concern for 'Other' in Chinese Interpersonal Communication", *International Journal of Intercultural Relations*, Vol. 22, No. 4 (1998).

Gianfranco Poggi, *The Development of the Modern State: A Sociological Introduction*, California: Stanford University Press, 1978.

[美]G. 沙布尔·吉玛、丹尼斯·A. 荣迪内利编:《分权化治理:新概念与

新实践》,唐贤兴、张进军等译,格致出版社、上海人民出版社 2013 年版。

顾肃:《罗尔斯正义理论的道德根基》,《道德与文明》2017 年第 4 期。

郭轩宇:《中国乡村社会“自治”的变迁》,《光明日报》2012 年 12 月 15 日。

郭正林:《乡村治理及其制度绩效评估:学理性案例分析》,《华中师范大学学报》(人文社会科学版)2004 年第 4 期。

H

[法]H · 孟德拉斯:《农民的终结》,李培林译,社会科学文献出版社 2010 年版。

[德]黑格尔:《法哲学原理》,范扬等译,商务印书馆 1982 年版。

[美]黄宗智:《长江三角洲小农家庭与乡村发展》,中华书局 1992 年版。

[美]黄宗智主编:《中国乡村研究》第 1 辑,商务印书馆 2003 年版。

韩玉胜:《“宋明乡约”乡村道德教化展开的历史逻辑》,《伦理学研究》2014 年第 2 期。

何怀宏:《底线伦理》,辽宁人民出版社 1998 年版。

何怀宏:《底线伦理的概念、含义与方法》,《道德与文明》2010 年第 1 期。

何怀宏:《选举社会及其终结——秦汉至晚清历史的一种社会学阐释》,生活 · 读书 · 新知三联书店 1998 年版。

何怀宏:《政治家的责任伦理》,《伦理学研究》2005 年第 1 期。

何建华:《共享理论的当代建构》,《伦理学研究》2017 年第 4 期。

贺来:《现代人的价值处境与‘责任伦理’的自觉》,《江海学刊》2004 年第 4 期。

贺雪峰:《饱和经验法——华中乡土派对经验研究方法的认识》,《社会学评论》2014 年第 1 期。

贺雪峰:《乡村治理研究的三大主题》,《社会科学战线》2005 年第 1 期。

贺雪峰:《新乡土中国》(修订版),北京大学出版社 2013 年版。

贺雪峰:《治村》,北京大学出版社 2017 年版。

黄海蓉:《如何提升农民的生态道德素养》,《人民论坛》2019 年第 9 期。

黄少安:《产权经济学导论》,山东人民出版社 1995 年版。

J

John N. Figgis, *Studies of Political Thought: From Gerson to Grotius*,

1414-1625. Bristol: Thommes Press, 1998.

John Rawls, "Justice as Fairness: Political not Metaphysical", *Philosophy and Public Affairs*, Vol. 14, No. 3 (1985).

[美]迦纳:《政治科学与政府 政府论》,林昌恒译,东方出版社 2014 年版。

[爱尔兰]J. M. 凯利:《西方法律思想简史》,王笑红译,法律出版社 2010 年版。

[美]康芒斯:《制度经济学》(上、下册),于树生译,商务印书馆 1962、1997 年版。

蒋永穆、王丽萍、祝林林:《新中国 70 年乡村治理:变迁、主线及方向》,《求是学刊》2019 年第 5 期。

K

[德]柯武刚、史漫飞:《制度经济学》,韩朝华译,商务印书馆 2000 年版。

孔繁金:《乡村振兴战略与中央一号文件关系研究》,《农村经济》2018 年第 4 期。

L

[美]罗尔斯:《正义论》,何怀宏、何包钢、廖申白译,中国社会科学出版社 1988 年版。

李昌平:《我向总理说实话》,光明日报出版社 2002 年版。

李桂梅、张翠莲:《改革开放 40 年乡村家庭伦理研究:背景、视域和方向》,《伦理学研究》2018 年第 5 期。

李桂梅、郑自立:《当代中国乡村家庭伦理的变迁》,《伦理学研究》2017 年第 6 期。

李建华:《国家治理与政治伦理》,湖南大学出版社 2018 年版。

李建华:《现代德治论:国家治理中的法治与德治关系》,北京大学出版社 2015 年版。

李建华、周谨平:《国家治理:从传统到现代的转型》,《湖南社会科学》2015 年第 1 期。

李明建:《城市化背景下乡村学校道德教育的创新》,《中州学刊》2017 年第 6 期。

李明建:《乡村经济伦理的转型与发展》,《道德与文明》2017 年第 5 期。

李明建:《晏阳初平民教育思想对农村道德建设的资源意义》,《道德与文明》2014 年第 5 期。

李诗悦:《农村社区治理创新的现实困境与对策研究——基于湖南 23 个实验区的调查》,《江西社会科学》2017 年第 10 期。

李铜山:《论乡村振兴战略的政策底蕴》,《中州学刊》2017 年第 12 期。

李卫朝:《农民道德启蒙与乡村治理——以义利观、理欲观变革为中心的考察》,《华东师范大学学报》(哲学社会科学版)2016 年第 1 期。

李义天:《美德、心灵与行动》,中央编译出版社 2016 年版。

李永萍:《家庭转型的"伦理陷阱"——当前农村老年人危机的一种阐释路径》,《中国农村观察》2018 年第 2 期。

李志祥:《现代化进程中我国农民经济理性的扩张、困境与出路》,《伦理学研究》2017 年第 3 期。

李祖佩:《项目下乡、乡镇政府"自利"与基层治理困境——基于某国家级贫困县的涉农项目运作的实证分析》,《南京农业大学学报》(社会科学版)2014 年第 5 期。

梁漱溟:《乡村建设理论》,上海人民出版社 2011 年版。

梁治平:《"礼法"探原》,《清华法学》2015 年第 1 期。

刘昂:《中国乡村治理的三个阶段及其伦理特征》,《伦理学研究》2020 年第 4 期。

刘昂、王露璐:《20 世纪以来的中国乡村伦理研究:进展、现状与问题》,《伦理学研究》2016 年第 3 期。

刘大鹏:《退想斋日记》,山西人民出版社 1990 年版。

刘建荣:《当代中国农民道德建设研究》,群众出版社 2007 年版。

刘建荣:《新时期农村道德建设研究》,中国社会科学出版社 2004 年版。

刘明兴、刘永东、陶郁等:《中国农村社团的发育、纠纷调解与群体性上访》,《社会学研究》2010 年第 6 期。

刘涛、王震:《中国乡村治理中"国家——社会"的研究路径——新时期国家介入乡村治理的必要性分析》,《中国农村观察》2007 年第 5 期。

陆晓禾:《社会主义核心价值观中的人权概念探讨》,《毛泽东邓小平理论研究》2015 年第 4 期。

罗文章:《新农村道德建设研究》,当代中国出版社 2008 年版。

吕振羽:《北方自治考察记》,《村治月刊》1929 年第 1 期。

M

[美]马克·格兰诺维特:《镶嵌:社会网与经济行动》,罗家德等译,社会科学文献出版社 2015 年版。

[德]马克斯·韦伯:《经济与社会》(上、下卷),林荣远译,商务印书馆 1997 年版。

[德]马克斯·韦伯:《学术与政治:韦伯的两篇演说》,冯克利译,生活·读书·新知三联书店 1998 年版。

[德]马克斯·韦伯:《中国的宗教:儒教与道教》,康乐、简美惠译,广西师范大学出版社 2010 年版。

[法]玛丽-克劳德·斯莫茨:《治理在国际关系中的正确运用》,肖孝毛译,《国际社会科学杂志》(中文版)1999 年第 1 期。

[美]麦金太尔:《德性之后》,龚群等译,中国社会科学出版社 1995 年版。

O

[美]欧爱玲:《饮水思源:一个中国乡村的道德话语》,钟晋兰、曹嘉涵译,社会科学文献出版社 2013 年版。

P

Peters, B. Guy, *Institutional Theory in Political Science: The New Institutionalism*, London & New York: Pinter, 1999.

彭定光:《论制度正义的两个层次》,《道德与文明》2002 年第 1 期。

Q

祁勇、赵德兴:《中国乡村治理模式研究》,山东人民出版社 2014 年版。

乔法容、张博:《当代中国农村集体主义道德的新元素新维度——以制度变迁下的农村农民合作社新型主体为背景》,《伦理学研究》2014 年第 6 期。

秦晖、金雁:《田园诗与狂想曲——关中模式与前近代社会的再认识》,语文出版社 2010 年版。

R

R. A. W. Rhodes, *Understanding Governance: Policy Networks, Governance, Reflexivity and Accountability*, Buckingham: Open University Press, 1997.

Robert Redfield, *Peasant Society and Culture*, Chicago: Chicago University Press, 1956.

Rosalind Hursthouse, *On Virtue Ethics*, New York: Oxford University Press, 1999.

[美]R. 科斯、[美] A. 阿尔钦、[美]D. 诺斯等:《财产权利与制度变迁:产权学派与新制度学派译文集》,刘守英译,上海三联书店、上海人民出版社 1994 年版。

S

Siu, Helen F. *Agents and Victims in South China: Accomplices in Rural Revolution*. New Haven and London: Yale University Press, 1989.

S. Popkin, The Rational Peasant: *The Political Economy of Rural Society in Vietnam*, Berkeley: University of California Press, 1979.

[美]塞缪尔·亨廷顿:《变革社会中的政治秩序》,李盛平、杨玉生等译,华夏出版社 1988 年版。

鄯爱红:《服务型政府的伦理精神》,《哲学动态》2005 年第 2 期。

盛广耀:《城市治理研究评述》,《城市问题》2012 年第 10 期。

宋亚平:《咸安政改——那场轰动全国备受争议的改革自述》,湖北人民出版社 2009 年版。

苏力:《法治及其本土资源》,中国政法大学出版社 1996 年版。

苏力:《农村基层法院的纠纷解决与规则之治》,《北大法律评论》1999 年第 1 期。

孙春晨:《"人情"伦理与市场经济秩序》,《道德与文明》1999 年第 1 期。

孙春晨:《改革开放 40 年乡村道德生活的变迁》,《中州学刊》2018 年第 11 期。

孙迪亮:《论乡村社会治理的系统性》,《齐鲁学刊》2019 年第 4 期。

孙诗锦:《启蒙与重建——晏阳初乡村文化建设事业研究(1926—1937)》,

商务印书馆 2012 年版。

T

Talcott Parsons, *A Sociological Approach to the Theory of Organizations: In Structure and Process in Modern Societies*, Glencoe IL: Free Press, 1960.

The Commission on Global Governance, *Our Global Neighborhood*, New York: Oxford University Press, 1995.

Tocqueville, Alexis de, *Democracy in America*. New York: Perennial Classics, 2000.

谈萧:《“治理”与“governance”:一种语境交融的解释》,《学习与实践》2014 年第 10 期。

汤玉权、徐勇:《构建农村社会的稳定系统:以“双轨政治”为分析框架》,《学习与实践》2017 年第 4 期。

陶涛:《城邦的美德——亚里士多德政治伦理思想研究》,上海三联书店 2016 年版。

涂平荣:《当代中国农村经济伦理问题研究》,中国社会科学出版社 2015 年版。

W

[英]威廉·葛德文:《政治正义论》第 1 卷,何慕李译,商务印书馆 1980 年版。

万俊人:《传统美德伦理的当代境遇与意义》,《南京大学学报》(哲学·人文科学·社会科学)2017 年第 3 期。

万俊人:《从政治正义到社会和谐——以罗尔斯为中心的当代政治哲学反思》,《哲学动态》2005 年第 6 期。

万俊人:《道德谱系与知识镜像》,《读书》2004 年第 4 期。

万俊人:《“德治”的政治伦理视角》,《学术研究》2001 年第 4 期。

万俊人:《论正义之为社会制度的第一美德》,《哲学研究》2009 年第 2 期。

万俊人:《人为什么要有道德?》(上),《现代哲学》2003 年第 1 期。

万俊人:《政治如何进入哲学》,《中国社会科学》2008 年第 2 期。

万俊人:《政治与美德》,北京师范大学出版社 2017 年版。

万俊人:《制度伦理与当代伦理学范式转移——从知识社会学的视角看》,《浙江学刊》2002 年第 4 期。

万俊人:《制度伦理与政治文明》,《理论导报》2008 年第 6 期。

万俊人等主编:《现代公共管理伦理导论》,人民出版社 2005 年版。

王本陆:《消除双轨制:我国农村教育改革的伦理诉求》,《北京师范大学学报》(人文社科版)2004 年第 5 期。

王春光:《中国地方社会治理实践的理论透视》,《中共中央党校学报》2017 年第 5 期。

王丽惠:《控制的自治:村级治理半行政化的形成机制与内在困境——以城乡一体化为背景的问题讨论》,《中国农村观察》2015 年第 2 期。

王立胜:《人民公社化运动与中国农村社会基础再造》,《中共党史研究》2007 年第 3 期。

王露璐:《伦理视角下中国乡村社会变迁中的"礼"与"法"》,《中国社会科学》2015 年第 7 期。

王露璐:《伦理如何"回"乡村》,上海三联书店,2019 年版。

王露璐:《乡土伦理——一种跨学科视野中的"地方性道德知识"探究》,人民出版社 2008 年版。

王露璐:《新乡土伦理——社会转型期的中国乡村伦理问题研究》,人民出版社 2016 年版。

王露璐:《中国式现代化进程中的乡村振兴与伦理重建》,《中国社会科学》2021 年第 12 期。

王淑芹、刘畅:《德治与法治:何种关系》,《伦理学研究》2014 年第 5 期。

王淑芹、武林杰:《法治与德治相结合的正当性证成》,《伦理学研究》2017 年第 3 期。

王维先、铁省林:《农村社区伦理共同体之建构》,山东大学出版社 2014 年版。

王新生:《马克思正义理论的四重辩护》,《中国社会科学》2014 年第 4 期。

王亚华、高瑞:《走向稳定、秩序与良治——现代化进程中的乡村公共事务治理》,《人民论坛·学术前沿》2015 年第 3 期。

王岩:《亚里士多德的政治正义观研究》,《政治学研究》2003 年第 1 期。

王彦东、王维国:《农村社区治理的伦理路径》,《道德与文明》2015 年第 3 期。

王泽应:《共同富裕的伦理内涵及实现路径》,《齐鲁学刊》2015 年第 2 期。

汪子嵩等:《希腊哲学史》第 2 卷,人民出版社 1993 年版。

温铁军:《为什么我们还需要乡村建设》,《中国老区建设》2010 年第 3 期。

吴飞:《浮生取义——对华北某县自杀现象的文化解读》,中国人民大学出版社 2009 年版。

吴青熹:《乡村治理体系现代化与乡土伦理的重建》,《伦理学研究》2021 年第 6 期。

X

奚广庆:《依法治国需与以德治国相结合》,《中国特色社会主义研究》2015 年第 1 期。

夏当英:《乡村家庭秩序的伦理逻辑与现代变迁》,《社会科学研究》2020 年第 3 期。

项继权:《中国农村社区及共同体的转型与重建》,《华中师范大学学报》(人文社会科学版)2009 年第 3 期。

向玉乔:《国家治理的伦理意蕴》,《中国社会科学》2016 年第 5 期。

肖唐镖:《宗族政治——村治权力网络的分析》,商务印书馆 2010 年版。

肖群忠:《民族文化自信与传统美德传承》,《道德与文明》2020 年第 1 期。

谢丽华:《农村伦理的理论与现实》,中国农业出版社 2010 年版。

熊得山:《中国社会史论》,上海书店出版社 2010 年版。

徐勇:《GOVERNANCE:治理的阐释》,《政治学研究》1997 年第 1 期。

徐勇:《马克思恩格斯有关城乡关系问题的思想及其现实意义》,《社会主义研究》1991 年第 6 期。

徐勇:《现代国家乡土社会与制度建构》,中国物资出版社 2009 年版。

徐勇:《乡村治理的中国根基与变迁》,中国社会科学出版社 2018 年版。

徐勇:《乡村治理与中国政治》,中国社会科学出版社 2003 年版。

徐勇、赵德健:《找回自治:对村民自治有效实现形式的探索》,《华中师范大学学报》(人文社会科学版)2014 年第 4 期。

薛晓阳:《乡村伦理重建:农村教育的道德反思》,《教育研究与实验》2016 年第 2 期。

Y

[古希腊]亚里士多德:《尼各马可伦理学》,廖申白译注,商务印书馆 2003 年版。

[古希腊]亚里士多德:《修辞学》,罗念生译,上海人民出版社 2006 年版。

[古希腊]亚里士多德:《政治学》,颜一、秦典华译,中国人民大学出版社 2003 年版。

颜德如:《以新乡贤推进当代中国乡村治理》,《理论探讨》2016 年第 1 期。

杨开道:《中国乡约制度》,商务印书馆 2015 年版。

杨明、韩玉胜:《〈吕氏乡约〉乡村道德教化思想探析》,《东南大学学报》(哲学社会科学版)2013 年第 5 期。

杨清荣:《制度的伦理与伦理的制度——兼论我国当前道德建设的基本途径》,《马克思主义与现实》2002 年第 4 期。

燕连福、程诚:《中国共产党百年乡村治理的历程、经验与未来着力点》,《北京工业大学学报》(社会科学版)2021 年第 3 期。

姚大志:《从〈正义论〉到〈政治自由主义〉——罗尔斯的后期政治哲学》,《中国人民大学学报》2010 年第 1 期。

应星:《村庄审判史中的道德与政治:1951—1976 年中国西南一个山村的故事》,知识产权出版社 2009 年版。

游祥斌:《试论我国农村新型治理结构的重构》,《中国行政管理》2012 年第 1 期。

于建嵘:《社会变迁进程中乡村社会治理的转变》,《人民论坛》2015 年第 14 期。

俞可平、徐秀丽:《中国农村治理的历史与现状》,《经济社会体制比较》2004 年第 2 期。

俞可平:《政治与政治学》,社会科学文献出版社 2005 年版。

俞可平主编:《治理与善治》,社会科学文献出版社 2000 年版。

俞荣根:《礼法传统与良法善治》,《暨南学报》(哲学社会科学版)2016 年第 4 期。

Z

[美]詹姆斯・C.斯科特:《农民的道义经济学:东南亚的反叛与生存》,程立显、刘建译,译林出版社 2013 年版。

[美]詹姆斯・N.罗西瑙主编:《没有政府的治理:世界政治中的秩序与变革》,张胜军等译,江西人民出版社 2001 年版。

曾建平:《乡村视野中的环境公正与和谐社会》,《江西师范大学学报》2005 年第 5 期。

曾庆捷:《"治理"概念的兴起及其在中国公共管理中的应用》,《复旦学报》(社会科学版)2017 年第 3 期。

张建雷:《家庭伦理、家庭分工与农民家庭的现代化进程》,《伦理学研究》2017 年第 6 期。

张康之:《论政府的非管理化——关于"新公共管理"的趋势预测》,《教学与研究》2000 年第 7 期。

张康之:《寻找公共行政的伦理视角》,中国人民大学出版社 2002 年版。

张康之、张乾友:《公共生活的发生》,高等教育出版社 2010 年版。

张康之、张乾友:《论复杂社会的秩序》,《学海》2010 年第 1 期。

张良:《乡村公共规则的解体与重建》,《浙江社会科学》2016 年第 6 期。

张良:《乡村公共空间的衰败与重建——兼论乡村社会整合》,《学习与实践》2013 年第 10 期。

张润泽、杨华:《转型期乡村治理的社会情绪基础:概念、类型及困境》,《湖南师范大学社会科学学报》2006 年第 4 期。

章荣君:《乡村治理中正式制度与非正式制度的关系解析》,《行政论坛》2015 年第 3 期。

张文显:《法治与国家治理现代化》,《中国法学》2014 年第 4 期。

张晓山:《完善农村基本经营制度 夯实乡村治理基础》,《中国农村经济》2020 年第 6 期。

张燕:《传统乡村伦理文化的式微与转型——基于乡村治理的视角》,《伦理学研究》2017 年第 3 期。

张扬金、于兰华:《农村民主监督制度的损耗与补益——政治知识与政治道德的视角》,《伦理学研究》2014 年第 1 期。

张颐武:《重视现代乡贤》,《人民日报》2015 年 9 月 30 日。

赵晓力:《要命的地方:〈秋菊打官司〉再解读》,《北大法律评论》2005 年第 1 期。

折晓叶、陈婴婴:《项目制的分级运作机制和治理逻辑——对"项目进村"案例的社会学分析》,《中国社会科学》2011 年第 4 期。

郑大华:《民国乡村建设运动》,社会科学文献出版社 2000 年版。

郑风田:《对沦为村霸的村干部必须严惩》,《人民论坛》2017 年第 10 期。

周辅成编:《西方伦理学名著选辑》(下卷),商务印书馆 1987 年版。

周祥林、沈志荣:《论梁漱溟乡村建设中的政治伦理思想》,《伦理学研究》2011 年第 2 期。

周怡:《中国第一村:华西村转型经济中的后集体主义》,香港牛津大学出版社 2006 年版。

庄曦、何修豪:《徽州祭簿的媒介叙事与乡民记忆建构研究》,《现代传播》(中国传媒大学学报)2020 年第 3 期。

左晓斯:《治理究竟是什么》,《学术研究》2015 年第 10 期。

附　录[①]

街南村田野调查问卷

编号：________

1. 调查地点

江苏省徐州市邳州市土山镇街南村

2. 调查员(签名)__________

3. 初　检(签名)__________

复　检(签名)__________

终　检(签名)__________

尊敬的女士/先生：

您好！

我是国家社科基金重大项目子课题"中国乡村治理伦理研究"课题组的调查员，我们正在进行一项关于乡村治理的社会调查。本次调查是匿名的学术调查，旨在了解我国当前乡村治理伦理的现状与问题，调查的最终结果表现为统计数据形式，并且完全用于学术研究。我们将严格按照《中华人民共和国统计法》对您的回答情况保密。因此，本次调查既不会泄露您的个人隐私，又不会给您带来任何方面的不良影响。您的合作与支持对我们的研究非常重要。在此我们向您表示衷心的感谢！依据随机抽样方法，选中了您的家庭进行调查。下面我要了解一些关于户内成员的情况，请给予支持。谢谢！

"中国乡村治理伦理研究"子课题组

2016 年 7 月

---

① 笔者于 2016 年 7 月 11 日—17 日，对江苏徐州街南村进行了专项调研，现将相关资料以附录形式呈现。

个人调查表主卷

您好！非常感谢您接受我们的田野调查，下面我将问您一些有关乡村治理的问题。您被访问，纯属系统抽样的结果。问题回答的结果无所谓对错，只要符合您的真实想法和实际情况就可以了。问卷不记姓名，我们将严格依据法律的有关规定对您的个人和家庭信息保密，请您放心回答。调查会占用您的一些时间，希望您给予支持。谢谢！

调查开始，请您依次回答下列问题：

请调查员先翻到问卷最后一页填写调查开始时间

{A 部分 个人基本情况}

A1. 您的性别是什么？

1. 男　　2. 女

A2. 您现年多少周岁？________周岁

A3. 您当前的婚姻状况是什么？

1. 未婚　　2. 初婚有配偶　　3. 再婚有配偶
4. 离婚　　5. 丧偶

A4. 您的户口是什么？

1. 城镇户口　　2. 农村户口　　3. 其他

A5. 您的教育程度是什么？

1. 未受过正式教育　　2. 小学　　3. 初中
4. 职高、技校、中专　　5. 高中　　6. 大专
7. 本科　　8. 研究生及以上　　9. 私塾
10. 其他

A6. 您的政治面貌是什么？

1. 普通群众　　2. 中共党员（含预备党员）　　3. 民主党派
4. 共青团员　　5. 其他

A7．您的宗教信仰是什么？

1．基督教　　2．佛教　　3．伊斯兰教

4．天主教　　5．无宗教信仰

A8．您的籍贯地在本地吗？

1．在　　2．不在

A9．您的户口所在地在本地吗？

1．在　　2．不在

A10．您目前的职业是什么？

1．国家机关、党群组织、企业、事业单位负责人

2．专业技术人员　　3．一般办事人员　　4．商业、服务业人员

5．农民　　6．工人　　7．军人

8．其他不便分类的从业人员

9．离退休（下面回答离退休前的单位状况）

10．失业/下岗（下面回答失业/下岗前的单位状况）

11．在校学生跳答 A14 题

12．其他未从业人员跳答 A14 题

A11．您的工作单位的性质是什么？

1．党政机关　　2．群众团体　　3．军队、武警部队

4．民主党派机关　　5．国有、国营企业　　6．国有事业单位

7．集体企业或事业单位　　8．个体户

9．私营/民营企业　　10．三资企业　　11．其他类型

A12．2015 年您全年的个人总收入大约在什么范围？________元

a．不知道/说不清　　b．拒绝回答

总收入是指包括工资、各种奖金、补贴、分红、股息、经营性纯收入、银行利息、馈赠等所有收入。

A13．2016 年您全年的个人理想总收入大约是多少？________元

a．不知道/说不清　　b．拒绝回答

总收入是指包括工资、各种奖金、补贴、分红、股息、经营性纯收入、银行利息、馈赠等所有收入。

A14. 2015 年您家全年的家庭各种收入大约在什么范围? ________元

a. 不知道/说不清　b. 拒绝回答

总收入是指包括工资、各种奖金、补贴、分红、股息、经营性纯收入、银行利息、馈赠等所有收入。

A15. 总的来说,您对目前家庭的收入水平是否满意?

1. 很不满意　2. 不太满意　3. 一般

4. 比较满意　5. 非常满意

a. 不知道/说不清　b. 拒绝回答

A16. 总的来说,您对自己的生活状况是否满意?

1. 很不满意　2. 不太满意　3. 一般

4. 比较满意　5. 非常满意

a. 不知道/说不清　b. 拒绝回答

{B 部分　乡村制度及其治理伦理状况}

B1. 您参与最近一次的民主选举了吗?

1. 参与了　2. 没有参与,转 B4 题

B2. 您参与最近一次民主选举的原因是什么?

1. 行使权利,履行义务　2. 受人之托,帮别人拉票

3. 村干部要求参加　4. 闲着没事,跟随大流

B3. 您能准确说出最近一次民主选举产生的村干部名字吗?

1. 能全部说出　2. 能说出一半及以上

3. 只能说出一半以下　4. 完全不知道

B4. 您清楚村里的财务收支情况吗?

1. 十分清楚　2. 基本清楚

3. 了解一些　4. 完全不知道

B5. 您主要通过哪些渠道了解村里的管理情况?

1. 村里会议　2. 村务公开栏

3. 村级广播　4. 村民代表等组织传达

5. 询问村干部　6. 上网查阅

a. 不知道/说不清

B6. 当村干部的决策损害您和大多数村民利益时,您通常会怎样?

1. 主动联合其他村民,制造舆论给村干部施压

2. 观望一段时间,有人反对就一起加入,没人反对就默默忍受

3. 偷偷匿名向上级或者新闻媒体反映

4. 始终不管不问

5. 直接提出

a. 不知道/说不清

B7. 如果有人偷拿或破坏公家的东西,您会怎么办?

1. 立即上前制止

2. 立即向有关部门反映

3. 自然会有人管,不用我操心

4. 不用管,公家的东西,和我没什么关系

5. 其他

a. 不知道/说不清

B8. 如果关帝庙扩建或因其他乡村发展需要,必须让您家搬迁,您会怎么办?

1. 坚决不同意,以死抵抗

2. 只要给出的补偿条件合理就配合乡村发展需求

3. 为家庭长远考虑,尽可能多地要补偿

4. 自己主动搬迁,补偿多少无所谓

a. 不知道/说不清

B9. 您主动向村干部或村民代表提过有关乡村事务的意见或建议吗?

1. 经常提　　2. 偶尔提过　　3. 从来没有

B10. 村干部或村民代表会主动向您征求有关乡村事务的意见或建议吗?

1. 经常有　　2. 偶尔有过　　3. 从来没有

B11. 有关乡村发展的事情,你们村一般如何解决?

1. 召开村民(代表)会议讨论决定

2. 村干部到村民家中征求意见后决定

3. 村干部自己决定

a. 不知道/说不清

B12. 您怎样看待乡村中大大小小的会议?

1. 只是走走形式,主要的决策都是干部们想好的

2. 表达村民自身利益的途径,能够充分征集村民的意见

3. 基本不参加,也不清楚

B13. 您认为在乡村日常事务中谁的影响力最大?

1. 村干部　　2. 经济上有实力的人

3. 大的家族势力　　4. 德高望重的人

5. 黑社会势力　　a. 不知道/说不清

B14. 你们村的村干部日常主要工作是什么?

1. 完成上级政府交代的事情　　2. 解决村民困难

3. 维护村干部个人利益　　a. 不知道/说不清

B15. 您认为一个好的村干部在哪个方面最重要?

1. 能带动村里的经济发展,带领村民致富

2. 工作热情卖力,勤勤恳恳

3. 为人正直,大公无私,乐于奉献

4. 能协调好上下级的关系

a. 不知道/说不清

B16. 如果没有德才兼备的候选人,您更希望哪种人当村干部?

1. 能带领村民发家致富,但在道德上有污点的人

2. 具有良好道德威望,但不能为村里带来经济效益的人

a. 不知道/说不清

B17. 您认为国家有关农民的利好政策在乡村能得到充分实施吗?

1. 会得到主动落实

2. 在村民的争取下会得到落实

3. 即使在村民争取下也不会得到全部落实

4. 完全不会落实

a. 不知道/说不清

B18. 如果村里打算向村民集资去办工厂,您会集吗?

1. 不集,肯定赔钱
2. 不集,这年头,钱不好赚,有风险
3. 不集,把钱交给村里不放心
4. 如果大家都集,我就集,不然就不集
5. 集,肯定赚钱
6. 集,把钱交给村里放心
7. 集,钱放着也是放着,不如碰碰运气
8. 集,因为是摊派的,都得集
a. 不知道/说不清

B19. 您村里有社会组织参与乡村发展吗?

1. 没有　　2. 有,但是不多
3. 有,并且不少　　a. 不知道/说不清

B20. 您对关帝庙及其周边开发成旅游景点有什么看法?

1. 关键在于提供了就业机会,增加了收入
2. 浪费人力、物力、财力,意义不大
3. 主要是使关羽忠厚仁义的精神得到了传扬
a. 不知道/说不清

B21. 您村有村规民约吗?

1. 有　　2. 没有　　a. 不知道/说不清

B22. 您认为近年来关羽忠厚仁义的品性对街南村的影响是什么?

1. 减弱了,并且很明显　　2. 基本没有减弱
3. 得到了更好的发扬　　a. 不知道/说不清

B23. 您认为这些年来街南村的人变得怎么样了?

1. 越来越会为自己算计,各家自扫门前雪
2. 主要为自己着想,但也能适当为村里事和邻里乡亲着想
3. 为村里事和大伙着想的人越来越多,为大家想就是为自己想
4. 心里全装着乡亲们,没有私心杂念
5. 没什么太大变化
a. 不知道/说不清

B24．村里会对道德典型进行宣传吗？

1．经常有，并且对村民产生很大激励

2．偶尔有过，但没什么效果

3．从来没有过相关宣传

a．不知道/说不清

B25．您打算继续在街南村住下去吗？

1．是的，因为在这里生活得很好

2．是的，因为住这里时间长了，习惯了

3．不是的，如果有更好的环境就离开

4．不是的，只是由于一些特殊的原因才留在这里

a．不知道/说不清

B26．您希望自己子女以后去大城市打拼还是回乡工作？（如果被访问者是学生，就问其自身以后打算去大城市打拼还是回乡工作？）

1．坚决不回乡村工作，太丢人

2．乡村发展好就回，发展不好就不回

3．先在城市打拼一段时间，生活好就不回，生活不好再回

4．一定回乡村工作

a．不知道/说不清

B27．您认为务农和做买卖，哪个更重要？

1．务农，因为务农才是农民的本业

2．务农，只有务农才能生活得好

3．务农，做买卖风险太大

4．做买卖，只有做买卖才能生活得好

5．做买卖，赚钱最重要

a．不知道/说不清

B28．在现代社会，您认为什么东西最重要？

1．钱　　2．权力

3．能力　　4．家庭背景

5．人际关系　　6．人品

7．其他　　a．不知道/说不清

B29．您认为现在的农村医疗保险、养老保险怎么样？

1．基本上起不到作用，参不参保意义不大

2．只能解决部分问题，依然不能很好地保障生活

3．能够基本解决问题，生活比以前更踏实了

a．不知道/说不清

B30．您认为操办婚丧嫁娶的目的是什么？

1．别人都办，自己只是顺应潮流

2．收回参加别人婚丧嫁娶的礼金

3．通过操办这种仪式来表达情感

4．获得村民的认可，有面子

a．不知道/说不清

B31．您觉得孩子读书有用吗？

1．一点用都没有

2．有一点用，只要能识字就行

3．有用，不读书就没出路

4．总会有用，读书总比不读好

5．其他

a．不知道/说不清

B32．在日常生活中，您最常用哪种方式与他人沟通？

1．面对面　2．打电话　3．手机短信　4．书信

5．微信、QQ 等网络通讯工具

B33．如果有人和您借一万元，您会借吗？

1．无论如何都不借

2．借，但必须要打欠条

3．借，但必须要到公证处公证

4．借，只要熟人担保就可以，不用打欠条

5．借，但必须要打欠条，而且要找熟人担保

6．其他

a．不知道/说不清

B34. 如果有人借了您的钱赖着不还，您会怎么办？

1. 忍了算了
2. 找熟人解决
3. 通过打官司解决
4. 找村委员或村党支部解决
5. 带上一帮人来硬的
6. 其他

a. 不知道/说不清

B35. 人们在社会生活中总要和不同的人打交道，下列成员中，您在多大程度上信任他们？

类型	完全信任	比较信任	一般	比较不信任	完全不信任	说不清	拒绝回答
家庭成员							
亲戚							
朋友							
邻居							
同事							
单位领导							
村干部							
同村人							
陌生人							

调查到此结束，谢谢您的合作！

【调查时间】

类型	访谈日期 （月、日）	开始时间 （时、分） 24 小时制	结束时间 （时、分） 24 小时制	成功与否 1. 成功 2. 失败	未成功 的原因
问卷访谈					

未成功原因选项：

01. 不能调查（被访者生病）

02. 被访者要求调查员稍后再来

03. 完成了部分调查，必须再来

04. 遭被访者拒绝

住户地址________________________

住户电话________________________

街南村田野调查数据频数图①

性 别					
		频数	百分比/%	有效百分比/%	累积百分比/%
有效	男	69	60.5	60.5	60.5
	女	45	39.5	39.5	100.0
	合计	114	100.0	100.0	

您现年多少周岁?					
		频数	百分比/%	有效百分比/%	累积百分比/%
有效	16—25	5	4.4	4.4	4.4
	26—35	20	17.5	17.5	21.9
	36—45	14	12.3	12.3	34.2
	46—55	39	34.2	34.2	68.4
	56—65	23	20.2	20.2	88.6
	66—75	13	11.4	11.4	100.0
	合计	114	100.0	100.0	

您当前的婚姻状况是什么?					
		频数	百分比/%	有效百分比/%	累积百分比/%
有效	未婚	11	9.6	9.6	9.6
	初婚有配偶	94	82.5	82.5	92.1
	再婚有配偶	2	1.8	1.8	93.9
	离婚	1	0.9	0.9	94.7
	丧偶	6	5.3	5.3	100.0
	合计	114	100.0	100.0	

① 因四舍五入的原因,部分数据相加不等于100%。

您的户口是什么？					
		频数	百分比/%	有效百分比/%	累积百分比/%
有效	城镇户口	17	14.9	14.9	14.9
	农村户口	97	85.1	85.1	100.0
	合计	114	100.0	100.0	

您的教育程度是什么？					
		频数	百分比/%	有效百分比/%	累积百分比/%
有效	未受过正式教育	14	12.3	12.3	12.3
	小学	20	17.5	17.5	29.8
	初中	47	41.2	41.2	71.1
	职高、技校、中专	6	5.3	5.3	76.3
	高中	17	14.9	14.9	91.2
	大专	5	4.4	4.4	95.6
	研究生及以上	2	1.8	1.8	97.4
	其他	3	2.6	2.6	100.0
	合计	114	100.0	100.0	

您的政治面貌是什么？					
		频数	百分比/%	有效百分比/%	累积百分比/%
有效	普通群众	89	78.1	78.1	78.1
	中共党员（含预备党员）	11	9.6	9.6	87.7
	共青团员	10	8.8	8.8	96.5
	其他	4	3.5	3.5	100.0
	合计	114	100.0	100.0	

您的宗教信仰是什么？					
		频数	百分比/%	有效百分比/%	累积百分比/%
有效	基督教	5	4.4	4.4	4.4
	天主教	8	7.0	7.0	11.4
	无宗教信仰	101	88.6	88.6	100.0
	合计	114	100.0	100.0	

您的籍贯地在本地吗？					
		频数	百分比/%	有效百分比/%	累积百分比/%
有效	在	109	95.6	95.6	95.6
	不在	5	4.4	4.4	100.0
	合计	114	100.0	100.0	

您的户口所在地在本地吗？					
		频数	百分比/%	有效百分比/%	累积百分比/%
有效	在	107	93.9	93.9	93.9
	不在	7	6.1	6.1	100.0
	合计	114	100.0	100.0	

您目前的职业是什么?					
		频数	百分比/%	有效百分比/%	累积百分比/%
有效	国家机关、党群组织、企业、事业单位负责人	2	1.8	1.8	1.8
	专业技术人员	3	2.6	2.6	4.4
	一般办事人员	3	2.6	2.6	7.0
	商业、服务业人员	16	14.0	14.0	21.1
	农民	65	57.0	57.0	78.1
	工人	8	7.0	7.0	85.1
	其他不便分类的从业人员	2	1.8	1.8	86.8
	离退休(下面回答离退休前的单位状况)	4	3.5	3.5	90.4
	失业/下岗(下面回答失业/下岗前的单位状况)	2	1.8	1.8	92.1
	在校学生	3	2.6	2.6	94.7
	其他未从业人员	6	5.3	5.3	100.0
	合计	114	100.0	100.0	

您的工作单位的性质是什么?					
		频数	百分比/%	有效百分比/%	累积百分比/%
有效	党政机关	8	7.0	7.6	7.6
	群众团体	6	5.3	5.7	13.3
	国有事业单位	1	0.8	1.0	14.3
	集体企业或事业单位	2	1.8	1.9	16.2
	个体户	27	23.7	25.7	41.9
	私营/民营企业	8	7.0	7.6	49.5
	其他类型	53	46.5	50.5	100.0
	合计	105	92.1	100.0	
缺失	系统	9	7.9		
合计		114	100.0		

2015 年您全年的个人总收入大约在什么范围？					
		频数	百分比/%	有效百分比/%	累积百分比/%
有效	1 000～5 000 元	17	14.9	15.5	15.5
	5 000～10 000 元	10	8.8	9.1	24.5
	10 000～20 000 元	8	7.0	7.3	31.8
	20 000～30 000 元	12	10.5	10.9	42.7
	30 000～40 000 元	4	3.5	3.6	46.4
	40 000～50 000 元	6	5.3	5.5	51.8
	50 000～100 000 元	10	8.8	9.1	60.9
	100 000 元以上	3	2.6	2.7	63.6
	不知道/说不清	36	31.6	32.7	96.4
	拒绝回答	4	3.5	3.6	100.0
	合计	110	96.5	100.0	
缺失	系统	4	3.5		
合计		114	100.0		

2016 年您全年的个人理想总收入大约是多少？					
		频数	百分比/%	有效百分比/%	累积百分比/%
有效	1 000～5 000 元	16	14.0	14.5	14.5
	5 000～10 000 元	6	5.3	5.5	20.0
	10 000～20 000 元	6	5.3	5.5	25.5
	20 000～30 000 元	8	7.0	7.3	32.7
	30 000～40 000 元	8	7.0	7.3	40.0
	40 000～50 000 元	10	8.8	9.1	49.1
	50 000～100 000 元	12	10.5	10.9	60.0
	100 000 元以上	5	4.4	4.5	64.5
	不知道/说不清	34	29.8	30.9	95.5
	拒绝回答	5	4.4	4.5	100.0
	合计	110	96.5	100.0	
缺失	系统	4	3.5		
合计		114	100.0		

2015年您家全年的家庭各种收入大约在什么范围?					
		频数	百分比/%	有效百分比/%	累积百分比/%
有效	1 000～5 000元	13	11.4	11.4	11.4
	5 000～10 000元	6	5.3	5.3	16.7
	10 000～20 000元	7	6.1	6.1	22.8
	20 000～30 000元	6	5.3	5.3	28.1
	30 000～40 000元	10	8.8	8.8	36.8
	40 000～50 000元	10	8.8	8.8	45.6
	50 000～100 000元	13	11.4	11.4	57.0
	100 000元以上	12	10.5	10.5	67.5
	不知道/说不清	32	28.1	28.1	95.6
	拒绝回答	5	4.4	4.4	100.0
	合计	114	100.0	100.0	

总的来说,您对目前家庭的收入水平是否满意?					
		频数	百分比/%	有效百分比/%	累积百分比/%
有效	很不满意	8	7.0	7.0	7.0
	不太满意	24	21.1	21.1	28.1
	一般	44	38.6	38.6	66.7
	比较满意	26	22.8	22.8	89.5
	非常满意	8	7.0	7.0	96.5
	不知道/说不清	3	2.6	2.6	99.1
	拒绝回答	1	0.9	0.9	100.0
	合计	114	100.0	100.0	

总的来说,您对自己的生活状况是否满意?					
		频数	百分比/%	有效百分比/%	累积百分比/%
有效	很不满意	5	4.4	4.4	4.4
	不太满意	13	11.4	11.4	15.8
	一般	55	48.2	48.2	64.0
	比较满意	32	28.1	28.1	92.1
	非常满意	8	7.0	7.0	99.1
	不知道/说不清	1	0.9	0.9	100.0
	合计	114	100.0	100.0	

您参与最近一次的民主选举了吗?					
		频数	百分比/%	有效百分比/%	累积百分比/%
有效	参与了	17	14.9	14.9	14.9
	没有参与	97	85.1	85.1	100.0
	合计	114	100.0	100.0	

您参与最近一次民主选举的原因是什么?					
		频数	百分比/%	有效百分比/%	累积百分比/%
有效	行使权利,履行义务	14	12.3	77.8	77.8
	村干部要求参加	4	3.5	22.2	100.0
	合计	18	15.8	100.0	
缺失	系统	96	84.2		
合计		114	100.0		

您能准确说出最近一次民主选举产生的村干部名字吗?					
		频数	百分比/%	有效百分比/%	累积百分比/%
有效	能全部说出	14	12.3	77.8	77.8
	能说出一半及以上	4	3.5	22.2	100.0
	合计	18	15.8	100.0	
缺失	系统	96	84.2		
合计		114	100.0		

您清楚村里的财务收支情况吗?					
		频数	百分比/%	有效百分比/%	累积百分比/%
有效	十分清楚	5	4.4	4.4	4.4
	基本清楚	2	1.8	1.8	6.1
	了解一些	5	4.4	4.4	10.5
	完全不知道	102	89.5	89.5	100.0
	合计	114	100.0	100.0	

您主要通过哪些渠道了解村里的管理情况？					
		频数	百分比/%	有效百分比/%	累积百分比/%
有效	村里会议	6	5.3	5.3	5.3
	村务公开栏	8	7.0	7.0	12.3
	村级广播	38	33.3	33.3	45.6
	村民代表等组织传达	6	5.3	5.3	50.9
	询问村干部	2	1.8	1.8	52.6
	不知道/说不清	54	47.4	47.4	100.0
	合计	114	100.0	100.0	

当村干部的决策损害您和大多数村民利益时，您通常会怎样？					
		频数	百分比/%	有效百分比/%	累积百分比/%
有效	主动联合其他村民，制造舆论给村干部施压	12	10.5	10.8	10.8
	观望一段时间，有人反对就一起加入，没人反对就默默忍受	44	38.6	39.6	50.5
	偷偷匿名向上级或者新闻媒体反映	2	1.8	1.8	52.3
	始终不管不问	42	36.8	37.8	90.1
	直接提出	11	9.6	9.9	100.0
	合计	111	97.4	99.9	
缺失	系统	3	2.6		
合计		114	100.0		

如果有人偷拿或破坏公家的东西,您会怎么办?					
		频数	百分比/%	有效百分比/%	累积百分比/%
有效	立即上前制止	69	60.5	60.5	60.5
	立即向有关部门反映	27	23.7	23.7	84.2
	自然会有人管,不用我操心	10	8.8	8.8	93.0
	不用管,公家的东西,和我没什么关系	2	1.8	1.8	94.7
	其他	3	2.6	2.6	97.4
	不知道/说不清	3	2.6	2.6	100.0
	合计	114	100.0	100.0	

如果关帝庙扩建或因其他乡村发展需要,必须让您家搬迁,您会怎么办?					
		频数	百分比/%	有效百分比/%	累积百分比/%
有效	坚决不同意,以死抵抗	3	2.6	2.6	2.6
	只要给出的补偿条件合理就配合乡村发展需求	101	88.6	88.6	91.2
	为家庭长远考虑,尽可能多地要补偿	9	7.9	7.9	99.1
	自己主动搬迁,补偿多少无所谓	1	0.9	0.9	100.0
	合计	114	100.0	100.0	

您主动向村干部或村民代表提过有关乡村事务的意见或建议吗?					
		频数	百分比/%	有效百分比/%	累积百分比/%
有效	经常提	5	4.4	4.4	4.4
	偶尔提过	22	19.3	19.3	23.7
	从来没有	87	76.3	76.3	100.0
	合计	114	100.0	100.0	

村干部或村民代表会主动向您征求有关乡村事务的意见或建议吗?					
		频数	百分比/%	有效百分比/%	累积百分比/%
有效	经常有	4	3.5	3.5	3.5
	偶尔有过	23	20.2	20.2	23.7
	从来没有	87	76.3	76.3	100.0
	合计	114	100.0	100.0	

有关乡村发展的事情,你们村一般如何解决?					
		频数	百分比/%	有效百分比/%	累积百分比/%
有效	召开村民(代表)会议讨论决定	25	21.9	21.9	21.9
	村干部到村民家中征求意见后决定	20	17.5	17.5	39.5
	村干部自己决定	36	31.6	31.6	71.1
	不知道/说不清	33	28.9	28.9	100.0
	合计	114	99.9	100.0	

您怎样看待乡村中大大小小的会议?					
		频数	百分比/%	有效百分比/%	累积百分比/%
有效	只是走走形式,主要的决策都是干部们想好的	27	23.7	23.7	23.7
	表达村民自身利益的途径,能够充分征集村民的意见	32	28.1	28.1	51.8
	基本不参加,也不清楚	55	48.2	48.2	100.0
	合计	114	100.0	100.0	

您认为在乡村日常事务中谁的影响力最大？					
		频数	百分比/%	有效百分比/%	累积百分比/%
有效	村干部	75	65.8	65.8	65.8
	经济上有实力的人	13	11.4	11.4	77.2
	强大的家族势力	2	1.8	1.8	78.9
	德高望重的人	3	2.6	2.6	81.6
	黑社会势力	3	2.6	2.6	84.2
	不知道/说不清	18	15.8	15.8	100.0
	合计	114	100.0	100.0	

你们村的村干部日常主要工作是什么？					
		频数	百分比/%	有效百分比/%	累积百分比/%
有效	完成上级政府交代的事情	25	21.9	21.9	21.9
	解决村民困难	34	29.8	29.8	51.8
	维护村干部个人利益	17	14.9	14.9	66.7
	不知道/说不清	38	33.3	33.3	100.0
	合计	114	99.9	100.0	

您认为一个好的村干部在哪个方面最重要？					
		频数	百分比/%	有效百分比/%	累积百分比/%
有效	能带动村里的经济发展，带领村民致富	61	53.5	53.5	53.5
	工作热情卖力，勤勤恳恳	8	7.0	7.0	60.5
	为人正直，大公无私，乐于奉献	30	26.3	26.3	86.8
	能协调好上下级的关系	4	3.5	3.5	90.4
	不知道/说不清	11	9.6	9.6	100.0
	合计	114	99.9	100.0	

如果没有德才兼备的候选人，您更希望哪种人当村干部？					
		频数	百分比/%	有效百分比/%	累积百分比/%
有效	能带领村民发家致富，但在道德上有污点的人	51	44.7	44.7	44.7
	具有良好道德威望，但不能为村里带来经济效益的人	40	35.1	35.1	79.8
	不知道/说不清	23	20.2	20.2	100.0
	合计	114	100.0	100.0	

您认为国家有关农民的利好政策在乡村能得到充分实施吗？					
		频数	百分比/%	有效百分比/%	累积百分比/%
有效	会得到主动落实	26	22.8	22.8	22.8
	在村民的争取下会得到落实	16	14.0	14.0	36.8
	即使在村民争取下也不会得到全部落实	41	36.0	36.0	72.8
	完全不会落实	12	10.5	10.5	83.3
	不知道/说不清	19	16.7	16.7	100.0
	合计	114	100.0	100.0	

如果村里打算向村民集资去办工厂，您会集吗？					
		频数	百分比/%	有效百分比/%	累积百分比/%
有效	不集，肯定赔钱	5	4.4	4.4	4.4
	不集，这年头，钱不好赚，有风险	9	7.9	7.9	12.3
	不集，把钱交给村里不放心	20	17.5	17.5	29.8
	如果大家都集，我就集，不然就不集	34	29.8	29.8	59.6
	集，肯定赚钱	12	10.5	10.5	70.2
	集，把钱交给村里放心	5	4.4	4.4	74.6

（续表）

如果村里打算向村民集资去办工厂您会集吗？					
		频数	百分比/%	有效百分比/%	累积百分比/%
有效	集，钱放着也是放着，不如碰碰运气	4	3.5	3.5	78.1
	集，因为是摊派的，都得集	6	5.3	5.3	83.3
	不知道/说不清	19	16.7	16.7	100.0
	合计	114	100.0	100.0	

您村里有社会组织参与乡村发展吗？					
		频数	百分比/%	有效百分比/%	累积百分比/%
有效	没有	58	50.9	50.9	50.9
	有，但是不多	25	21.9	21.9	72.8
	有，并且不少	5	4.4	4.4	77.2
	不知道/说不清	26	22.8	22.8	100.0
	合计	114	100.0	100.0	

您对关帝庙及其周边开发成旅游景点有什么看法？					
		频数	百分比/%	有效百分比/%	累积百分比/%
有效	关键在于提供了就业机会，增加了收入	52	45.6	45.6	45.6
	浪费人力、物力、财力，意义不大	10	8.8	8.8	54.4
	主要是使关羽忠厚仁义的精神得到了传扬	32	28.1	28.1	82.5
	不知道/说不清	20	17.5	17.5	100.0
	合计	114	100.0	100.0	

您的村有村规民约吗?					
		频数	百分比/%	有效百分比/%	累积百分比/%
有效	有	35	30.7	30.7	30.7
	没有	41	36.0	36.0	66.7
	不知道/说不清	38	33.3	33.3	100.0
	合计	114	100.0	100.0	

您认为近年来关羽忠厚仁义的品性对街南村的影响是什么?					
		频数	百分比/%	有效百分比/%	累积百分比/%
有效	减弱了,并且很明显	23	20.2	20.2	20.2
	基本没有减弱	22	19.3	19.3	39.5
	得到了更好的发扬	41	36.0	36.0	75.4
	不知道/说不清	28	24.6	24.6	100.0
	合计	114	100.0	100.0	

您认为这些年来街南村的人变得怎么样了?					
		频数	百分比/%	有效百分比/%	累积百分比/%
有效	越来越会为自己算计,各家自扫门前雪	58	50.9	50.9	50.9
	主要为自己着想,但也能适当为村里事和邻里乡亲着想	22	19.3	19.3	70.2
	为村里事和大伙着想的人越来越多,为大家想就是为自己想	17	14.9	14.9	85.1
	心里全装着乡亲们,没有私心杂念	1	0.9	0.9	86.0
	没什么太大变化	9	7.9	7.9	93.9
	不知道/说不清	7	6.1	6.1	100.0
	合计	114	100.0	100.0	

村里会对道德典型进行宣传吗？						
		频数	百分比/%	有效百分比/%	累积百分比/%
有效	经常有，并且对村民产生很大激励	23	20.2	20.2	20.2
	偶尔有过，但没什么效果	25	21.9	21.9	42.1
	从来没有过相关宣传	50	43.9	43.9	86.0
	不知道/说不清	16	14.0	14.0	100.0
	合计	114	100.0	100.0	

您打算继续在街南村住下去吗？					
		频数	百分比/%	有效百分比/%	累积百分比/%
有效	是的，因为在这里生活得很好	7	6.1	6.1	6.1
	是的，因为住这里时间长了，习惯了	87	76.3	76.3	82.5
	不是的，如果有更好的环境就离开	14	12.3	12.3	94.7
	不是的，只是由于一些特殊的原因才留在这里	3	2.6	2.6	97.4
	不知道/说不清	3	2.6	2.6	100.0
	合计	114	99.9	99.9	

您希望自己子女以后去大城市打拼还是回乡工作？ （如果被访问者是学生，就问其自身以后打算去大城市打拼还是回乡工作？）					
		频数	百分比/%	有效百分比/%	累积百分比/%
有效	坚决不回乡村工作，太丢人	14	12.3	12.3	12.3
	乡村发展好就回，发展不好就不回	11	9.6	9.6	21.9
	先在城市打拼一段时间，生活好就不回，生活不好再回	63	55.3	55.3	77.2
	一定回乡村工作	5	4.4	4.4	81.6
	不知道/说不清	21	18.4	18.4	100.0
	合计	114	100.0	100.0	

您认为务农和做买卖，哪个更重要？					
		频数	百分比/%	有效百分比/%	累积百分比/%
有效	务农，因为务农才是农民的本业	22	19.3	19.3	19.3
	务农，做买卖风险太大	2	1.8	1.8	21.1
	做买卖，只有做买卖才能生活得好	19	16.7	16.7	37.7
	做买卖，赚钱最重要	64	56.1	56.1	93.9
	不知道/说不清	7	6.1	6.1	100.0
	合计	114	100.0	100.0	

在现代社会，您认为什么东西最重要？					
		频数	百分比/%	有效百分比/%	累积百分比/%
有效	钱	43	37.7	37.7	37.7
	权力	13	11.4	11.4	49.1
	能力	14	12.3	12.3	61.4
	家庭背景	5	4.4	4.4	65.8
	人际关系	15	13.2	13.2	78.9
	人品	24	21.1	21.1	100.0
	合计	114	100.1	100.1	

您认为现在的农村医疗保险、养老保险怎么样？					
		频数	百分比/%	有效百分比/%	累积百分比/%
有效	基本上起不到作用，参不参保意义不大	5	4.4	4.4	4.4
	只能解决部分问题，依然不能很好地保障生活	49	43.0	43.0	47.4
	能够基本解决问题，生活比以前更踏实了	57	50.0	50.0	97.4
	不知道/说不清	3	2.6	2.6	100.0
	合计	114	100.0	100.0	

您认为操办婚丧嫁娶的目的是什么？					
		频数	百分比/%	有效百分比/%	累积百分比/%
有效	别人都办，自己只是顺应潮流	60	52.6	52.6	52.6
	收回参加别人婚丧嫁娶的礼金	20	17.5	17.5	70.2
	通过操办这种仪式来表达情感	27	23.7	23.7	93.9
	获得村民的认可，有面子	7	6.1	6.1	100.0
	合计	114	99.9	99.9	

您觉得孩子读书有用吗？					
		频数	百分比/%	有效百分比/%	累积百分比/%
有效	一点用都没有	1	0.9	0.9	0.9
	有一点用，只要能识字就行	3	2.6	2.6	3.5
	有用，不读书就没出路	96	84.2	84.2	87.7
	总会有用，读书总比不读好	14	12.3	12.3	100.0
	合计	114	100.0	100.0	

在日常生活中，您最常用哪种方式与他人沟通？					
		频数	百分比/%	有效百分比/%	累积百分比/%
有效	面对面	72	63.2	63.2	63.2
	打电话	30	26.3	26.3	89.5
	手机短信	2	1.8	1.8	91.2
	微信、QQ等网络通讯工具	10	8.8	8.8	100.0
	合计	114	100.1	100.1	

如果有人和您借一万元，您会借吗？					
		频数	百分比/%	有效百分比/%	累积百分比/%
有效	无论如何都不借	14	12.3	12.3	12.3
	借，但必须要打欠条	24	21.1	21.1	33.3
	借，但必须要到公证处公证	2	1.8	1.8	35.1
	借，只要熟人担保就可以，不用打欠条	35	30.7	30.7	65.8
	借，但必须要打欠条，而且要找熟人担保	27	23.7	23.7	89.5
	其他	5	4.4	4.4	93.9
	不知道/说不清	7	6.1	6.1	100.0
	合计	114	100.1	100.1	

如果有人借了您的钱赖着不还，您会怎么办？					
		频数	百分比/%	有效百分比/%	累积百分比/%
有效	忍了算了	15	13.2	13.2	13.2
	找熟人解决	50	43.9	43.9	57.0
	通过打官司解决	33	28.9	28.9	86.0
	找村委员或村党支部解决	4	3.5	3.5	89.5
	带上一帮人来硬的	1	0.9	0.9	90.4
	其他	11	9.6	9.6	100.0
	合计	114	100.0	100.0	

您对家庭成员的信任度是什么？					
		频数	百分比/%	有效百分比/%	累积百分比/%
有效	完全信任	105	92.1	92.1	92.1
	比较信任	6	5.3	5.3	97.4
	一般	3	2.6	2.6	100.0
	合计	114	100.0	100.0	

您对亲戚的信任度是什么？					
		频数	百分比/%	有效百分比/%	累积百分比/%
有效	完全信任	33	28.9	28.9	28.9
	比较信任	48	42.1	42.1	71.1
	一般	30	26.3	26.3	97.4
	比较不信任	2	1.8	1.8	99.1
	说不清	1	0.9	0.9	100.0
	合计	114	100.0	100.0	

您对朋友的信任度是什么？					
		频数	百分比/%	有效百分比/%	累积百分比/%
有效	完全信任	12	10.5	10.9	10.9
	比较信任	43	37.7	39.1	50.0
	一般	48	42.1	43.6	93.6
	比较不信任	4	3.5	3.6	97.3
	完全不信任	2	1.8	1.8	99.1
	说不清	1	0.9	0.9	100.0
	合计	110	96.5	99.9	
缺失	系统	4	3.5		
合计		114	100.0		

您对邻居的信任度是什么？					
		频数	百分比/%	有效百分比/%	累积百分比/%
有效	完全信任	7	6.1	6.1	6.1
	比较信任	47	41.2	41.2	47.4
	一般	53	46.5	46.5	93.9
	比较不信任	4	3.5	3.5	97.4
	完全不信任	2	1.8	1.8	99.1
	说不清	1	0.9	0.9	100.0
	合计	114	100.0	100.0	

您对同事的信任度是什么？					
		频数	百分比/%	有效百分比/%	累积百分比/%
有效	完全信任	6	5.3	9.7	9.7
	比较信任	17	14.9	27.4	37.1
	一般	37	32.5	59.7	96.8
	比较不信任	2	1.8	3.2	100.0
	合计	62	54.5	100.0	
缺失	系统	52	45.6		
合计		114	100.0		

您对单位领导的信任度是什么？					
		频数	百分比/%	有效百分比/%	累积百分比/%
有效	完全信任	5	4.4	9.3	9.3
	比较信任	13	11.4	24.1	33.3
	一般	20	17.5	37.0	70.4
	比较不信任	10	8.8	18.5	88.9
	完全不信任	3	2.6	5.6	94.4
	说不清	3	2.6	5.6	100.0
	合计	54	47.4	100.1	
缺失	系统	60	52.6		
合计		114	100.0		

您对村干部的信任度是什么？					
		频数	百分比/%	有效百分比/%	累积百分比/%
有效	完全信任	6	5.3	5.4	5.4
	比较信任	24	21.1	21.4	26.8
	一般	54	47.4	48.2	75.0
	比较不信任	14	12.3	12.5	87.5
	完全不信任	6	5.3	5.4	92.9
	说不清	8	7.0	7.1	100.0
	合计	112	98.4	100.0	
缺失	系统	2	1.8		
合计		114	100.0		

您对同村人的信任度是什么?					
		频数	百分比/%	有效百分比/%	累积百分比/%
有效	完全信任	3	2.6	2.7	2.7
	比较信任	22	19.3	19.8	22.5
	一般	67	58.8	60.4	82.9
	比较不信任	10	8.8	9.0	91.9
	完全不信任	4	3.5	3.6	95.5
	说不清	5	4.4	4.5	100.0
	合计	111	97.4	100.0	
缺失	系统	3	2.6		
合计		114	100.0		

您对陌生人的信任度是什么?					
		频数	百分比/%	有效百分比/%	累积百分比/%
有效	比较信任	1	0.9	0.9	0.9
	一般	6	5.3	5.4	6.3
	比较不信任	7	6.1	6.3	12.5
	完全不信任	91	79.8	81.3	93.8
	说不清	5	4.4	4.5	98.2
	拒绝回答	2	1.8	1.8	100.0
	合计	112	98.3	100.2	
缺失	系统	2	1.8		
合计		114	100.0		

街南村访谈记录

为了更加真实地还原调研情况，以下精选几篇具有代表性的访谈记录。需要说明的是，正因为要真实地还原，所以没有对访谈内容进行过多语言修饰，很多语句会存在明显的口语化特征，甚至由于访谈的特殊形式，部分语句之间并不是非常连贯。与此同时，为了充分体现村民的思考特征，调研组没有对被访者叙述内容的真实性进行核实。因此，在某些同一性话题的叙述中，不同受访者可能会有不同甚至完全相反的表述。

性别	年龄(岁)	职　业
男	59	X 队生产队队长 1
女	46	务农
男	40	村干部
女	54	务农
男	41	下岗工人
男	47	天主教教堂工作人员
男	67	X 队生产队队长 2
男	70	政府退休干部、"十佳老人"
男	63	退休村干部
女	50	个体户
男	48	村干部

时间：2016 年 7 月 12 日上午，晴

地点：村民家中

人物特征：男，59 岁，X 队生产队队长 1

你们来问老百姓没有意思，你们想怎么写就怎么写，也解决不了问题。如果你们的调查和村里或者镇里不对付的话，上面早向老百姓说，你不要说孬的，要说好的。其实你们来就是画这一道的，明白了吗？俺说实话，就有问题人也不会说，就是说了也不能解决问题，也没有用，你还得罪他。村里很多人都怕领导、怕村干部，平时私下里都会抱怨，一旦有领导下来问情况了，一个个又都不敢说了。我队里有个老头平时可会讲了，经常抱怨说："生产队的地叫人包去了，早就合同过期了，也不交钱也不怎么……"我们一开会他就开始骂，但村里一去两个人他就不问了，就知道说："你提你提。"老百姓其实都不敢提，不敢得罪村干部。

村里财务基本没有知道的，就是知道，也是人做好给你看的。其实很多东西都应该真正公开，你像如果是拆迁了，该多少钱一平方；伐人树，该给人多少钱一棵树，补偿多少，全部你都得明明白白地告诉老百姓。现在有时候都没有做到公开，老百姓到底该拿多少钱，自己都不知道。明明该给 10 块钱，你只给老百姓 5 块钱，那 5 块钱你弄哪去了？上面一来检查了，他就拿做过的给你们看，这个谁不能做啊，3 岁小孩都能做，那都是哄老百姓、忽悠老百姓的。要想给老百姓做事，必须得来暗访。

在村里面，有钱有势力，有拳头，就行了，连村干部也怕这样的人。谁也不敢说，谁敢说就揍谁。这些人要不给吃低保，就给村里捣乱。该吃低保的吃不上，不该吃低保的却都能吃的上，这低保就不是俺们穷人家能吃的。你看俺家住的这房子，一到下雨天，屋里面就能行船。俺一年到头就指望这几只羊，村里面还不给俺低保。法律这东西，俺也不太敢信。俺之前借钱给村里一个人做生意，那人后来虽说没把生意做好，但肯定没有赔，还以他小孩的名义在镇上买了房子。但俺让他还钱他就是说没有，后来打官司让法院出面，他还是说没有钱，俺说他给他孩子都买了一套房子怎么能没钱，法院却说那房子写的是他小孩的名字，在法律上是不属于他的。那人现在买什么都以他孩子的名义，买面包车也写的是他小孩的名字，法院也拿他没办法。这在以前"父债子还，

天经地义”,更不要说是他的钱放在自己小孩名下了。

时间:2016 年 7 月 12 日下午,晴

地点:村民家中

人物特征:女,46 岁,务农

现在日子比以前好过了,政策也越来越好了。不过有时候下面的人不一定能把政策执行好,到头来还是老百姓吃亏。就拿这修水渠、修路的事来说,以往交公粮的时候,不管怎么说村干部还有事求着咱,水渠坏了、路不好,他们多多少少都能帮着弄弄,他们要是不弄,俺们就有理由不缴纳税了,反正是他们没把水渠弄好的,没有水,庄稼怎么长,长不出来庄稼怎么交粮嘛。现在不要缴纳税了,俺老百姓身上的担子确实轻了,但灌溉、修路这些却要俺自己解决,去找村干部,村干部就说没钱,让俺自己解决,俺老百姓上哪有那么多钱。

法律也不是俺们普通老百姓能说得清的。有两个年轻人传完启(“传启”意味“定亲”)就一起过了,在结婚前,男的竟然有了其他人。女的知道后决定不嫁,但男的还打算把传启的钱要回去。为了这事男的把女的告上法庭,法院竟然让女的把大部分钱退回去。这男的小时候就不正干,这种人打官司还赢了,以后谁还敢打官司了。这要是以前,村里面一人一口唾沫都能把他给淹了,现在也没人好当面说什么,毕竟法律都这样判了。

时间:2016 年 7 月 12 日下午,晴

地点:村委会办公室

人物特征:男,40 岁,村干部

以前街南村打架斗殴现象严重,派出所平均每天要专门为街南村出警 2—3 次。现在随着法律的不断普及,进去的人知道了法律的厉害,出来后不但自己不敢做,也会告诫他身边的人,街南村打架斗殴现象逐渐减少,现在派出所一年为街南村出警也不会超过 10 次。以前邻里纠纷多点,但现在好了很多。像这几天你们去老百姓家中他们也都很客气,这是因为我们平时挨家挨户对老百姓做工作、做宣传,我们文明村不能空有一个名号,还是要有实际表现的。

现在老百姓虽说知识少,但我们经常和他们聊聊,他们这文化水平和意识还是会有所提高的。

大多数村民都能理解政府的决策,但少数年龄大的村民对政府的决策有抵触,会把政府决策想反。对于这部分少数村民俺都会去给他们做工作,最终他们也基本上能够理解。老百姓都还是很不错的,但对新事物多少有些抵触心理,村干部需要耐心地做解释。一般而言只要解释通了,工作还是很好做的。

我们对于上面的任务,尽心尽责完成;上半年上面说有文明村评比,我们村里面就主动配合,忙里忙外地做材料。上半年主要就忙活这事,要是申报不下来就白费了。当然,在做材料的过程中也正好能看看村里还有哪些工作做得不到位的,没做好的就想办法弥补。你看这材料,这其中有部分条例是为了达到申报条件而借鉴其他地方的,在本村还没有具体实施,但不管实施还是没实施,我们要先做出来,把材料做好再说,积极配合上面工作。

对于村里的事,多吃点苦、多费点时间耐心地为老百姓解决困难,做好村民思想工作。村里的主要工作还是解决村民困难,但只要镇里交代的任务都要想办法完成。不管工资多少,都要为政府服务、为老百姓服务,抱着这一宗旨工作。领导们对村里的经济发展都很重视,经济上不去,其他方面再好也没有用。经济是前面的"1",其他的都是后面的"0",你没有"1",再多的"0"终归是"0",没有用。只要经济上来了,哪怕其他方面有问题,也都是小问题。

我们还有道德大讲堂,一般是通过广播通知村民参与道德讲堂,大概每个月或每一个半月组织一次活动。除了在外打工上学的,只要是在家里能参加的,不论是老年人还是年轻人基本上都来参加。一般都是抽下午的时间,先给村民放一段电视节目,然后站长再讲上级的文件。

文件是不会说话的,俺们村村民文化程度比较低,很多年纪大的更是不好交流,政策文件这些他们根本听不懂,更不要说看了。村干部要变个花样给村民做工作,让村民能将不会说话的文件学会、记住,从而转变思想。硬读文件他们一般也不懂,必须把文件的意思拆解,以他们能接受的方式灌输给他们,这样才能让他们接受。

现在要让老百姓主动配合村里工作很难。你看这一事一议给老百姓修路，只需要每户出 20 多块钱，老百姓还不愿意，说这个该由村里面出钱修……还有，给村里面修水利设施，有几棵小树在需要施工的地方，让老百姓伐几棵树配合工作，老百姓都不肯。有些人现在眼里只有自己的利益，根本不顾大家的利益。就算村干部做了一百件好事，有一件小事没按某个人的想法来，即便这件事对其他村民都好，这人也会去闹。

村民的文化知识层次还浅。现在但凡有点本事的大多都出去了，都不想窝在村子里。村里最缺的就是有真本事的人，有些人没什么真本事，整天凭着有点臭钱或者八竿子打不着的关系在村里招摇过市，就是一颗老鼠屎坏了一锅粥。

现在村里面两家吵架都来村委会，村民现在更加信任村干部。村民也是有良心的，平时只要他们有困难的我们都要去解决。有些路牵扯拆迁区，这些地方我们想修，但又有可能拆迁，所以就没办法大修，只能修修补补。

我们村有个队是自然村，相比其他队的村民思想落后些。以前你要去这个队根本进不去，本来家门口 5 米的路，被他们盖个厕所，种种菜，被挤占的就剩 2 米。去年我们进行村庄整治，现在将路恢复成 5 米。去其他队做工作一般一家去一个小时就差不多了，但在他们队不行，没有两三次解决不了问题，似乎完全不能接触新事物。

他们队里有些村民将家里的厕所扩建到门口的路上，乡村整治时打算去拆除，说把厕所放在家门口会臭，村民竟回答“臭是臭俺家，又不臭你”。村民思想有些落后，依然是老时代的生活方式。不过现在有 70%的家庭能逐步接受新的乡村治理方式，下面还要继续做剩下 30%家庭的思想工作，把前排那面的所有的猪圈、厕所挪出去，绿化好、路修好。我们村现在基本上都理顺了，不能让一个队拖了后腿，下一步将重点突破。

这个队虽说是一个自然村，但似乎每一户都很独立，各人自扫门前雪，不和其他人打交道。就像是胞兄弟也都各吃各的，只要成家立业了就立马分家，各顾各的。不过他们现在稍微好一些，能客气点，以前就是本地人过去，他们说话也很冲。

他们人与人之间的信任度低，每一户都有不少于两条狗。其他队养的宠物狗多,他们那大多是大狗。也不怪他们,因为前几任主要就是在村里拿工资,不怎么重视这些问题。现在我们村干部家里面大都有自己的生意,一开始我们并不想在村里任职,村里工作很难做,星期天很忙,一天到晚都是事情,除夕中午才能放假,最多放到初二,初三就得上班。平时并不是镇里面不给我们放假,是我们没有时间去享受这法定节假日。有的时候我们中午都在村里,前几天中午是我留在村里,这几天是村支书,怕的就是有些年龄大的村民中午会来。他们不管是不是休息时间,他们也不知道什么是上班时间,没这种意识。我们也怕阴天下雨,村民上楼万一摔倒会很麻烦。我和村支书一般听到大门一响,立马过去看看。年龄大的就不要上楼,在下面就给解释清楚,所以我们根本不敢离开。

像这面拆迁那会,早上五点多就得从家出发,家家户户去做思想工作,因为你要等到七八点,他们有的人就出去赶集或者上班了,就找不到他们人。有的时候你就要在家里坐到晚上,等他回来,给他们做思想工作。要不然这几块地上的厂很难这么快建好。因为对于农村的老百姓来说,不能没有地,地就是他的命！现在村里面大多数都把地承包出去了,唯独没有承包的只有那个自然村。一般承包出去的队里男劳力都在外地打工、做生意,没有承包出去的,年轻人相对多一些。

时间:2016 年 7 月 12 日下午,晴

地点:村委会办公室

人物特征:女,54 岁,务农

俺是来找村干部给俺开个证明材料的。昨天去卫生站开药,卫生站的小姑娘说卫生站登记的姓名和身份证上不一致,俺说俺也不知道咋就不一样嘞。俺是这个村里的人,村里的人都认识俺,错了个字就不给俺开药了？卫生站的小姑娘就是不给俺开药,非让俺来找村干部开个证明。现在的年轻人,俺都不认识了。以前一个村子里的人,都低头不见抬头见,谁不认识谁啊,还要什么证明材料。现在来开个证明,真是麻烦嘞。来来去去的人那么多,谁能认清楚。以前住在村子上的,有可能出去打工了,几年都不回来一次;还有那么多从外面来这里打工的,在这找到个合适的,就直接成家不回去了,更是不认识

那些人。也就在村里住了大半辈子的几个人,俺熟悉,他们每天什么点会在哪,俺都知道。

这几年村里变化还是蛮大的,很多人家都盖了新房子。我们家也盖了,但当初为了翻新这房子,俺把家里值钱的东西能卖的都卖了,还向亲戚借了一大笔钱。现在房子盖好了,家里却一点闲钱也没有了,自己还欠一屁股的债。俺整天提心吊胆,生怕有点事拿不出来钱。现在想想当初住平房也蛮好的,最起码日子过得不像现在这么紧巴,担惊受怕的同时,还要看人脸色。村规民约也没多大用,那些内容都是做做样子,别说不识字的人,就是识字的也没几个能看得懂上面写的是什么。这种村规民约与我们老百姓没多大关系,我们自然也不会在意,他们发给我们,我们也就一扔,刷在墙上、放在展板上也一样没人看。

时间:2016 年 7 月 13 日上午,晴

地点:村委会办公室

人物特征:男,41 岁,下岗工人

村民都有害怕心理,很多人跟你说的都不一定是真话,俺反正也下岗了,不怕什么,都跟你实话实说。

说是自治,村里面虽然也公开了一些信息,但是上面写的都是些专业的词,没几个农民能看得懂,更不用说还有那些不识字的人。再一来,他们也都只是在村委会门口公布,很多生产队的人没事也不会往那面跑,根本就是应付,没有什么用,时间长了,俺老百姓就更不关心这些了。

村长选举俺没有参与过。村里面都是村支书和村干部说了算,人家是官,村里都得听他们的。你品德再好,你说的话不管用,那又有什么用呢?解决不了问题。所以俺老百姓遇到问题还是得去找村里解决,找其他人没有用,说不上话,只有村干部能处理。

村规民约这些东西没有用,没有办法解决俺老百姓的实际问题。要都按上面写的做,就没有坏人了,但你看现在有几个按上面写的做的,那东西都是给别人看的,骗人的,仅为了应付上面的检查罢了。你要真按上面做,别人不按那上面说的做,吃亏的还是你,因为没有人逼着你去那样做,是你自愿的。

现在村规民约在村里面基本上没什么约束力，大家也都不看，俺也不知道。但有矛盾还是会在村里面解决，我们乡下人打不起官司。打官司两面都掏钱，到最后还没弄出来名堂，能在村里解决就解决了，老百姓打不起官司。还有就是医保，这东西是好，但每次报销俺都弄不明白。每次光说报了报了，但什么时候报了，报多少，俺都不知道。有时候在医院用医保看病花的钱和在外面不用医保的差不多，去用医保的医院用个棉签都花钱，这要钱、那要钱，什么都算在里面，有的药还要比外面贵，这样一来用不用医保悬殊就不大了。现在人情往来也多，钱都不够用的。这个月才开始没几天，我已经送出去 8 份人情了，有生孩子的、有结婚的、有生病的，现在的人情开支太高了，吃不消。辛辛苦苦赚的钱根本不够人情开销的。

时间：2016 年 7 月 14 日下午，阴

地点：天主教教堂

人物特征：男，47 岁，天主教教堂工作人员

我们教会所在地是在街南村，现在街南村大约有 100 人是天主教信徒。

1912 年之前这地方很少人信天主教，这里只是聚会点，仅有少数教友。1912 年之后，这里教友人数超过 100 人，达到建天主教堂的规模，天主教堂在 1916 年建成。建堂之后教友开始变多，现在土山镇有 4 000 人左右信天主教，街南村有 100 人左右信天主教。

天主教对村民并没有什么约束，天主世界和国家法律不一样，一般的法律你做了才表示你犯法，我们教会就不是这样的了，你一想就犯罪了，所以我们和社会的法律不一样。教徒的心灵还是向善的，有爱心。

现在是经济浪潮时期，村民都想着挣钱。天主教教徒也可以挣钱，并不是有些人说的你信教了，主就管你吃了，你什么就不需要了。天上是不会掉馅饼的，你还是要劳动，不劳动是不行的。所以家庭经济不好的时候还是要去打工挣钱。在这经济浪潮一般都要赚钱，但人要光为钱也不管，要光为钱就成为贪财奴了，这样人就没有用了。人要有道德，挣钱要挣得有正义。

时间：2016 年 7 月 14 日下午，阴

地点：村民家中

人物特征：男，67 岁，X 队生产队队长 2

我们庄里人（笔者注：自然村）之间还是比较团结的，谁家有什么事能帮的就帮一把。俺们庄人祖祖辈辈都生活在这，这里也没什么变化，一直都是 4 排半。以前每排中间都是泥路，一下雨根本进不来人，上年纪的人都不能出家门。俺们庄人就主动去找村里，后来村里买了车石渣铺在路上。现在这个一事一议一回要 40—50 块钱，他也不给你正式发票，也不给你文件看。钱交了就给俺修了一条，还是用县里的扶贫经费修的，也不是一事一议的钱。

以前乡村的风俗现在都变了，过去逢年过节时还排个戏，玩个把戏，现在都没有了。不过，逢年过节，走亲访友还是有的。以前庄里面有什么事情都找岁数大的调解，但现在不行了。还是以前的调解好，但现在小年轻接受不了，被时代撵的。俺年轻的时候也没那么多想法，别人做什么自己就跟着做。那个时候，没有你的、我的、他的说法，所有的都是集体的。人们什么都不多想，想了也没用，只要听上面的要求做就行。老百姓根本不会去想乡村怎么办，估计那个时候的队长也不会去想，就是跟着上面走，上面让怎么走就怎么走。就连地里面种什么庄稼，什么时候上化肥，什么时候除草，这些我们都是听上面的，要干大家一起干，要不干大家都不干。

现在的生活比往年好了，但道德方面还是不如往年，不过这两年比以前要好多了。要不是这两三年的法律，以前到街上都不敢赶集，没说几句话就揍你，最近几年好多了。你只要敢打，把人打倒了，人家上纲上线的话，派出所来人了，你就该给人看，或者罚你钱。以前赶个集，两句话不投机，他就开始揍你了，现在就没有了。现在街南村的治安还是蛮好的，这该怎么说还得怎么说。现在不敢打了，你不管谁是谁非，你打倒人得给人看，或者罚你钱。以前的乡绅管不了这种事情，这些事情指望道德是不行的。现在一打架就罚款，派出所喜欢，医院也喜欢，罚钱派出所喜欢，看病医院喜欢。钱对村民的约束力还是很大的。

时间:2016 年 7 月 15 日上午,大雨

地点:关帝庙内

人物特征:男,70 岁,政府退休干部、"十佳老人"

目前在农村来讲,习俗很重要,法律有时候不一定能和民俗一致起来。"法"在农村的民俗中还没有显示出明显的作用,平时处理一般的事情,多是以民俗习惯为主。只有处理少数比较重要的问题、非经法律不行的,会用到法律,其他一般的小事都是以民俗为主,但有很多事情,民俗也解决不了,法律又不能让人接受。另外,年轻的时候,村里面谁家有好事都要在村里面放电影,整个村的人都搬着小板凳过去,现在家家户户都有电视,都自己在家里看了,没有这种热闹的事了。逢年过节的舞龙舞狮也没有了,现在过年也越来越没有了味道。

这儿的关帝庙始建于明朝天顺年间,大概是公元 1460 年。每年农历九月十三有关帝庙庙会,只有战乱年代终止过活动。抗日战争后关帝庙成为土山中心小学,终止了庙会等活动。1964—1965 年学校搬迁,镇文化站搬进关帝庙。从那时起,我陆续着手恢复相关庙宇活动,并撰写文章在《新华日报》《徐州日报》等媒体刊登,引起官方注意。大家开始知道土山曾有过关帝庙,徐州市建设局局长看到我发表在《徐州日报》的文章后,到现场亲自勘察,召开有关座谈会,决定恢复土山关帝庙的历史古建筑等。随后我又做了各方面的资料调查和资料汇报,形成历史材料,报告给政府,指出土山有厚重的历史价值,但面临资金困难等问题。我们在资金有所解决,但困难仍然很大的情况下,修复关帝庙。总共花费一百多万元,欠八九十万元,到现在还没有还清。

庙原来是 105 间,到修复的时候只有七八十间,很多房屋被村民占用,这就牵扯让群众搬迁的问题。在恢复原历史建筑时,我早有准备,对庙宇的位置和框架进行了调查,绘制了平面图,为关帝庙的修复奠定了基础。把这个平面图拿出,就不需要费事了。基本上按照我画的平面图进行修复,经过两年多的时间就很顺利地完成了。说句实在的,幸好当时有些老年人在,召开了两三次老年人座谈会,形成了这些材料,如果到现在再了解就困难了。我当时了解到的 10 来个七八十岁的老年人四五年前就去世了,现在再去座谈了解,困难就

很大了。幸好当时文化站一搬进来，我就找老年人了解，有所记录，很快形成材料。我本身是做文化工作的，就注意这个问题了，否则即使要修复关帝庙也缺少材料，不知道原来庙宇房屋的位置、大小、外观等。90来间房屋现在还有10来间没有修复，涉及庙宇后山的事情，西面还有一排9间屋是当时的伙房（厨房）和工人住的地方，以后陆续会补上。

恢复后就开始开放，最初来的人很少，因为大多数人还不知道这里有关帝庙。后来通过媒体的宣传，慢慢来的人变多了。3年前（2013年）做了一次统计，门票、香火和大殿游客捐款，当年累计收入28万多元，除去5个工作人员的工资5万元等其他费用，结余20—21万元。这样政府心里就有数了，不管怎样工作人员的工资能有保障了，关帝庙就可以正常开门了。随着开放时间的增加，来参观的人越来越多了、范围越来越大了、宣传力度也越来越强了，尤其近两三年来，前来参观的人越来越多了。现在正处于淡季，但前几年淡季时由于人们对关帝庙不了解、天气也热，一天不卖一张票的现象很正常，近两三年却有了改变，即使天气很热，每天还能卖300—400元。

以前的票价是10元一张，三年前旅游局重新核价结果为每张30元，但镇领导的意见是不想多赚钱，想扩大宣传力度，目的是让更多的人了解和知道关帝庙，所以就没有调价，仍然卖10元一张，但票面上印的是30元一张。

镇政府让我做一个二期方案，我考虑为了适应形势发展需要，作为我们土山来讲，要想把土山的事业和经济振兴起来，唯一的路子只有搞旅游。因为土山是邳州南部的一个集镇，靠其他商业现在发展速度很慢。周围各乡镇做生意的人越来越多、商业交往也越来越多，所以不像以前的老土山，当时管着周围的乡镇，他们非到土山做交易不可。我经常和镇里相关领导说，土山要想振兴经济，必须抓住旅游这个主业，抓其他的不行。抓好旅游产业可以带动其他行业，游客来多了要吃饭、要住宿，自然会带动相关的餐饮和住宿产业。没有旅游产业，靠其他就没有了优势。现在做生意的越来越多，像以前卖糕点的只有“土山隆兴”一家店，周围要买糕点只能来这边，现在做糕点的就很多了，没必要跑到这边来了。随着集市的扩大和做生意人的增加，做生意的项目越来越多，营业额就相应减少了。所以我建议土山要想搞好建设就必须开发旅游行业。

我原来是在县里中学教书的，从教师一直当到校长，后来因为我会写会画，就从教师部门调到了文化部门，在县文化馆工作了一段时间，然后还在乡镇做了几年党委秘书。所以无论是乡镇领导还是县里面的领导我都比较熟悉，现在我的一些学生也都当上了一些部门的主要领导，我做事，他们也比较放心。一般我有什么需求他们都会支持，当然我也不会乱提要求。我退休以后就到运河(镇)去了。到运河(镇)做什么呢？因为我会写会画就做台历，我每年都做一批挂历台历。

做了几年之后，领导因为修关帝庙的事情找我，今儿来明儿来，我也不好意思专心搞钱去，就和领导说等卖完这批挂历就回去。至后就跟书记这跑那跑，投入到关帝庙的事情中，去了解、宣传、求助。那时候领导问一个月要给我多少钱，我说我不要工资，政府也没有钱，等什么时候关帝庙有收入了再给我。就这样连续两年我也没要工资。后来关帝庙有收入了，领导说要给我工资，我说以前的就不要了，从现在开始算，也不要工资，给点补助就行了。所以从关帝庙有收入开始，给我一个月 600 元补助。我本想弄好以后就回邳县，但领导不放，就让我在里面问事。因为牵涉导游讲解的问题，别人在里面也讲不出头绪，就干脆让我在里面，就这样领导留俺就不能走，家业在这。一直到三四年前，我就提出来，年纪大了，不能再负责了，毕竟还得出去开会、带人参观等，我实在来不了。领导想了想也对，但还是让我在这当顾问，总之不能让我走，好多问题还得我来解决。这样，省里领导、市里领导来都得我给说，旁人也问不了。像现在这样，名义上有个负责人，但从来也不来，还得我来问，一天到晚还是我来，所以直到现在俺也没有别的心思了。补助每年增加，现在增加到 1 000 元了，不过我也不在乎这些钱。我有画室，这画值钱，像这样 4 尺的画我是卖 1 000 元一幅，6 尺的我是卖 2 000 元一幅。

俺这是为了地方事业，我也不太在意这些事。说句实在的话，领导很尊重我的意见，关帝庙的事情只要我一提出来，不需要再说第二遍，都很快得到解决。总的来讲，目前关帝庙还是每天按时开门、按时关门，正常上班，该怎么接待还是怎么接待，该完成各自业务的去完成各自的业务，工作还是正常开展。

街南往西以前都是古建筑，后来改成了粮管所。一改成粮管所就毁掉了很多古建筑，又加上派出所，也把古建筑毁掉了，改成了门面楼。这样一来，两面的古建筑就毁掉了，不规则了。关帝庙开发的经费大多是乡镇自己解决，镇里又没有钱，镇政府搬迁还欠钱，到现在都没还清。

搬迁时给搬迁户先后开了几次会，搬迁钱款是分两次给清的，前期先给一部分让村民去买房或者盖房，后面的一部分是写的欠条，到第二年全部给清。民众还是很支持恢复关帝庙的，没有不支持的。

以往大家谈到关羽主要称赞的是关公“忠、仁、义、勇”等道德品质，大家到关帝庙也主要是祈求亲人之间关系和睦，要好的哥们之间“歃血为盟”结为兄弟，希望关系能够像刘备、关羽、张飞他们仨兄弟一样，肝胆相照、荣辱与共。但近年来，人们的所求渐渐发生了变化，主要把关羽当作财神来看，大多过来祈求关公保佑他发大财，对六七十块钱一炷的香，一二百块钱一炷的香，他们都不在乎，相信关公能让自己变得越来越有钱。每到大年初一、初十五这面上香祈求关公保佑的人就特别多，尤其是在年关的时候，人多得根本围不上去，后面的人只能点好香往香炉里面扔。还有些村民家里有灾有难的也会来求关公，给关公上香，祈求关公保佑家里顺利迈过这道坎。关帝庙后面还有关公夫人的像，很多妇女都过来求子。没有修复关帝庙之前，每年关公的忌日农历九月十三逢庙会都会下雨，想逢一个热闹的庙会都逢不起来，但自从修复关帝庙这十多年以来(12 年)，农历九月十三从来没下过雨，每年这个时候满庙都是人，人挤人。

最初，土山每年年初一在外的人都来家过年，这一天关帝庙不卖票，随便进、随便出。后来土山本地的居民看得差不多了，所以现在每年年初一中午十二点之前免票，照顾半天。

时间：2016 年 7 月 15 日上午，大雨

地点：关帝庙内

人物特征：男，63 岁，退休村干部

以前的农村风气和现在绝对不一样，现在都是金钱社会。以前村里面都尊重有德的人，大事小事都要去问问有德的人。现在倒好，有德被看成是傻，有钱才叫有本事。村规民约上面的道理都懂，那上面都要求大家怎么做有德的人，但现在村里人都不看重这个，时间长了也就没有人想到这村规民约了。

现在村里人也都是人心隔肚皮，你有本事的时候，大家都巴结你；你一旦对他没有用了，他和你见面都不会打一声招呼。

不过村民还是很崇拜关公的。原来没有修关帝庙时，一逢庙会就下雨，后来改成农历十月十三还是下雨，但自从修了庙之后就再也没有下过雨，老百姓从这种种迹象来看还是比较信任关公的。香炉西面那棵老槐树，以前都是要死了的，现在修了关帝庙之后，你看它长得多旺盛。它底下没有土，全是石头，只有一点点很薄的土，现在一点死枝都没有，比其他树长得都好。老百姓原来看关公主要是忠义，但现在主要是当作财神来供养，凡是有钱的，想做大生意的，都要来拜关公。求子的也会去拜关公庙，拜仁兄弟的也会去。

这个地方出过不少名人，小萝卜头的父亲之前在这教过书，粟裕当时也在这指挥淮海战役。之前邳州、睢宁、铜山三个县的县政府安排在街南村，不过后来都搬走了。

现在要集资修路，老百姓是不太想拿钱的。一事一议制度给老百姓修路，并不是强制性地问老百姓要钱，有钱你就多拿点，实在没钱也没办法。修南门路时，烧鸡大王有钱就拿了几千元。现在主要靠生产队去集资，有的确实没钱的，你也不能让他拿。烧鸡大王人确实不错，不但出钱修路还请戏班子来唱戏。他经常说："我作为村里的一分子，做生意发了财，不能忘记村里人。每年请戏班子唱戏的钱对我来说不算什么，只要村里人喜欢，我以后每年都会请。"村里面的亲戚之间关系还可以，本家里只要有人结婚，俺们没出五服的都会参加，帮忙张罗，也在自己家门口贴红喜，就和自己家小孩结婚一样，没有区别。如果本家里有人去世，晚辈都得披麻戴孝，也得在自己家门口贴白纸，三年过年也都不能贴红色春联。到年节的时候，也会给长辈送节礼，大年初一长辈给晚辈包红包。在俺这面，只要是没出五服，都是自己家人。

村干部确实不好做，即使你天天给村民办好事，村民还有可能在你背后骂你。因为你接触的这些人的素质不一样，你理解他，给他办好事，但他不一定理解你。一件事情没做好，他就有可能认为你不好。不过总的来讲，老百姓还是比较听村干部的。

时间:2016 年 7 月 16 日下午,晴

地点:村民商店

人物特征:女,50 岁,个体户

俺家以前就在关公庙(关帝庙)那边。没修建关公庙的时候只知道有关老爷,但没有地方祭拜,人们会说关老爷保佑。现在一到春节,很多人都去关帝庙上香祭拜。从俺小时候关老爷就有点神话样,我记事的时候里面有很多像被破坏了。

老一辈的不会讲关公被困土山与曹操约三事的事情,只讲关老爷能保佑土山,俺也不怎么给小孩讲这些。现在约三事也有人讲,但很少。俺一般就大年初一去一次关帝庙,一般本地人认识的,打个招呼就进去了,不要门票。

关帝庙大殿前面的那棵被说有 200 余年的槐树其实还是我们家祖上栽的,当时之所以快死了,是因为以前那里是学校,小孩调皮捣蛋,槐树能不枯嘛。

关公困土山的事我在上学的时候听老师讲过,但你说的关公的事传到我耳朵里是一种说法,我再传给另一个人又是另一种说法,传来传去,越传越神。前几年赶庙会的人特别多,人根本挤不过去,现在政府不支持这个,人越来越少了。庙会那几天,有人唱戏,只有老年人去听,年轻人没几个人去听。政府不支持的事,俺们也不会主动去提意见。这种意见和建议,俺提了也没有什么用,这些不是我们小老百姓能决定的,村里面、镇里面能人多了去,这都是他们当官的定的,我们提了也没用,人家也不会听的,到头来还惹人家不高兴。俺们在这面是独门独户,没什么势力,有事谁都指望不上,遇到事情能忍就算了,不能忍也没什么办法。那些大姓人家的亲戚也不会帮俺的,谁叫俺在这面没什么本家呢。老百姓是民,村干部是官,俺怎么能监督官呢?他们做什么事老百姓又不懂,俺监督也监督不出什么。

时间:2016 年 7 月 16 日下午,晴

地点:村委会办公室

人物特征:男,48 岁,村干部

现在的基层工作不好干,工资低不说,有时给老百姓做好事,老百姓还不

领情。我们一年修那么多路、那么多桥，还有水利设施等，有时需要让他们伐几棵树配合工作也不愿意。老感觉自己现在有钱了，和以前不一样。

村里面有条一事一议的奖补路，当时向每户收 20 块钱，有些人就是拖着不交。最后实在没有办法，我们村委会几个人替不交的村民先把钱交了，然后修了这条路。现在农民就是想着反正我不出钱你也要修，就等着现成的。一亩地直补 100 多块，连 20 块钱都不想掏。村里的财务状况一直都是按照要求对外公开的，但农民一般很少会去关注，一些老百姓现在不能出钱。垃圾治理、垃圾收集、建垃圾池等需要收老百姓的钱，但老百姓感觉这是村里该做的，不该收钱。以前让农民交公粮是村干部的头等大事，俺年轻的时候就感觉村干部整天就逼着农民交钱和交粮，还时不时要和老百姓动粗，根本没有时间干其他事情。现在好了，不要再去想着怎样让农民交公粮了，可以把更多的精力放在村庄发展上，为老百姓做点实事。但现在老百姓不配合了，我们越对老百姓好，有的老百姓就越感觉这是应该的。现在国家的项目越来越难拿，虽然项目数量逐年增多，但我们拿项目的难度也逐年增加，很多项目来来回回总是由那几个比较好的村庄拿到，他们拿到项目后又能发展得更好，拿不到项目的村庄既没有钱又没有气势，更没有发展的动力。时间长了，好的村庄和坏的村庄差别更大，好的越来越好，坏的越来越坏。

像我们 4 000 多人的大村，上面一年只给村里 20 000 多元的经费，根本做不了什么事，找人拔草、修道渠等都要花钱。老百姓有种心理，只要你在村里干，这些你们都该给弄好。以前的这些都分到户，老百姓自己能组织人把道渠弄弄，现在他们都不问，你们不弄我就不种地，不种地到时候还要找你们事，现在基层工作确实难做。今年一整个夏天，我吃住基本上在村里，现在虽然没有放火烧麦杆的了，但你得看着。

老百姓手里富裕了、有钱了，认为乡村的村规民约约束不了自己，也不好管了。现在村民生活条件有了很大提高，一般村民都不差钱。如今要是没有钱，不管你是不是村干部，说话根本没有人听。只有有钱了，你说的话才有分量。就因为街南村村民有钱了，所以他们作为驻地村反而比下面村还难管理。下面那些村，村干部一说什么，老百姓还听得进去。

老百姓在家里面打工赚不了多少钱，去外面打工能稍微多赚点钱。现在已经比以前好多了，有的厂平均工资能有 3 000 多元，多劳多得。但招商引资来的厂有些需要技术工人，就得去外面找，村里的人干不来。有的人在本地打工都月月花了，存不住钱。村里外出打工的人比较多，毕竟在外面能有好的发展。

不管老百姓怎么说，俺们还得踏踏实实干，为老百姓多出点力、多流点汗。我们的道德讲堂有时是两三个月讲一次，主要传达会议精神，参与的大多是党员和群众代表，一个组抽 10 个人左右，轮流换，这几个月来一部分人，下次再找另外一部分人。老百姓平时也忙，对这个关注得不是很多。

后 记

本书是国家社会科学基金重大项目“中国乡村伦理研究”子课题“中国乡村治理伦理研究”和国家出版基金项目“《中国乡村伦理研究》(全七卷)”成果。

子课题负责人为北京外国语大学左高山教授,本卷主要参加人员包括:陶涛(南京师范大学公共管理学院教授)、刘昂(南京师范大学马克思主义学院副教授)。子课题结合实际需要,在课题组统一组织田野调查基础之外,对江苏省徐州市街南村进行了专项调研。全书在首席专家王露璐教授的统筹下,由陶涛教授拟定提纲并统改定稿,刘昂副教授具体撰写,张萌、彭慧、盘美琳等同学协助完成书稿校对工作。

在课题研究和本成果撰写成稿过程中,重大项目全体成员和学界众多专家学者在研究思路、内容、方法和最终成稿等方面给予了诸多支持,本书也参考、借鉴了国内外有关专家学者的研究成果。南京师范大学出版社徐蕾总编辑和崔兰主任在国家出版基金申报中进行了精心策划和大力推进,本书责任编辑董蕙敏对书稿进行了细致入微的编辑和校对。在此一并致谢!

“中国乡村治理伦理研究”子课题组

刘 昂

2023 年 3 月